바이오센서의 신전개

대표저자 천병수
유종수·마사키 다까키·민제호 공저

도서출판 유한문화사

머리말

자연속의 과학기술 탐구는 인류의 연구 대상으로 이미 큰 체계가 성립되어 많은 연구를 거듭하고 있다. 이러한 자연의 섭리를 이용한 인간에게로의 유용성과 그 가치는 선인들이 무(無)에서 유(有)를 창조한 것이 아니라 그 대부분은 가까이 있는 자연의 창조물(생물)에서 발전했다 말할 수 있다. 즉 과학기술은 모방하는 것으로부터 시작한다.

20세기 과학기술은 인류의 삶의 질 증대와 풍요라는 대 전제 하에 대량 생산과 소비를 목표로 발전해 왔지만, 인류 자신과 지구환경에 긍정적 부정적으로 많은 영향을 주었다고 할 수 있다. 21세기 과학기술은 인간과 자연이 공존할 수 있는 친환경 에너지이용, 자원 절약의 미덕 실천, 전 지구적 네트워크 등을 바탕으로 인류 공동의 관심사를 해결할 수 있는 방법론을 제공해야만 하는 역할을 갖게 되었다.

과학은 자연현상을 우리가 납득할 수 있는 수준에서 이해하는 것이고, 기술은 이런 과학을 인간에게 유익하게 이용하는 것이다. 오늘날 IT산업 이후 인류의 삶의 변화에 가장 영향을 줄 분야는 BT산업일 것이다. 그 중에서 바이오센서 분야는 생물기능과 과학기술의 융합 학문으로 인류사회에 직간접적으로 영양을 준 대표적 학문분야이다.

바이오센서는 측정 대상물의 정보를 전기신호로 변환하는 장치의 하나로 2개의 기본부분 구성으로 되어 있다. 그 구성을 보면 하나는 목표로 하는 물질만을 인식하는 부분(분자식별소자)이고 다른 하나는 인식했다고 하는 정보를 전기적인 신호 등으로 변환하는 부위(신호변환소자)이다. 본서에서 바이오센서를 생물을 유래로 한 생체분자 현상을 이용한 전기디바이스를 융합한 학문연구라 보았다. 바이오센서의 장점은 종래 분석법과 비교해서 사용하기 쉽고, 휴대하기 간편한 작은 크기이며, 실시간 측정이 가능하고, 시료의 전처리가 거의 필요 없다는 것이다. 따라서 이들의 사용은 환경계측, 의료, 식품분석, 발효프로세스, 공업프로세스 등에 폭넓게 이용되고 있다.

학문적으로 볼 때, 바이오센서 분야는 물리학, 화학, 생물학, 생화학, 환경과학, 전기화학, 전자정보, 재료과학 등의 광범위한 영역을 포함함으로 그 활용과 가치가 큼을 알 수 있으며, 최근에는 반도체 산업의 발달과 더불어 신소재 분야에 이르기까지 새로운 학문영역으로 자리매김하고 있다. 근자의 학문적 트랜드는 융복합 기술에 맞춰지고 있다. 이는 모든 학문은 철학에서 시작되어 수학, 물리학, 화학, 생물학의 발전으로 이어졌으며, 신학문분야라 할지라도 갑자기 대두된 것이 아니라 학문의 발전 과정에서 파생되어 심화되거나 시대적 요구에 의해 발전해 온 것이다. 따라서 어떤 문제를 해결하기 위한 과학기술적 해법은 단일 학문으로 찾기보다는 연관된 학문의 융복합 기술을 통해 이루어지고 있는 것이 현실이다.

이 책은 바이오센서를 처음 접하는 학습자가 알아야 할 기초지식을 쉽게 서술하였을 뿐 아니라 가능한 다른 참고서적 없이 바이오센서를 이해할 수 있도록 노력하였고, 또한 현재 실용화된 바이오센서들에 대한 설명을 상세히 기재하였다. 특히 1980년 이후로 개발된 여러 종류의 바이오센서들이 제안되고 개발되었지만, 실용화된 기기는 일부분에 그치고 있는데 이런 이유가 무엇인지 파악하는 것이 바이오센서를 이해하는 지름길이라 생각한다. 종국적으로 일반인 뿐 아니라 전문가에게도 도움이 될 수 있도록 흥미와 지식을 함께 얻을 수 있도록 최선의 노력을 기울여 준비하였다.

끝으로 이 책을 출간될 수 있도록 도와주신 유한문화사 천승배 사장님 이하 직원 여러분들께 깊은 감사를 표한다.

2011년 2월

대표 저자 천병수

차 례

제 1 장 센서란 무엇인가 / 13

제 2 장 화학센서 / 21

제 3 장 효소센서인 글루코오스 바이오센서 / 33

제 4 장 당뇨병과 글루코오스 바이오센서 / 53

제 5 장 여러 가지 효소센서 / 63

제 6 장 환경계측용 미생물센서 / 79

제 7 장 면역측정용 표면 플라즈마 공명 바이오센서 / 91

제 8 장 수정진동 바이오센서 / 113

제 9 장 유전자 해석과 DNA칩 / 123

제 10 장 테크놀로지를 지탱하는 전자공학 / 143

제 11 장 바이오센서의 신전개 / 165

제12장 전자와 반도체의 센서응용 / 173

제13장 실용화 된 각종 센서 / 191

제14장 바이오센서에 의한 성분분석 / 207

제 15 장 변원성 물질측정과 선단센서 / 217

제 16 장 혈액자기공진 활성요법 치료(BMI) / 235

제 17 장 21세기에 기대되는 센싱 시스템과 기기분석법 / 255

제 1 장

센서란 무엇인가

1. 센서의 기본개념

센서란 일반적으로 시스템에 필요한 정보를 얻는 장치(device)다. 생체를 예로 든다면 생체는 외계에서의 자극을 오감으로 받아들여 그 신호를 신경에 의하여 뇌로 전달하며, 뇌에서는 정보처리를 하고 다음 행동을 판단한다. 이 경우 오감(시각・청각・후각・촉각・미각)이 센서로 이용된다.

어떤 행동을 일으킬 경우 센서에서 얻어지는 정보는 중요하다. 센서의 전형적인 예는 표 1-1에 나타내었다. 온도계, 가속계, 습도계, 압력계, 광량계, 음파계, 진동계 등은 물리량을 측정하기 때문에 물리센서이다. 오감에서는 시각, 청각 및 촉각에 대응한다. 이와 같은 물리센서는 이미 가전제품이나 자동차 등에도 사용되고 있다. 또한 pH계, 이온계, 가스경보기, 이온센서, 효소 등은 화학물질을 측정하기 때문에 화학센서이고, 오감에서는 후각 및 미각에 대응한다.

생물의 오감에서 얻어진 정보는 전기신호에 의하여 전달되어 처리된다. 센서에 대해서는 여러 가지 정의가 있는데 여기서는 그림 1-1에 나타낸 것과 같이 외계의 정보를 감지하여 전기신호로 변환하는 장치센서로 정의한다. 현재 사용되고 있는 전기기기, 계측기, 자동차, 컴퓨터 등에서는 외계의 정보를 감지하여 전기적으로 처리하는 것이 상식으로 출력은 전기신호를 전달하는 장치이다. 전기신호는 디지털로 변환되어 컴퓨터나 휴대용 컴퓨터(모바일) 등의 IT기기로 처리되는 것이 많다.

표 1-1. 센서의 분류

물리센서	온도계, 가속도계, 습도계, 압력계, 광량계, 음파계, 진동계
화학센서	pH계, 이온계, 가스경보기, 이온센서, 산소센서

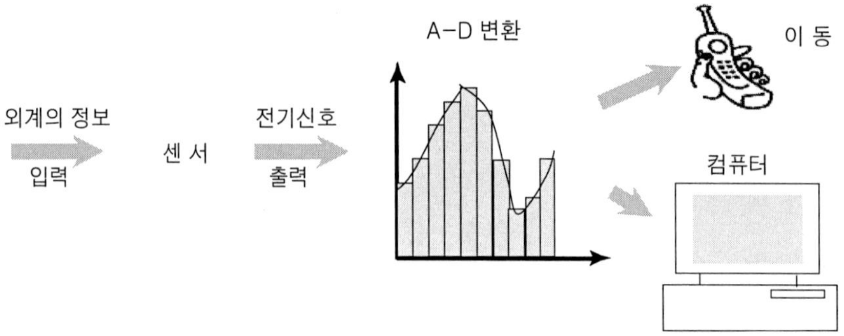

그림 1-1. 센서의 정의

실제 센서에서는 외계의 정보량과 전기신호 관계를 그림 1-2에서 나타낸 것처럼 센서에 따라 측정할 수 있는 범위가 정해지고 있다. 이것에서 정보를 검출할 수 있는 최저 양은 검출한계이다. 이때 보통 신호대 잡음비는 3정도이다. 거꾸로 정보량이 너무 많아도 그것에 따르는 전기신호를 얻지 못한다. 즉, 센서응답이 포화상태가 되기 때문이다.

이와 같이 센서에 따라서 검출 가능한 정보량의 범위를 **동작범위**(dynamic range)라고 한다. 즉 검출한계가 높고 또한 동작범위가 높을수록 고성능이라고 할 수 있다. 실제 센서에서는 그림 1-3에서와 같이 측정을 시작해서 결과를 얻을 때까지 시간이 걸린다. 예를 들어 체온계의 경우 센서의 센싱(sensing)부분이 체온과 같은 온도로 될 때까지 기다리는 시간이 필요하다는 것이다.

최근에는 전기신호를 처리함에 있어서 과도상태(transient state)의 변화량을 정상상태(steady state)에서의 값을 통계적인 데이터를 이용 예측하여 수시로 결과를 표시

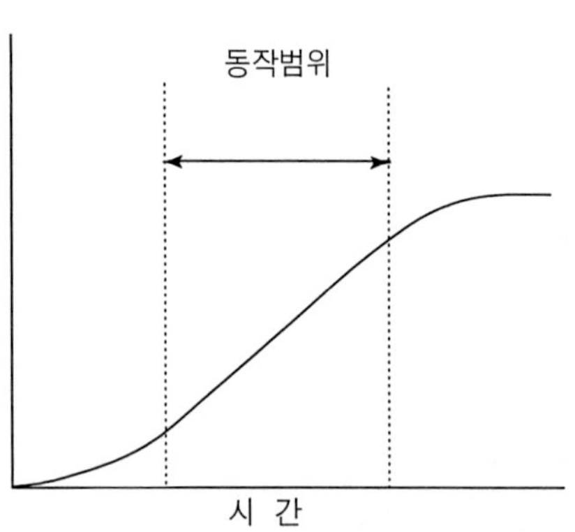

그림 1-2. 실제 센서의 정보량과 전기신호와의 관계

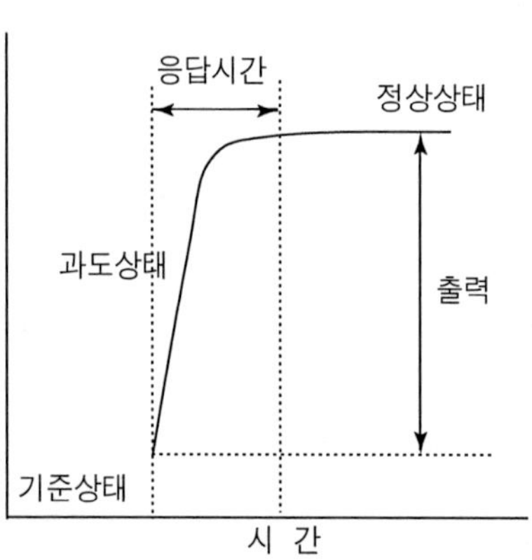

그림 1-3. 실제 센서의 시간특성

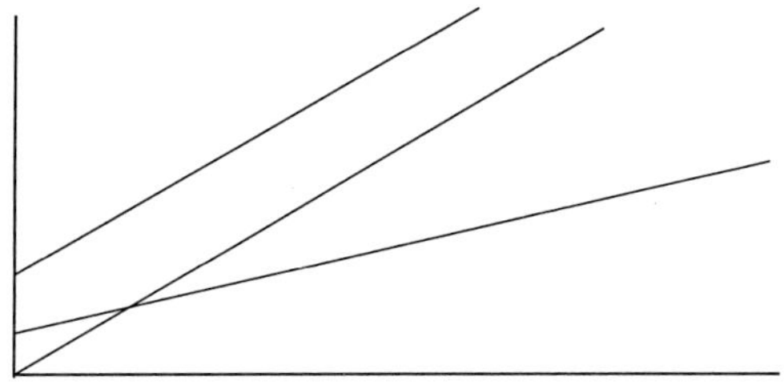

비례관계만으로는 어디가 기준이 되는지 알 수 없다.

그림 1-4. 센서의 교정

할 수도 있다. 또한 센서는 정보량과 전기신호의 비례관계를 유지할 수 있게 변환하지만 그것만으로는 불충분하다.

그림 1-4에서와 같이 비례관계를 유지하기 위해서는 기준점을 정하는 것이 필요하며, 이것을 시행하는 것을 **교정**(calibration)이라고 한다. 또한 여러 가지 요인에 의하여 같은 측정을 반복적으로 몇 번이고 시행할 경우 같은 측정값은 표시하지 않은 경우가 있다. 이런 반복시험에 의한 측정값의 흐트러짐이 작을수록 고성능 센서라고 말할 수 있는데 이것을 측정값에 대한 **센서의 재현성**이라고 한다.

2. 바이오센서의 기본개념

본 단원에서는 바이오센서란 어떤 것인가, 즉 바이오센서의 기본 개념에 대해서 설명하기로 한다.

바이오센서의 기본 측정 대상은 화학적인 변화량을 측정한다. 화학센서의 일종이라고 말할 수 있다. 그렇지만 실제로 측정할 때는 그림 1-6에서와 같이 측정하는 시료에 따라 목적으로 하는 화학물질 이외에도 여러 가지 화학물질의 변화가 존재하고 있다. 예를 들어서 수소이온을 측정하는 센서에서는 수소만을 측정하게 되지만 나트륨 이온에도 응답할 경우가 있다.

오히려 이러한 화학 선택적 센서의 단점을 해결하는 응답 결과는 미래 센서의 고성능 센서 지향적인 면에서 좋은 본보기가 되기도 했다. 통상의 화학물질 분석에서는 규모가 큰 장치를 사용하므로 부피가 커서 이동이 불가능하여 고정적인 기기분석으로 부른다. 오늘날 기기분석에서는 대상으로 하는 물질만을 분리하므로 간편하며 이동이 가능하고 분리 물질의 선택성이 높아야 된다. 예를 들어 통상의 분석에 있어서

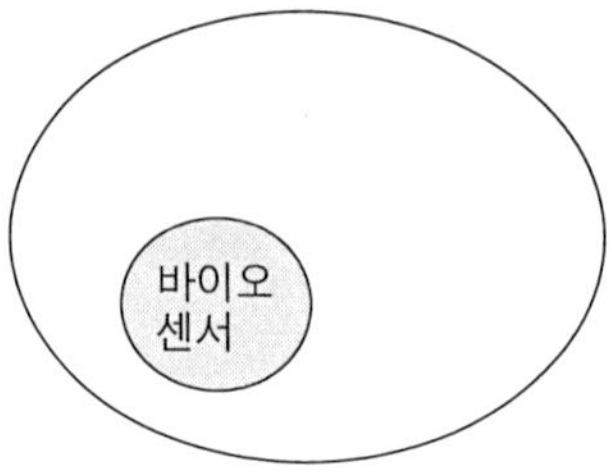

그림 1-5. 화학센서와 바이오센서의 관계

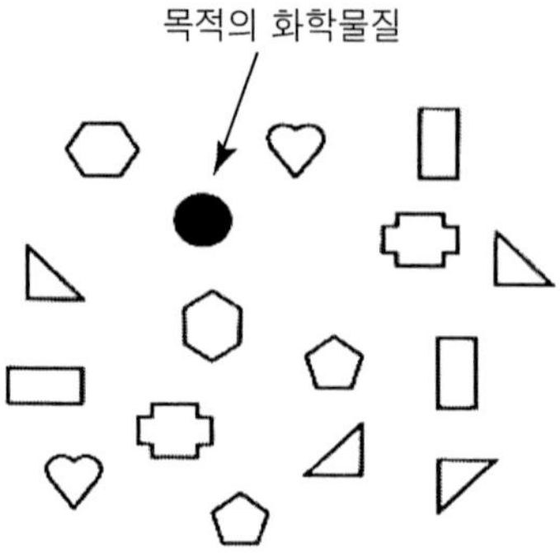

그림 1-6. 측정시료에는 여러 종류의 화학물질이 포함됨

는 시료를 그림 1-7에서와 같이 크로마토그래피로 분리하거나 약품처리 등에 의하여 분석한다. 분리한 후에도 그 화학물질이 목적물인지 아닌지를 동정할 필요가 있다.

분리한 특정 물질의 동정에는 그림 1-8에서와 같이 핵자기 공명장치가 최종적으로 사용된다. 이와 같이 고가의 대형 장치를 필요로 할 뿐만 아니라 취급하는 데 있어서도 복잡하며, 고가의 장비로 장치의 관리도 필요하다. 바이오센서의 경우는 생물이 가지는 뛰어난 분자 식별력을 이용하기 때문에 분리조작이나 시약의 사전처리 등도 간단하고 필요 없을 수도 있다.

바이오센서의 특성을 살리기 위해서는 조작이 간단하고, 장치를 이동이 가능하도록 작고 가벼우며 짧은 시간에 측정이 가능하고, 기기분석에 있어서 장비가 저렴해야 된다. 그림 1-9에서 바이오센서의 기본 구성을 나타내고 있다. 바이오센서는 2가지 부분으로 구성되어 있는데, 하나는 측정 대상물질만을 인식하는 부분(분자식별소자)이고, 다른 하나는 인식했다고 하는 정보를 전기적인 신호 등으로 변환하는 부위(신호

그림 1-7. 가스크로마토그래피 장치

그림 1-8. 핵자기 공명장치

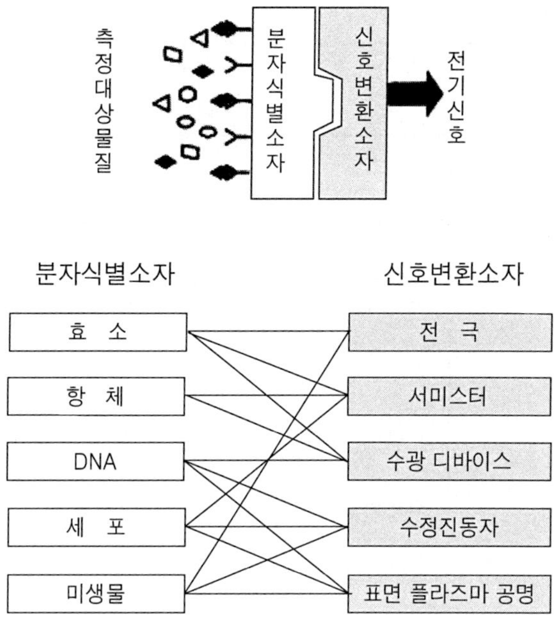

그림 1-9. 바이오센서의 기본구성

변환소자)이다. 즉 앞에서는 화학적 성질을 이용했었다. 그러나 생물 유래인 것(주로 생체분자)을 이용하는 것도 **바이오센서**라고 부른다.

분자식별소자에는 효소, 항체, DNA, 세포, 미생물 등을 들 수 있다. 신호변환소자는 전극, 서미스터, 수광 디바이스, 수정진동자, 표면 플라즈마 공명 등 보통 전자기기나 화학센서가 사용된다.

3. 바이오센서의 분류

바이오센서는 2개의 기본 성분인 분자식별소자와 신호변환소자로 구성되어 있다. 바이오센서의 기본구조를 이해하기 위해서는 어떤 화학물질을 측정하며, 어떤 분자식별소자에서 구성되는지, 또한 어떤 신호변환소자로 구성되는가에 주목하면 된다. 실제 장치에서는 조합방법(고정화기술)이나 측정시료의 양, 형태에 따라서도 여러 가지 종류로 구분할 수 있다. 바이오센서의 명칭은 보통 측정 대상물질의 명칭에 따라 분류하는 것이 일반적이다. 다만 분류상 분자식별소자 및 신호변환소자의 특징에 따라 표시하기도 한다.

표 1-2에서는 바이오센서에 대한 명칭에 대해서 나타내었다. 예를 들어 글루코오스

표 1-2. 바이오센서의 명칭 예

측정대상	분자식별소자 (생물소자)	신호변환소자	명 칭	본 서
글루코오스	효 소	산소전극	글루코오스센서	3장
글루코오스	효 소	과산화수소전극	글루코오스센서	3장
아미노산	효 소	과산화수소전극	아미노산센서	3장
BOD	미생물	산소전극	BOD센서	5장
항 원	항 체	표면 플라즈마 공명	면역센서	6장
항 원	항 체	수정진동자	면역센서	7장
DNA	상보 DNA	광, 전극	DNA칩	8장

표 1-3. 바이오센서의 이용분야

의 료 식 품 발효·양조	환 경 공업프로세스 농림수산

표 1-4. 바이오센서 연표

연 대	사 항
1950	클라크형 산소전극 폴라로그래피
1960	글루코오스 바이오센서 이온감응정계효과 트랜지스터
1970	(ISFET)
1980	메디에이터 바이오센서 수정진동자 바이오센서
1990	표면 플라즈마 공명바이오센서 DNA칩
2000	프로테인 칩, 반도체 칩

바이오센서를 알아본다면 글루코오스센서는 글루코오스를 측정하는 센서이다. 또한 효소를 사용하고 있기 때문에 효소센서이다. 다만 효소센서에서는 글루코오스 이외의 화학물질을 측정하는 센서이기도 하기 때문에 효소센서란 보다 광범위한 명칭이다. 효소전극을 사용하는 바이오센서는 수많이 존재하지만, 글루코오스의 경우는 과산화수소전극을 사용할 수도 있으므로 산소 전극센서라고는 부르지 않는다. 마찬가지로 생물화학적으로 산소요구량(biochemical oxygen demand ; BOD)을 측정하는 센서는 **BOD센서**라고 부른다.

미생물을 사용하기 때문에 미생물센서이기도 하지만 BOD만을 측정하는 미생물센서라고도 부른다. 면역반응을 검출하는 센서는 **면역센서**라고 한다. 그러나 면역센서에서는 신호변환소자에 표면 플라즈마 공명이나 수정진동자가 특징적으로 사용되므로 각각의 명칭에 의해 표면 플라즈마 공명바이오센서 또는 수정진동자 바이오센서 등으로 구분되기도 한다. 참고로 표 1-3은 바이오센서의 이용분야를 나타내고, 표 1-4에서는 바이오센서의 개발된 과정의 연표를 나타내고 있다.

제 2 장

화학센서

1. 화학센서

제1장에서 설명한 바와 같이 바이오센서는 화학센서의 일종이다(그림 1-5). 바이오센서를 설명하기 전에 화학센서에 대해서 알아보는 것이 바이오센서에 대한 이해를 높이는 것이므로 제2장에서는 바이오센서에 관련이 깊은 화학센서에 대해서 설명하기로 한다.

2. 전기화학의 기초

여기서 소개하는 화학센서는 주로 측정을 전기화학적으로 한다. 즉, 대상으로 하는 물질이 관여하는 화학반응에 의하여 전류 또는 전압변화가 생기는 것을 이용한다. 이러한 화학반응을 설명하기 위해 전기화학의 기본인 물의 전기분해에 대해서 알아보기로 한다.

그림 2-1에 나타낸 바와 같은 실험설계를 생각해본다. 순수 물은 그대로 상태이면 절연체이지만 전해질(초산, 유산, 염산, 소금 등)을 포함하고 있다. 이것에 두 개의 전극을 넣어 양자 간에 3V 정도의 직류전압을 가하면 양자의 전극에서 기체가 발생한다. 정전극에서는 수소가 발생하고, 부전극에서는 산소가 발생한다. 정전극에서는 하나의 물 분자에서 전자 2개를 빼앗겨 전극으로 흘러 산소가 발생한다. 부전극에서는 수소이온이 전극에서 전자를 받아 수소가 발생한다.

그림 2-2에서와 같이 산화반응이 일어나는 전극을 **양극**(anode), 환원반응이 일어나는 전극을 **음극**(cathode)로 부른다. 이와 같이 전기화학은 전극 표면에서의 화학반응이 중요한 위치를 차지한다. 그리고 이 화학반응에 의하여 생성하거나 용해하는 물

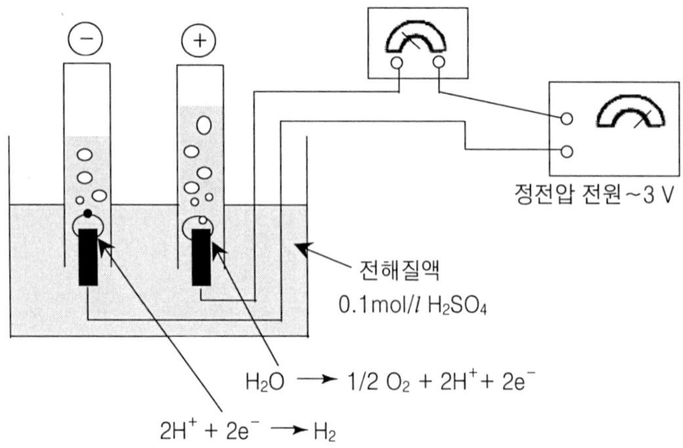

그림 2-1. 물의 전기분해

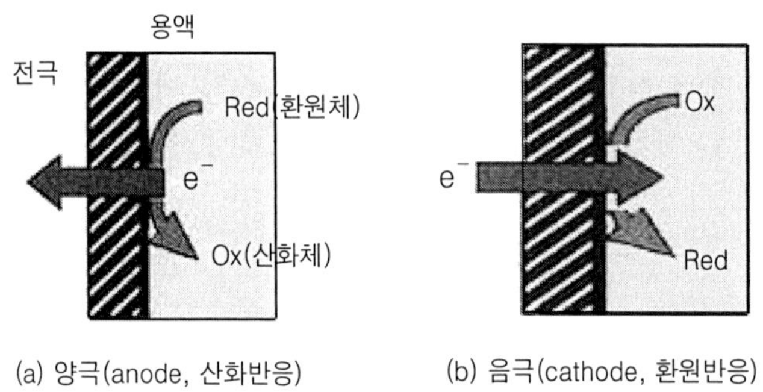

그림 2-2. 전극의 명칭

질의 양은 흐른 전기량과 그 화학물질의 화학등량에 비례한다. 물질 이동률속의 조건하에서는 일정시간에 흐르는 전기량(전류값)은 물질량(농도)에 비례하므로 전류값을 측정하는 것으로서 화학물질 양을 측정할 수 있다.

화학센서의 기본구성은 그림 2-3과 같다. 두 개의 전극 간에 전압을 가하여 흐르는 전류를 계측한다. 두 개의 전극 내의 한쪽을 작용전극이라고 부르며, 이 전극 표면에서 일어나는 반응이 센서 특성과 관계가 있어서 회로를 구성하는 역할을 한다. 이것은 2전극방식이며, 전류가 흐르고 전극 표면에서 화학반응이 일어나면 전위가 변동한다. 그렇기 때문에 두 개의 전극상에서 어떤 전위로 어떤 반응이 일어나는가는 알 수 없다. 따라서 그림 2-4와 같은 3전극방식이 이용되고 있다.

이 경우 제3의 전극을 **참조전극**이라고 한다. 참조전극의 전위를 기준으로 하여 작용전극의 전위를 설정한다. 실제로 3전극방식에서는 모두 제어가 가능한 포텐셜 스타

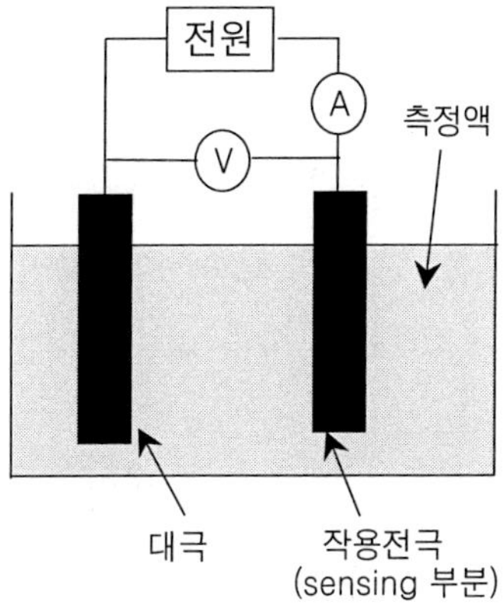

그림 2-3. 2전극방식의 전기화학센서의 기본구성

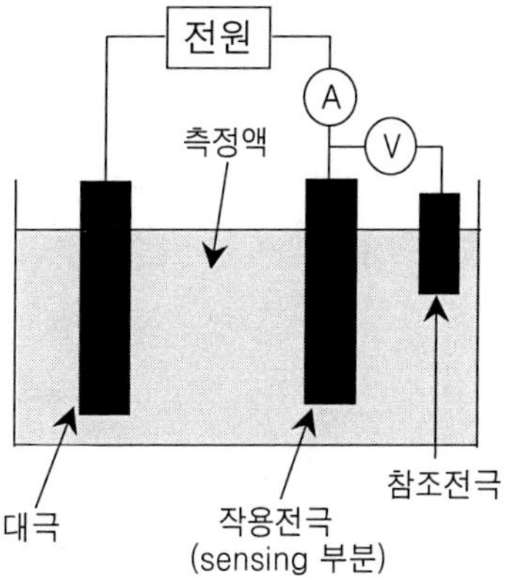

그림 2-4. 3전극방식의 전기화학센서의 기본구성

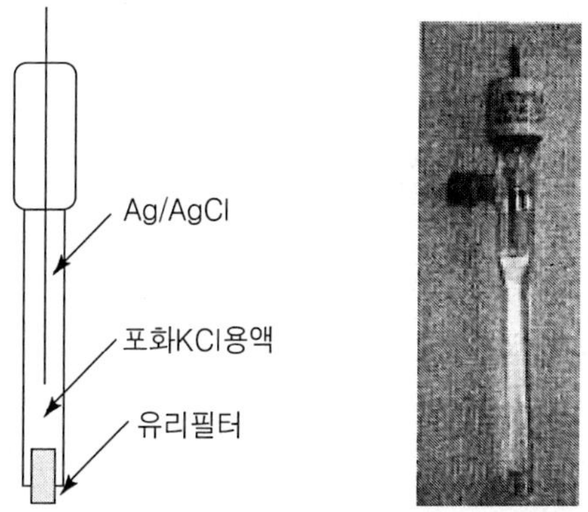

그림 2-5. 은/염화은 참조전극의 구조와 실물사진

트로 불리는 장치에 접속하여 측정을 한다. 화학센서에서는 은과 염화은(Ag/AgCl)이 자주 사용되며, 그림 2-5와 같은 구조를 하고 있다.

염화은은 박막으로 표면을 싼 은전극이 포화염화칼륨(KCl) 용액에 담겨져 있다. 염화은의 일부는 은이온(Ag^+)과 염소이온(Cl^-)으로 전리(電離)하여 용액 중의 Cl^- 농도가 Ag^+ 농도에 비교해서 약간 클 때 해리평형이 일어날 때 생기는 전류에 의하여 Ag^+ 또는 Cl^-의 증감을 유지할 수 있게 작용하여 일정한 전위체계를 지속시킬 수 있다.

이와 같은 전위차를 이용한 전기화학은 체코슬로바키아의 Heyrovsky에 의하여 확립되어 1959년에 노벨화학상을 수상하게 되었다.

3. 산소센서

산소센서(산소전극)는 수용액 중의 산소농도(용존산소)를 측정하는 화학센서이다. 전극에 적당한 전압을 가하여 전극에서의 화학반응에 의한 전류의 변화량을 계측하는 것으로서 산소농도를 측정하는 원리이다. 이와 같은 센서는 플로우 방식이다. 그림 2-6에서는 산소센서의 구조와 실물사진을 표시하고 있다. 이것은 클라크형 산소전극이며, 1953년에 L. C. Clark들에 의하여 개발되었다.

카서우드에는 백금(Pt), 아노우드에는 은과 염화은전극, 전해물질은 염화칼륨 등이 이용된다. 산소 투과막에는 두께 20 μm 정도의 테프론, 폴리프로필렌 등이 사용된다. 동작원리는 다음과 같다. 즉 산소가 산소투과막을 통하여 확산에 의하여 작용전극(카서우드)으로 수송되는 측정계를 만든다. 즉 일정한 전해질액 중에서 백금전극의 표면에서 방출된 전자와 막을 통하여 확산한 산소 및 전해액 중의 물과 식 (2.1)의 반응을 일으켜 산소가 소비된다.

$$O_2 + 2H_2O + 4e^- \rightarrow 4OH^- \quad (2.1)$$

한편, 아노우드에서는 다음과 같은 반응이 일어난다.

$$Ag + Cl^- \rightarrow AgCl + e^- \quad (2.2)$$

이때 용존산소 농도는 전극 표면에서 0으로 되고, 막 외측과의 사이에서 산소요구량이 생기며 확산에 의하여 전극 표면에 산소가 공급된다. 막을 통해서 확산에 의한 수송은 은 농도 차이에 비례하므로 전류를 계측하는 것이 가능하며, 이러한 방법으로 산소농도를 측정할 수 있다.

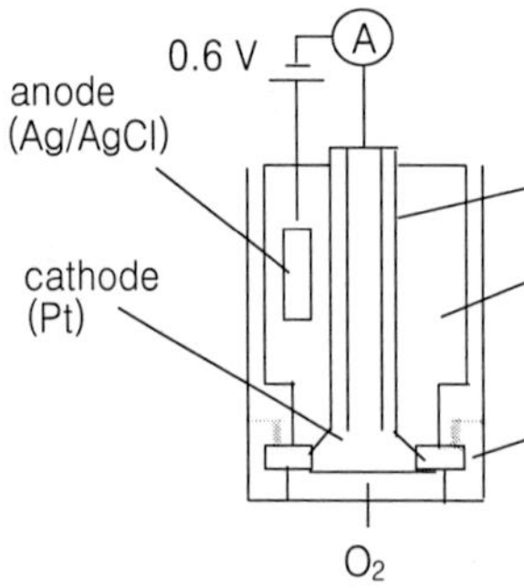

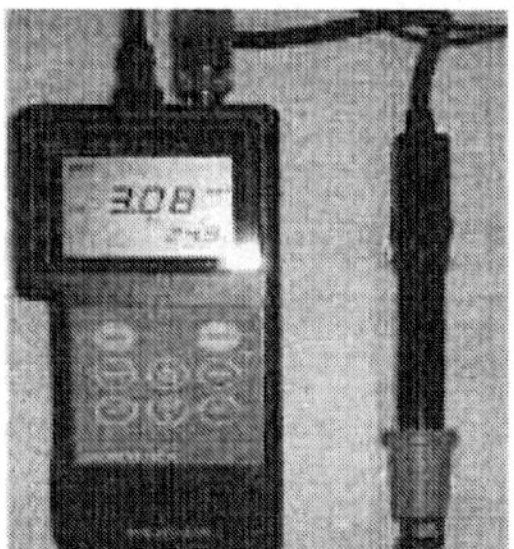

그림 2-6. 클라크형 산소전극의 구조와 실물사진

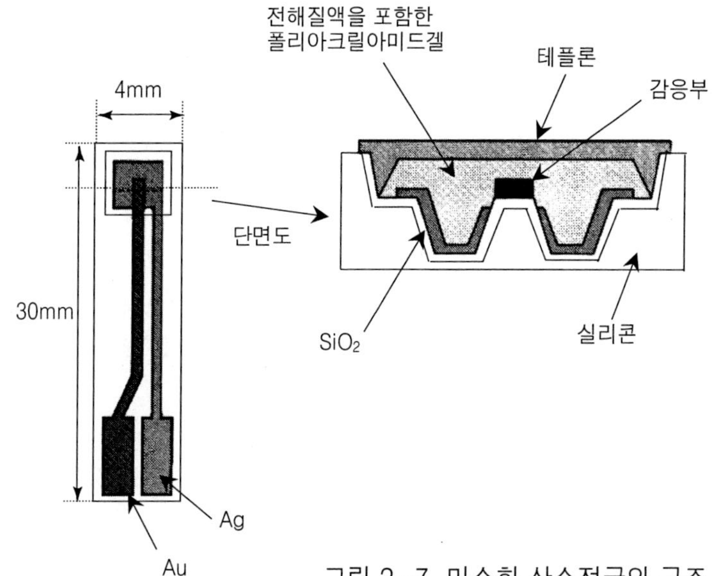

그림 2-7. 미소화 산소전극의 구조

산소는 생물에 있어서 필수 불가피한 물질로 이러한 산소의 요구량을 이용한 산소센서는 의료, 환경, 식품, 발효, 양조프로세스, 공업프로세스 등에 까지 널리 이용되고 있다.

산소전극은 바이오센서의 신호변환소자로서 폭넓게 이용되고 있다. 클라크형 산소전극은 상온에서 안정되게 작동하며, 수용액 중에서 사용하는 데 적합하기 때문에 널리 사용되고 있다. 그러나 그림 2-6에 나타낸 것처럼 반응부위를 유리 또는 염화비닐의 용기 속에 금속전극을 삽입하여 전해질액과 함께 유리투과막으로 음극을 피복하여 봉 형태로 만들어 사용되고 있다. 이 기기는 전부 하나씩 손작업으로 제작되므로 값이 비싸다.

한편, 최근 바이오센서의 연구개발의 발전으로 보다 특수한 바이오센서가 개발 되고 있다. 예를 들어 바이오센서를 체내에 장착시키거나 부착화시켜 다기능화 하기 위한 센서에서는 클라크형 산소전극은 적합하지 않다. 이와 같이 체내에서 이용한 다기능센서의 목적을 달성하기 위해서는 필요성이 절실하게 되었다. 이것을 그림 2-7에 나타내었다. 미소화 산소전극은 반도체 기술로 제작된다.

실리콘 기판을 이용하여 이방성 에칭에 의하여 홈을 제작하고 여기에 전해질액을 저장한다. 그림의 미소화 산소전극은 전해질액이 누출하는 것을 방지하기 위해 아크릴아미드겔에 의하여 비유동화시키고 있다. 금속전극은 진공증착이나 스퍼터링에 의하여 박막 5 mm × 20 mm 정도의 크기로 간소화시킨다.

이 미소화 산소전극은 클라크형과 마찬가지로 안정성이 있으며, 재현성이 좋은 센서응답을 얻을 수 있고, 미래 바이오센서(반도체 센서)의 발전과 DNA칩의 발달에 지대한 영향을 끼치게 된다.

4. 과산화수소 센서

과산화수소 전극은 그림 2-8에 나타낸 것처럼 산소전극과 기본구조는 같지만 아노우드와 카서우드가 교체되어 아노우드가 작용전극으로 사용된다.

또한 산소 투과막은 필요 없다. 아노우드의 전위를 약 0.6V로 설정한다면 아노우드에서는

$$H_2O_2 \rightarrow 2H^+ + O_2 + 2e^- \tag{2.3}$$

음극에서는

$$AgCl + e^- \rightarrow Ag + Cl \tag{2.4}$$

의 반응이 일어난다.

아노우드의 전류값은 과산화수소 농도에 비례하므로 전류값에서 과산화수소 농도를 환산할 수 있다. 또한 산소전극과 마찬가지로 미소화 과산화수소 전극도 개발되고 있다. 그림 2-9에 나타낸 과산화수소 전극의 경우는 내부 전해질액이 필요 없이 전극재료에 촉매성이 높은 백금을 이용하는 것으로서 고감도 센서를 얻을 수 있다.

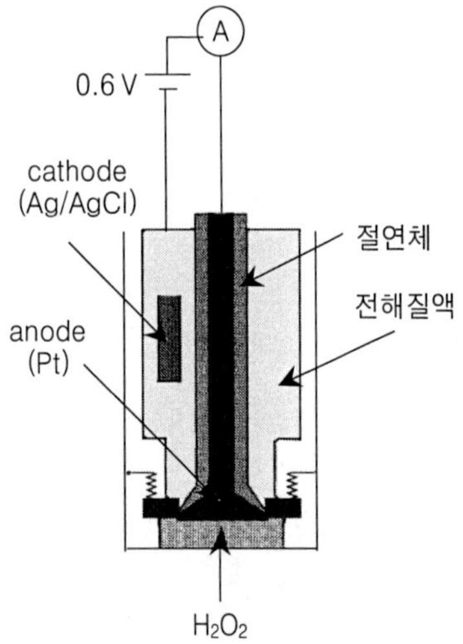

그림 2-8. 과산화전극의 구조

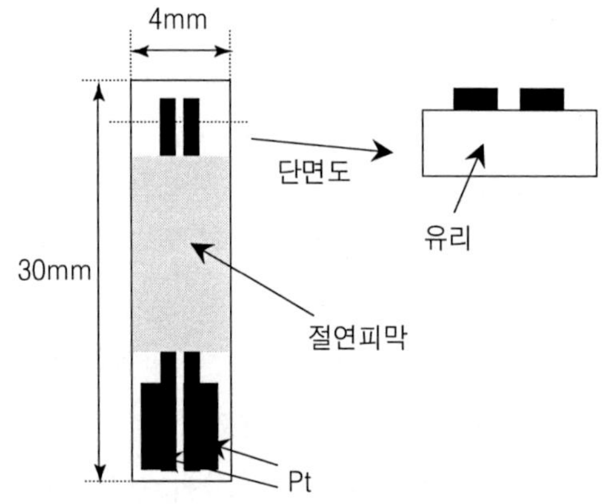

그림 2-9 미소화 과산화전극의 구조

5. 이온센서

대표적인 이온전극인 유리 pH센서에 대해서 설명한다. pH는 수소이온농도를 말하며 식 (2.5)와 같이 나타낼 수 있다.

$$pH = -\log10[H^+] \tag{2.5}$$

수소이온은 표 2-1에서와 같이 매우 작다. 다공질유리는 수소이온만을 선택적으로 통과시키므로 그림 2-10과 같이 유리막의 내부와 외부의 수소이온의 농도차가 맞는 경우에는 식 (2.6)에서 나타내는 전위차가 발생한다.

$$E = A + \frac{RT}{F} \log \left(\frac{[H^+]_{in}}{[H^+]_{out}} \right) \tag{2.6}$$

다만, A : 정수, R : 기체정수, F : 패러데이 정수, T : 절대온도, $[H^+]_{in}$: 내부액의

표 2-1. 여러 원자의 반경

원 자	반경 (nm)	원 자	반경 (nm)
H	0.037	K	0.227
Li	0.152	Rb	0.247
Na	0.186	Cs	0.265

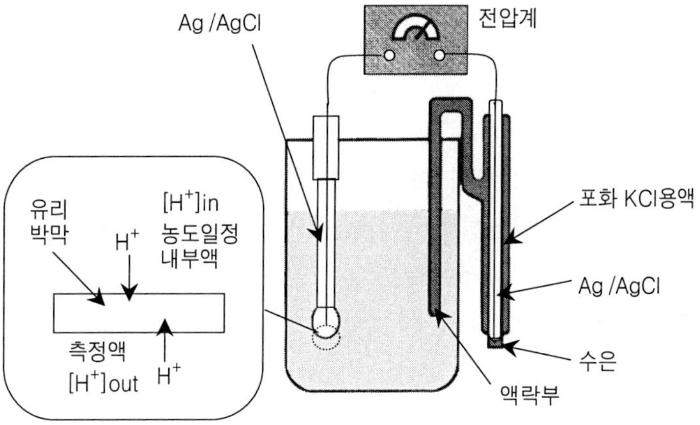

그림 2-10. 유리 pH센서의 측정원리

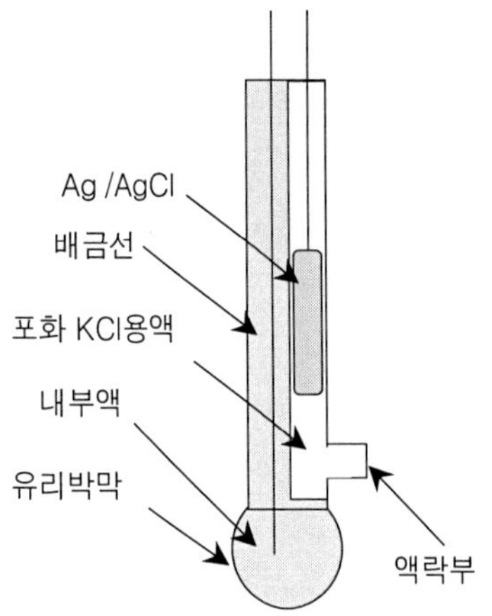

그림 2-11. 유리 pH센서의 구조그림과 실물사진

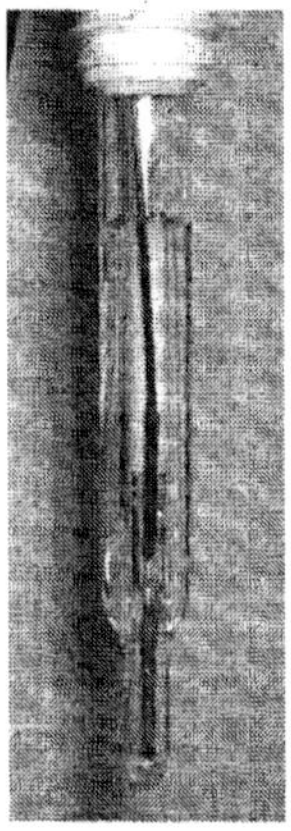

그림 2-12. 유리 pH센서의 측정계

수소이온농도, $[H^+]_{out}$: 외부 액의 수소이온농도(측정액)이다. 따라서 유리 pH센서에서는 이 전위차를 검출하는 것으로서 수소이온농도를 측정할 수 있다. 식 (2.6)에 따르면 20℃에서 내부액과 외부액 간 수소이온농도를 측정할 수 있다.

식 (2.6)에 따르면 20℃에서 내부액과 외부액 간의 pH가 1이 달라지면(H^+ 농도가 10배 다른) 약 59 mV의 전위차가 생기게 된다. 실제 유리 pH센서는 그림 2-11과 같이 하나로 참조전극이나 내부액이 집적된 구조로 된다. 유리전극의 원리적인 특징으로 산소전극은 전류를 측정한 것에 대해서 전위를 측정하는 데 있다. 전극의 내부저항은 크고(수 GΩ 정도) 고입력 인피던스의 증폭기를 필요로 한다. 그렇기 때문에 측정계 전체는 그림 2-12에서와 같은 구조를 한다. 유리박막 대신에 어떤 이온에 선택적으로 식별하는 물질을 사용하면 pH센서와 마찬가지 원리로 이온센서를 제작할 수 있다.

pH센서의 경우는 표 2-1에서 나타낸 바와 같이 수소이온의 크기는 다른 이온에 비해서 극단적으로 미세하게 작기 때문에 선택성이 좋은 센서를 개발할 수 있다고 말할 수 있다. 실제 pH계는 나트륨이온에는 거의 응답하지 않는다. 그러나 다른 이온센서를 개발하는 데 있어서 중요한 딜레마는 측정하고자 하는 목적이온의 선택성을 높이는 데 중점을 두고 연구할 필요성이 있을 것이다.

그러기 위해서는 우선 유리의 조성 $(SiO_2)x(Al_2O_3)y(Na_2O)z$을 바꾸는 작업으로 인해 각기 다른 나트륨이온(Na^+), 칼륨이온(K^+), 암모늄이온(NH_4^+)에 선택적으로 작용하는 유리박막을 개발하는 것으로서 각기 선택적 이온센서의 제작이 가능하게 된다. 그 외에 방선균(*Streptomyces fluvissimus*)에서 얻어지는 항생물질인 바리노마

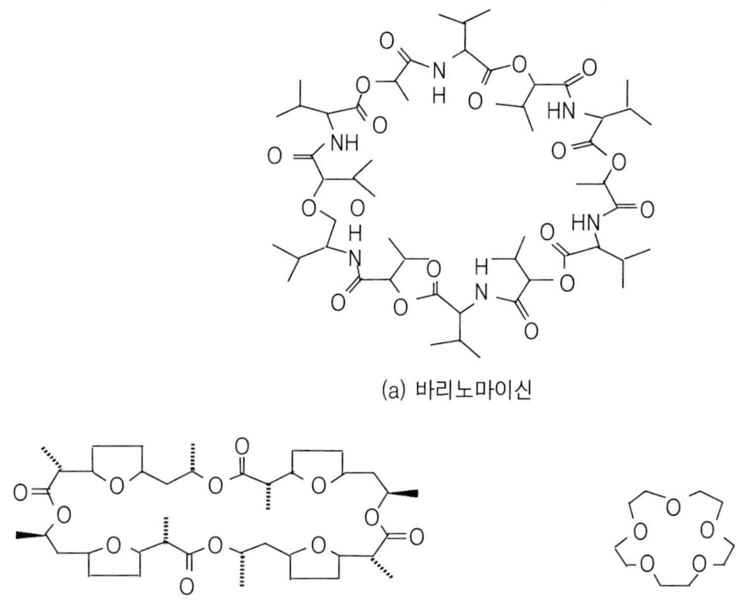

(a) 바리노마이신

(b) 노나크친

(c) 클라운 에텔

그림 2-13. 여러 가지 이오노포어

이신(Valinomycin)은 그림 2-13(a)에서와 같이 환상구조로 36원환화합물로서 외측은 소수성기(疎水性基)로 피복되고 있지만, 내측은 카르보닐기(carbonyl group)가 나란히하고 있어 친수성이다.

또한 크기도 K^+에 가깝기 때문에 여기에 K^+이 가까이 작용하게 되면 이온이 쌍극자 상호간에 작용하여 선택적으로 결합한다. 마찬가지로 그림 2-13(b)에서 표시하는 나노크친은 NH_4^+를 선택적으로 포획한다. 이와 같이 특정한 이온만을 결합하는 화학물을 **이오노포어**라고 한다. 바리노마이신은 생체물질이며, 그 뛰어난 분자인식 기능을 이용하기 때문에 바이오센서의 개발에 이용된다. 그러나 대부분의 이오노포어는 인공적으로 합성되고 있다. 그림 2-13(c)에서 표시하는 클라운 에텔이 그 예라고 할 수 있다.

클라운 에텔도 환상구조를 가지며, 그 환상부와 크기가 맞는 이온에 선택적으로 작용하여 복합체를 형성한다. 여러 가지 환상사이즈를 가지는 클라운 에텔이 합성되고 있다. 이오노포어는 저분자이며 그대로는 사용할 수 없다. 센서로서 이용하기 위해서는 다공질의 고분자막에 침투시켜 사용해야 되기 때문에 바이오센서의 취지에 어긋나게 된다. 이와 같은 이온선택 막은 **액막**으로 부른다. 난용성의 소금으로 만들어진 고체막도 이온감지막으로서 이용된다. 불소란탄(LaF^3) 또한 불소이온(F^-), 황화은

(Ag_2S), 유황이온(S^{2-})에 선택적으로 반응한다.

이렇게 바이오센서는 생체 분자의 이온 변화와 화학적 변화를 감지하는 작용을 잘 수행할 수 있어야만 센서로서 추구하는 목적성 기기로 변신이 가능할 것이다.

6. ISFET

이온감지 전계효과 트랜지스터(ion sensitive field effect transistor, ISFET)는 전계효과 트랜지스터(FET)를 개량한 디바이스이다. FET에 대해서는 부록에서 설명하고 있다. ISFET는 그림 2-14에서와 같이 FET의 게이트전극을 없애고 게이트 절연막상에 이온감지막을 만들어 그 부분을 용액에 담아서 사용한다. 1970년에 P. Bergveld가 최초로 이 원리를 고안했다. 이온감지막 부분의 전위가 이온농도에 의존하여 변화된 것을 드렌전류의 변화로서 검출한다. 전위를 변화시킬 수 있는 구조는 식 (2.6)에 나타낸 바와 같으며, 측정회로는 그림 2-15에 나타낸 바와 같다.

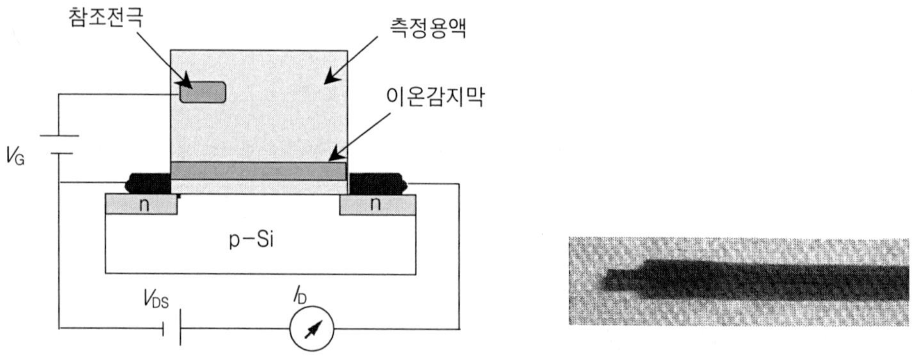

그림 2-14. ISFET의 구조와 실물사진

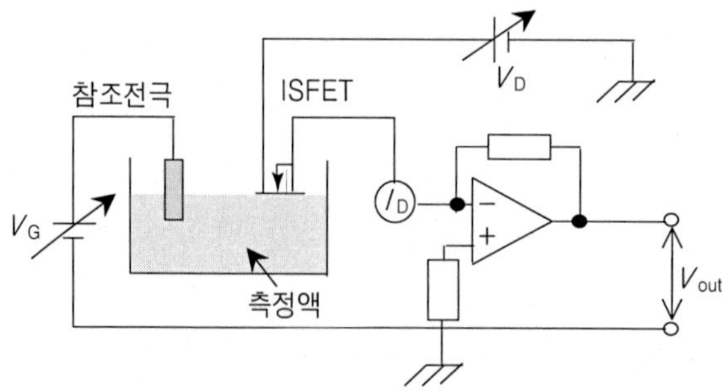

그림 2-15. ISFET의 측정회로

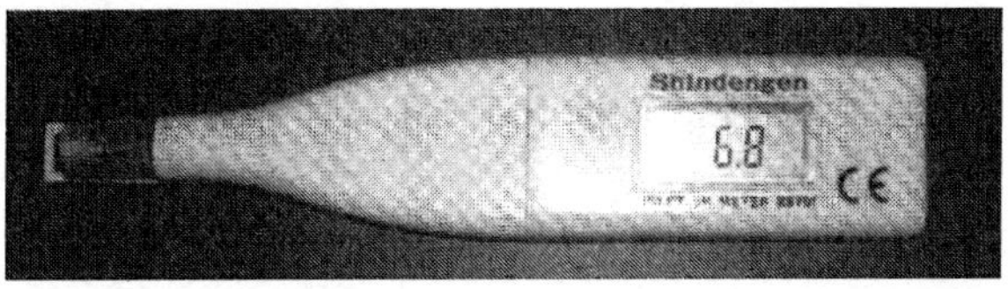

그림 2-16. ISFET의 실물사진

FET와 달리 ISFET는 감지부를 용액에 담구어 측정한다. 그러나 실리콘이나 리드선은 전기를 통하기 때문에 용액 중에서 쇼트하여 신호를 얻을 수 없다. 이 때문에 감지부를 제외한 나머지 부분은 절연막을 설치하고 있다.

제 2장에서 설명한 유리 pH센서는 고입력 인피던스의 회로가 필요했지만 ISFET의 경우 FET입력으로 고입력 인피던스가 실현될 수 있어서 간단한 회로설계가 가능하게 된다. 그림 2-16에서와 같이 아주 콤팩트하며, 이동이 쉽고 한 방울의 양으로도 측정이 가능한 센서로서의 특징을 잘 갖추고 있다고 할 수 있다. 이온감지막을 바꾸거나 이오노포어를 이용하는 방법으로서 다양한 ISFET형 이온센서의 개발을 유도할 수 있는 발판이 될 것이다.

제 3 장

효소센서인 글루코오스 바이오센서

1. 효소센서인 글루코오스 바이오센서

바이오센서를 이해하기 위해서는 이 장에서 설명하는 글루코오스(glucose) 바이오센서를 이해할 수 있어야 한다. 즉 글루코오스 바이오센서를 이해할 수 있다면 바이오센서의 절반은 이해했다고 해도 과언이 아니다. 이 장에서 설명하는 글루코오스 바이오센서는 제2장에서 이미 설명한 화학센서(산소전극)가 기초가 되며, 이것에 효소를 접목시킬 수 있었던 최초의 바이오센서이다.

2. 글루코오스 측정의 필요성

글루코오스(포도당)는 당질의 일종이며, 당질은 탄수화물의 일종이다. 탄수화물은 그 이름과 같이 탄소에 물이 붙은 물질이다. 그림 3-1에 나타낸 바와 같이 당질은 많은 종류가 존재하지만 그 중에서도 글루코오스는 매우 단순한 반면 대표적인 당질이며 $C_6H_{12}O_6$의 화학식을 가진다.

글루코오스는 혈액이나 세포 속에서 단체로 존재하며, 세포의 에너지원으로 중요한 역할을 수행하고 있다. 글루코오스는 그림 3-2와 같이 호흡대사에 의하여 에너지를 발생시킨다. 호흡대사에 의한 에너지(ATP) 생산은 주로 세포내 소기관인 미토콘드리아(mitochondria)에서 일어난다.

이러한 글루코오스의 화학반응은 식 (3.1)에서 표시하는 화학반응으로 정리된다.

$$C_6H_{12}O_6 + 6O_2 \longrightarrow 6CO_2 + 6H_2O + 688\ \text{kcal/mol}(38ATP) \tag{3.1}$$

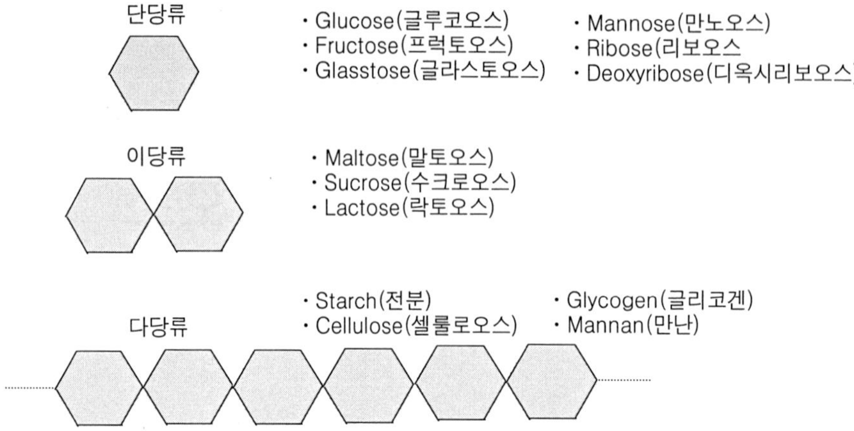

그림 3-1. 여러 가지 당질

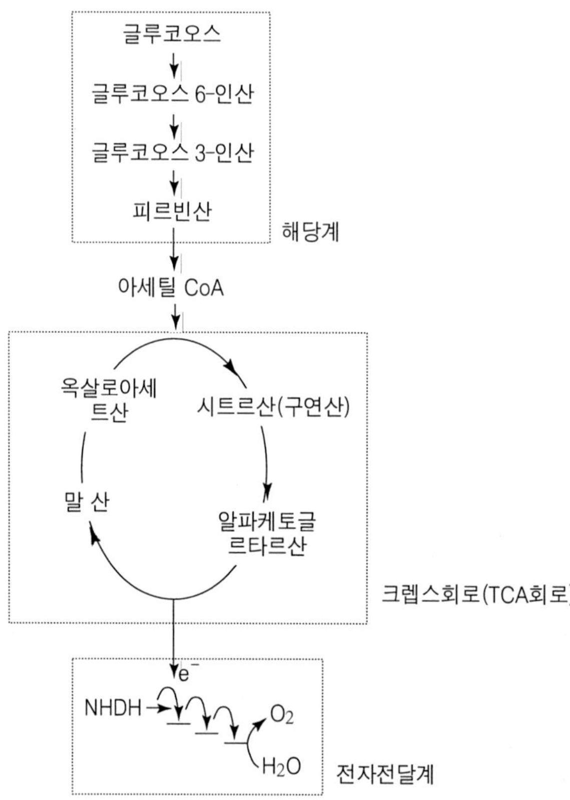

그림 3-2. 글루코오스(포도당)대사의 과정

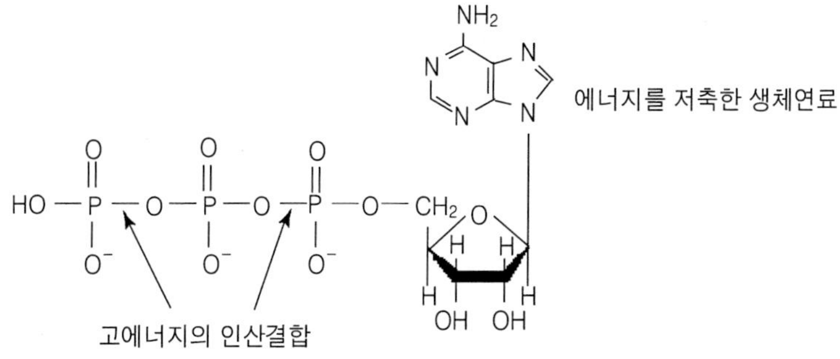

그림 3-3. ATP의 분자구조

즉, 글루코오스 1 mol(180 g)에서 688 kcal의 에너지가 생긴다. 정확하게는 1분자의 글루코오스에서 생물에너지로 되는 아데노신3인산(adenosine triphosphate, ATP)을 최대 38분자 발생시킨다. ATP는 불안정한 인산결합 구조를 가지며, 이러한 분자구조가 망가질 때 생기는 화학적 변화에 의하여 에너지가 발생한다(그림 3-3). 글루코오스는 생체 내에서는 글리코겐으로 모습을 바꿔서 근육이나 간장에 저장되어 있지만 혈액 중 글루코오스가 부족하면 즉시 글루코오스로 변환되어 뛰쳐나와 에너지원으로 공급된다.

혈액 중의 글루코오스 양의 조절에 대해서는 제4장에서 자세히 설명하기로 한다. 또한 특히 뇌에서는 뇌혈액 관문이라 하여 모세혈관에서 뇌세포로 특정한 분자밖에 통과시키지 않은 장벽이 있어 글루코오스만을 영양원으로 한다. 이러한 점에서 글루코오스는 생체 내에서는 중요한 역할을 하고 있으며, 글루코오스를 측정하는 일은 매우 중요하다는 것을 알 수 있다.

글루코오스의 분자구조를 그림 3-4에 나타내었다. 6개의 탄소를 구별하기 위해서 번호로 표시한다. 글루코오스는 부제탄소를 가지고 있기 때문에 D형, L형의 경상이성체(鏡像異性體)가 구별되지만 천연으로 존재하는 것은 D형이다. 그것을 구별하기 위해서 D-글루코오스라고 부른다. 그리고 수용액 중에서는 직사슬상이 아니라 6각형의 환상구조를 취한다. 이때 1의 탄소에 결합하는 수소(- H)와 수산기(- OH)의 위치 차이에 따라 α형과 β형의 이성체가 존재한다.

3. 종래의 글루코오스 분석방법

바이오센서를 따르지 않은 종래의 글루코오스의 정량방법에 대해서 설명한다. 글루코오스는 그림 3-4에서와 같이 직사슬상 분자는 알데히드기(-CHO)를 가지며, 이 환

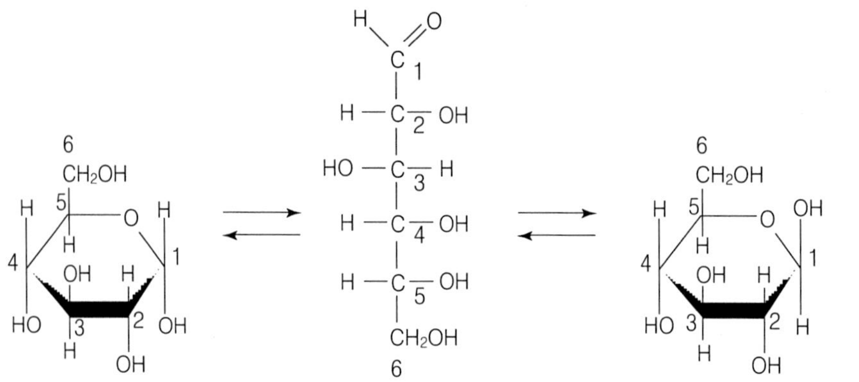

(a) α-D-글루코오스 (b) D-글루코오스 (c) β-D-글루코오스

그림 3-4. 글루코오스의 분자구조

원력을 이용한다. 염기성에서 산화동과 가열하면 식 (3.2)의 반응이 일어난다.

$$\text{RCHO(글루코오스)} + 2\text{CuO} \longrightarrow \text{Cu}_2\text{O} + \text{RCOOH} \tag{3.2}$$

이 반응에서 구리(Cu)이온은 환원된다. 이때 생긴 Cu_2O은 몰리브덴산과 반응하여 발색한다. 이 발색 정도에 따라서 글루코오스 농도를 정량할 수 있다. 이외에도 글루코오스에 있는 알데히드기를 이용한 펠링반응에 의하여 정량하는 방법도 있다. 그러나 실제로 글루코오스를 측정할 때 측정시료에는 글루코오스 이외의 물질도 수많이 포함되고 있다. 혈액 중에서는 적혈구가 있기 때문에 발색에 의한 정량은 할 수 없다. 또한 식 (3.2)의 반응은 글루코오스 이외에서도 알데히드기를 갖는 화합물(예를 들어 아세트알데히드)라도 반응한다.

따라서 미리 측정 방해가 되는 물질은 제거할 필요가 있다. 제거하는 작업에는 원심분리나 크로마토그래피 등의 비교적 크고 고가인 기기를 필요로 한다. 그러나 현재에도 글루코오스의 정량은 바이오센서의 원리에 따라 개발되고, 현재는 간단한 키트 형태로 정량이 가능하게 되었다.

4. 글루코오스 바이오센서에 이용되는 효소

4.1 단백질

글루코오스 바이오센서에서 사용되는 생체물질은 글루코오스 옥시다아제(oxidase)라는 효소이다. 효소는 단백질이므로 우선 단백질에 대해서 설명하기로 한다.

단백질은 아미노산이 많이 연결되어 있는 고분자화합물이다. 아미노산의 기본 화학식은 그림 3-5에 나타낸 바와 같이 한 개의 분자 내에 아미노기($-NH_2$)와 카르복실기(-COOH)를 가진다. 천연에 존재하는 아미노산은 20종류이다. 즉, 그림 3-5에서처럼 치환기 R는 20종류라는 것이다.

단백질은 아미노산의 아미노기와 다른 아미노산의 카르복실기 사이에서 물분자가 하나 떨어져서 펩티드결합(또는 아미드결합)에 따라 수많이 연결되어 있다. 단백질은 평균하여 아미노산이 100개 정도 연결되어 있는 고분자화합물이다. 고분자화합물은 아미노산의 배열에 따라 결정된다. 이 구조를 **1차 구조**라고 한다. 아미노산이 연결된 긴 펩티드사슬은 그대로 긴 직선상이 존재하는 것이 아니라 부분적으로 독특한 구조

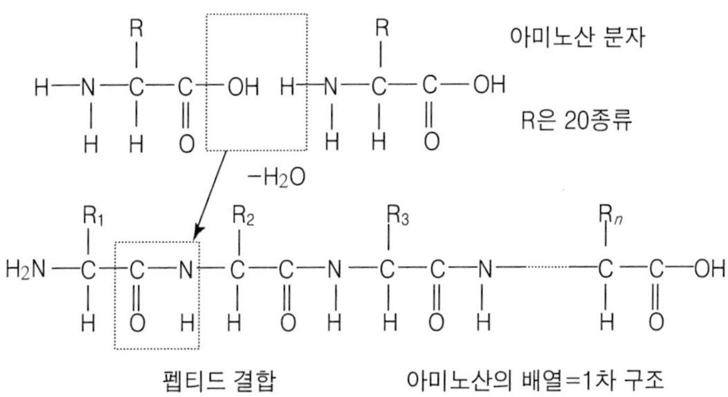

그림 3-5. 아미노산과 단백질의 관계

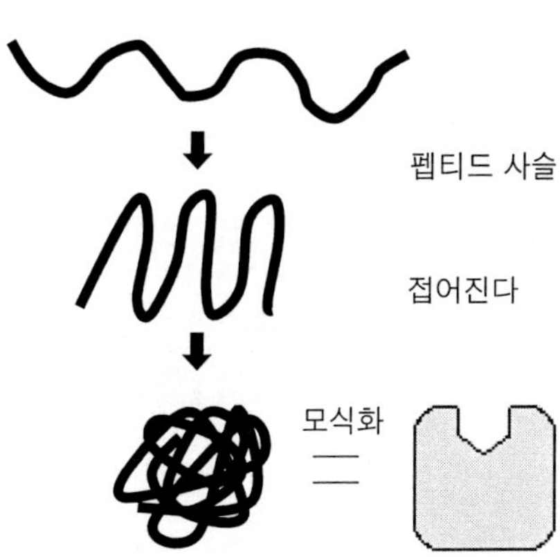

그림 3-6. 단백질의 특이적 입체구조

를 가진다.

예를 들어 α 헤릭스라는 나선구조나 β 시트라고 불리는 평면구조가 있는데 이러한 구조들을 **2차 구조**라고 한다. 또한 거시적으로 보면 그림 3-6과 같이 긴 펩티드 사슬이 접혀서 각각 단백질의 특별한 구조를 가지기도 하는데 이러한 구조를 **3차 구조**라고 한다.

4.2 효 소

효소작용은 온화한 조건하에서 특정한 화학반응을 촉진시키는 작용을 말한다. 생체분자를 이용하기 때문에 **생체촉매**라고도 한다. 예를 들어 A에서 B로 변화하는 화학반응을 생각해 본다. 이 반응이 효소 없이는 1000년을 투자해야 하는데 비해서 효소가 존재하게 되면 1시간 만에 끝난다. 이것은 그림 3-7에 표시하는 자유에너지의 작용으로 설명할 수 있다.

A에서 B로 반응이 진행할 경우에는 외부에서 에너지를 가하여 높은 에너지의 산을 넘어야 한다. 이 에너지의 산을 활성화 에너지($\Delta G^{\neq}$)라고 부른다. 그러나 효소가 존재하면 활성화 에너지를 낮출 수 있으며, 그 결과 반응속도가 빨라진다. 이것은 그림에서 $\Delta G^{\neq}$을 작게 하는데 대응하며, 이것은 A와 B의 에너지 차이다. ΔG_0는 변화하지 않다. 이것은 A ⇄ B라는 반응을 촉매 하는 효소는 B의 농도를 충분히 높이면 반대로 B ⇄ A도 촉매하는 것을 의미한다.

효소작용의 특징은 통상의 무기촉매와 달리 상온, 상압에서 작용한다. 그리고 무기촉매는 온도를 올리면 올릴수록 반응속도는 빨라지지만 효소의 경우는 온도 의존적이어서 통상 40℃ 정도에서 반응이 가능하다. 이것은 생물이 체온에 가까운 온도이

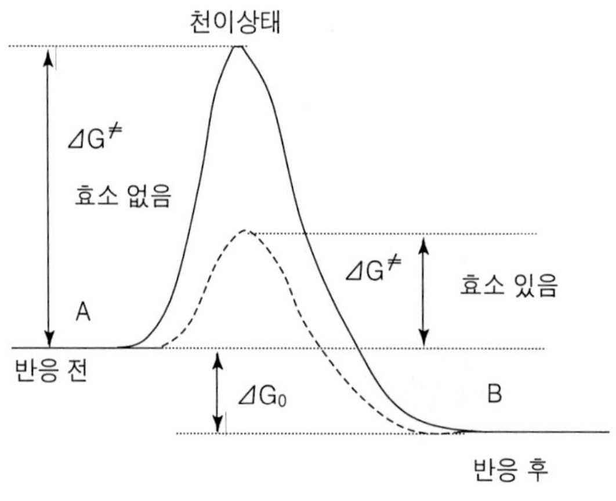

그림 3-7. 효소반응의 자유에너지

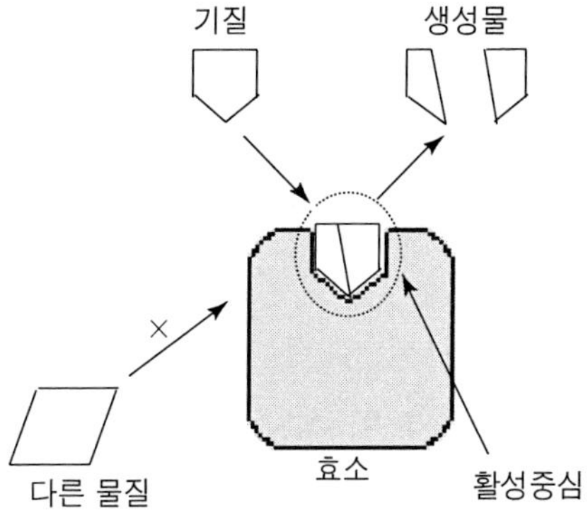

그림 3-8. 효소의 기질특이성

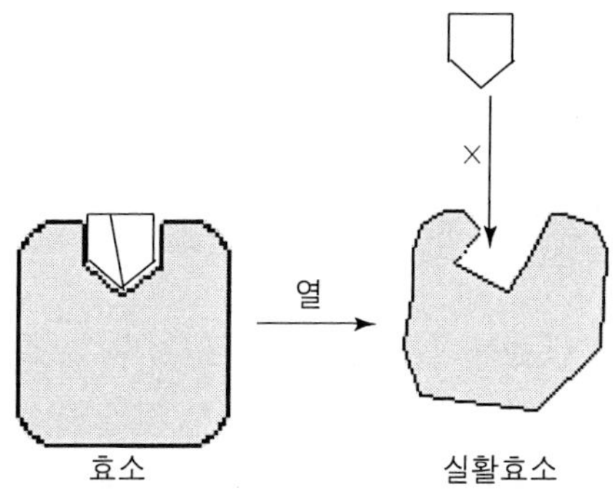

그림 3-9. 효소반응의 자유에너지

며, 또한 효소에는 최적 pH가 존재한다. 예를 들면 위에서 분비되는 단백질을 분해하는 펩신이라는 효소는 pH 2 부근의 강산성에서 아주 활발하게 활동한다. 트립신은 pH 9의 약염기성에서 매우 활발하게 활동한다.

효소의 큰 특징은 '하나의 효소는 특정한 화학반응' 밖에 작용하지 않는다는 것이다. 효소가 작용하는 화학물질을 **기질**(基質)이라고 하지만 효소와 기질의 관계는 열쇠와 자물통의 관계라고 할 수 있다. 그 기구는 효소가 단백질이라는 점에서 설명할 수 있다. 그림 3-8과 같이 효소는 특이적인 입체구조를 가지며, 효소작용을 하는 데 있어서 기질과 결합하는 부분이 있는데, 이를 **활성중심**(active center)이라고 한다. 이 활성중심이 기질과 딱 맞는 구조를 가지기 때문이며, 그 외의 물질은 활성중심에 낄 수가 없다.

바이오센서는 이러한 기질 결합 특이성을 가진 효소의 뛰어난 분자 식별력을 이용하고 있다. 이 입체구조는 수소결합이나 산소결합 또는 이온결합 등의 비교적 약한 결합으로 성립되고 있기 때문에 열작용에 의하여 간단하게 무너진다. 이것을 효소의 실활(devitalization)이라고 한다(그림 3-9). 효소가 고온에서 활동하지 않은 것은 이 때문이다. 또한 pH에 따라서도 입체구조가 변화하기 때문에 효소가 잘 활동할 수 있는 최적 pH가 존재하게 된다.

실활한 효소는 촉매작용이 없다. 또한 성질이 다른 화학물질을 작용시키면 효소의 촉매능이 떨어지거나 잃을 수도 있다. 이 화학물질을 **효소의 저해제**(沮害劑)라고 한다. 저해제는 활성 중심에 직접 작용하거나 활성 중심외 부위에 작용하는 등 기구는 여러 가지이다. 저해작용에 의하여 효소를 촉매 하는 기구도 생명은 갖추고 있기 때문에 효소의 저해가 생물에 해롭다고는 말할 수 없다. 그렇다면 효소의 반응속도를 정량적으로 생각하기로 한다. 효소반응은 대부분의 경우 효소 E는 우선, 기질 S와 결합하여 ES복합체를 형성한다.

이때 순방향의 반응 속도정수를 k_{+1}, 그 역반응의 속도정수를 k_{-1}로 한다. 기질 S는 ES복합체의 모양으로 효소상에서 반응하며, 산물 P가 생기는 단계에 비교하면 매우 빠르게 된다. 말하자면 k_{cat}의 반응이 매우 늦어서 효소반응의 속도는 k_{cat}로서 결정된다.

이 단계를 율속단계(律速段階)라고 한다. 이 조건에서는 ES복합체의 농도는 일정하게 되어 있는 상태가 오래 계속된다고 생각해도 된다. 즉 이 상태에서는 ES복합체의 형성속도와 소멸속도는 동일하게 된다. 이것을 식 (3.3)과 같이 표시할 수 있다.

$$k_{+1}[E][S] - k_{cat}[ES] - kO_{-1} - [ES] = 0 \tag{3.3}$$

전효소농도를 $[E]_0$로 한다면 다음과 같은 관계로 된다.

$$[E]_0 = [E] + [ES] \tag{3.4}$$

식 (3.3)과 식 (3.4)에서 [E]를 제거하여

$$[ES]= \frac{[E]_0[S]}{\frac{k_{cat} + k_{-1}}{k_{+1}} + [S]} \tag{3.5}$$

반응속도 $\upsilon = k_{cat}[ES]$라고 쓸 수 있기 때문에

$$\upsilon = \frac{k_{cat}[E]_0[S]}{k_m + [S]} \tag{3.6}$$

$$k_m = \frac{k_{cat} + k_{-1}}{k_{+1}} \tag{3.7}$$

식 (3.6)은 미카에리스-멘텐의 식으로 불리며, K_m은 미카에리스 정수라 한다. K_m은 효소와 기질의 친화도의 지표로서 이용된다. 식 (3.6)에서 알 수 있듯이 반응속도는 기질농도가 높을수록 빠르게 된다. [S]가 K_m보다 훨씬 크면 그림 3-10과 같이 V는 최대속도 $V_{max}(= k_{cat}[E]o)$에 가까워진다. 또한 기질농도 [S]가 K_m와 같다면,

$$k_m = \frac{V_{max}}{2} \tag{3.8}$$

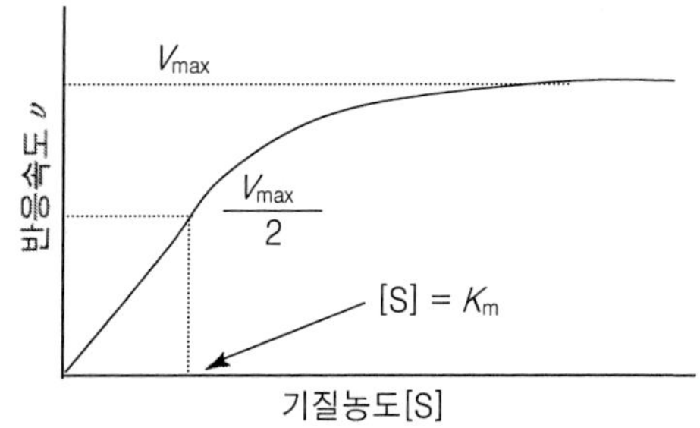

그림 3-10. 효소의 반응속도와 기질농도의 관계

로 된다. 즉 $[S] = K_m$일 때 반응속도 V는 최대속도의 반으로 된다.

또한 k_{cat}는 턴오버수(數)라 하여 하나의 효소가 단위 시간당 몇 분자의 물질을 생성하는가를 표시한다. 보통 $10^2 \sim 10^{-7} s^{-1}$이다. 우레아제라고 하는 효소의 k_{cat}는 10^4이며, 이것은 효소 1분자가 1초간에 10000개의 화학반응을 촉매 하는 것을 의미한다. 효소센서를 설계할 때는 이와 같은 효소 성질을 알아놓는 것이 중요하다.

글루코오스 바이오센서에서 사용되는 효소는 글루코오스 옥시다아제(glucose oxidase, 글루코오스 산화효소)이다. 이 효소는 식 (3.9)과 같이 β-D-글루코오스의 산화반응을 촉매 한다.

$$\text{글루코오스} + \text{효소} \longrightarrow \text{글루콘산} + \text{과산화수소} \tag{3.9}$$

5. 글루코오스 바이오센서에 이용되는 신호변환소자

제2장에서 설명한 산소센서(전극) 또는 과산화수소센서가 이용된다.

6. 효소 고정화기술

바이오센서는 분자식별소자(생체물질)와 신호변환소자의 조합에서 이미 설명하였다. 효소를 대표하는 생체물질은 수용액 중에서 효력을 발휘하며 재활용은 곤란하다. 이러한 성질 때문에 수용성 효소를 불활성화하여 신호변환소자에 조합하는 기술이 필요하며, 효소 고정화기술을 이용하게 된다.

원래 생물기능을 이용한 유용물질 생산을 위한 바이오리액터 기술이지만 바이오센

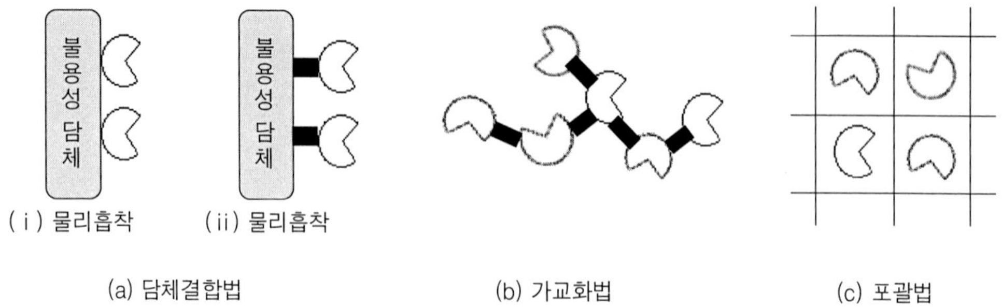

그림 3-11. 효소 고정화기술

서에도 이용되고 있다. 효소의 고정화는 불용성 성질(담체)에 여러 가지 방법을 결합시키는 방법이 있지만 다음과 같은 방법이 있다(그림 3-11).

6.1 물리적 흡착법

물리적 흡착법을 이용하여 흡착시키는 담체(carrie)는 알루미나, 목탄, 점토, 셀룰로오스, 실리카겔, 유리, 콜라겐 등을 들 수 있다. 결합하는 원동력은 수소결합, 다염가교, 분자간력, 정전기력, 소수성 상호작용 등을 들 수 있다. 이 방법은 간단한 반면 결합의 크기나 양이 pH, 이온강도, 온도 등에 의해 좌우되기 쉽다. 또한 결합력이 약하기 때문에 서서히 이탈하여 바이오센서로서 이용할 때 센서 감지능력을 저하시키는 원인이 되기도 한다.

6.2 공유결합법

공유결합법 이용으로서는 담체(carrie)에 효소와 반응성이 높은 관능기를 도입하여

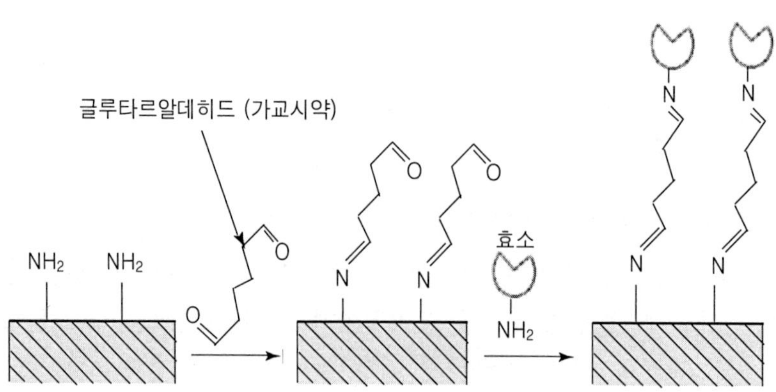

그림 3-12. 공유결합에 의한 효소고정화 예

효소와 공유결합시키는 방법이다. 효소에는 아미노산 유래의 측사슬 관능기가 존재하며 그 아미노산기, 카르복실기, 티올기, 수산기, 이미다졸기 등이 이용된다. 그림 3-12에 2가의 가교시약인 글루타르 알데히드를 이용하여 담체 표면의 아미노기와 효소에 존재하는 아미노기의 양쪽을 가교하는 고정화법을 표시한다.

이 방법의 이점은 안정성이 있으며, 효소를 고정화할 수 있어 센서로서 장기적으로 재활 이용에 유리하다. 반면 관능기가 존재하는 것이 조건이므로 적용 범위가 좁고, 작업도 복잡하게 된다. 또한 효소의 활성 중심 부근의 관능기가 부서진 경우 효소 기질특이성이 변하거나 활성을 잃게 된다.

6.3 가교화법

가교화법이란 효소끼리 2가의 가교화 시약에 의하여 결합하여 불활성화 시키는 방법이다. 효소의 아미노기를 이용하여 글루타르 알데히드가 자주 사용된다. 특징은 2항의 공유결합법과 같다.

6.4 포활법

포활법(包活法)이란 담체의 매트릭스 내의 효소를 가둬버리는 방법이다. 효소는 거대분자이므로 폴리아크릴 아미드겔(그림 3-13)의 3차원 매트릭스 속에 가둬놓을 수가 있다. 어떤 효소에도 적용할 수 있어 보다 보편적인 방법이다. 그러나 기질(측정물질)이 효소의 활성 중심에 접근하는데 시간이 걸리며(확산율속), 센서 반응시간이 짧아진다. 또한 트립신과 같은 기질은 고분자인 효소에는 적용할 수 없다.

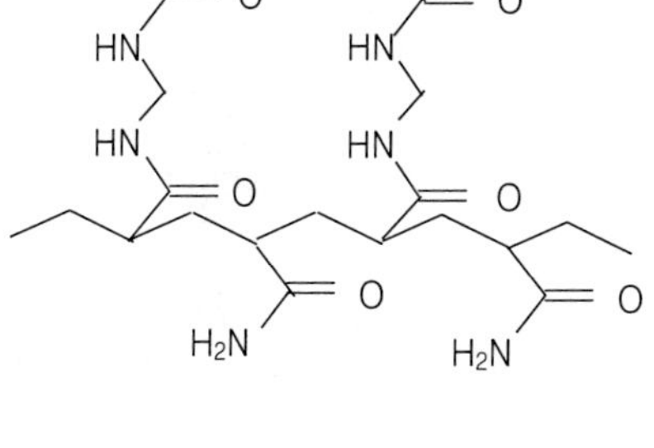

그림 3-13. 포활법에 이용되는 폴리아크릴 아미드겔 구조

7. 글루코오스 바이오센서의 구성과 원리

글루코오스 바이오센서는 글루코오스 옥시다아제와 전극의 조합으로 이루어진다. 그림 3-14는 효소전극을 이용한 글루코오스 바이오센서의 구조이다. 조직 filter에 효소용액을 스며들게 하여 효소전극의 감지 부분에 장착하여 효소가 누출 되지 않게 나일론막으로 씌운다.

생체물질(효소)을 장착하는 것으로서 효소센서(화학센서)가 글루코오스 바이오센

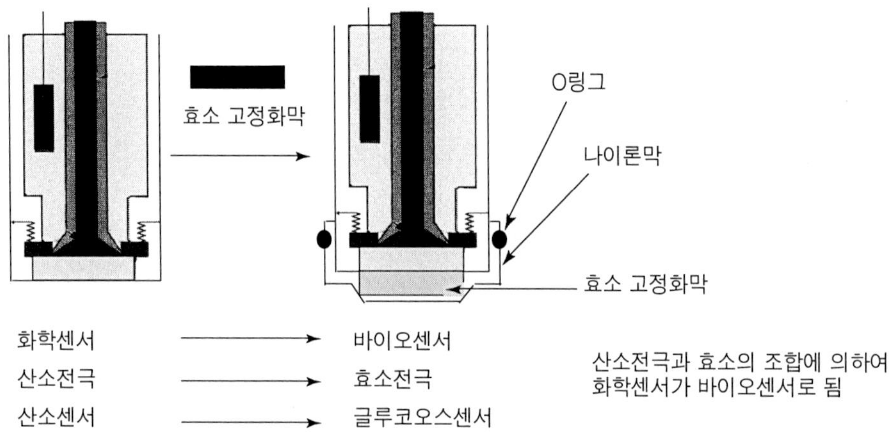

그림 3-14. 산소용액을 이용한 글루코오스 바이오센서 구조

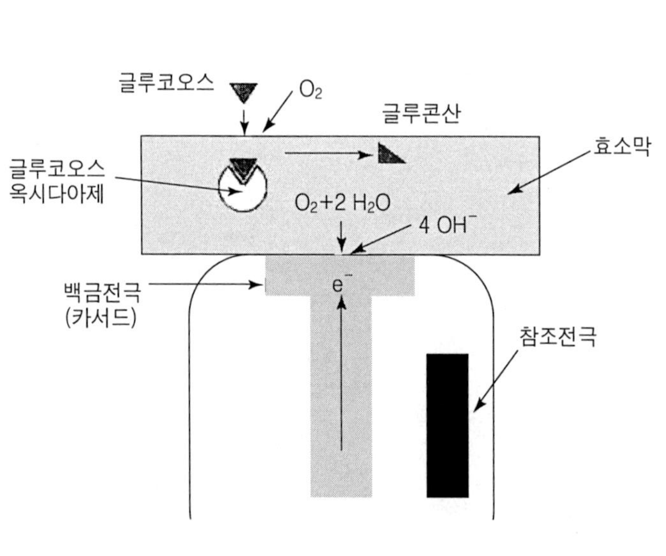

그림 3-15. 효소전극을 이용하는 글루코오스 바이오센서의 작동원리

서로 변환하게 된다. 이것이 세계 최초의 바이오센서이다. 이 바이오센서의 개념은 1962년 L. C. Clark들에 의하여 제안되어, 1967년에 S. J. Updike들에 의하여 구체적인 모양으로 되어 보고되었다. 그림 3-15에 작동원리를 나타내었다. 글루코오스 옥시다아제는 반응을 촉매 하는 역할을 한다. 이때 반응 전후에서 산소가 소비되는 것을 알 수 있다. 글루코오스의 양이 증가 하면 그만큼 산소반응에 의한 산소의 소비량이 많아진다. 이 산소소비에 의하여 용존산소량이 감소하므로 그것을 산소전극으로 측정하는 것으로서 글루코오스 농도를 측정할 수 있다. 그림 3-16은 과산화수소전극을 이

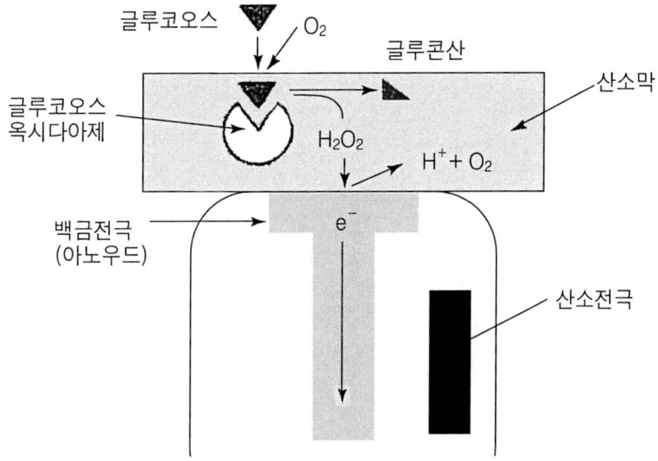

그림 3-16. 과산화수소전극을 이용하는 글루코오스 바이오센서의 작동원리

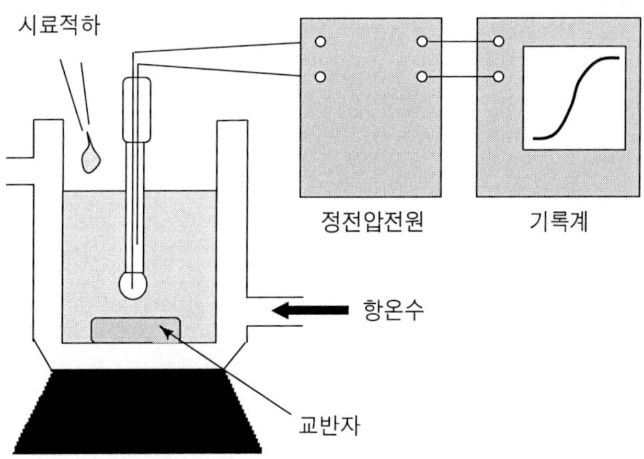

그림 3-17. 전극을 이용하는 글루코오스 바이오센서의 사용형태

용한 글루코오스 바이오센서이다. 구조는 산소전극을 이용한 경우와 똑같다.

식 (3.9)에서 산소반응에 의한 과산화수소가 생긴다. 따라서 과산화수소의 발생량을 과산화수소전극으로 측정하는 것으로서 글루코오스 농도를 측정할 수 있다. 이 센서의 측정계는 그림 3-17과 같은 형태로 생각된다. 측정용액의 온도를 일정하게 유지

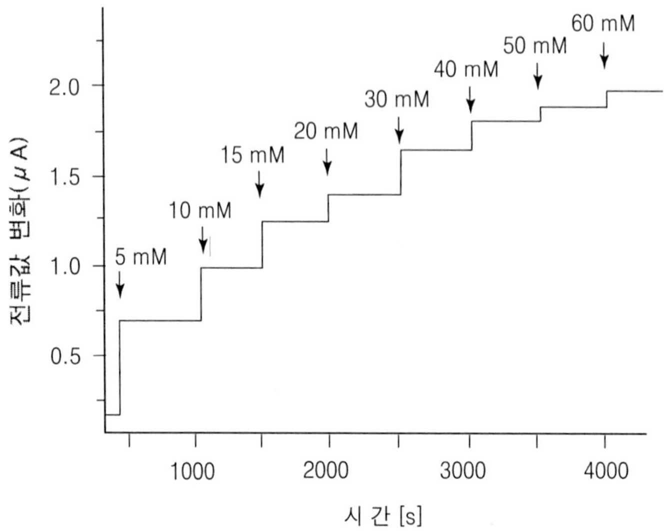

그림 3-18. 글루코오스바이오센서의 글루코오스 적하에 의한 전류값 변화의 시간특성

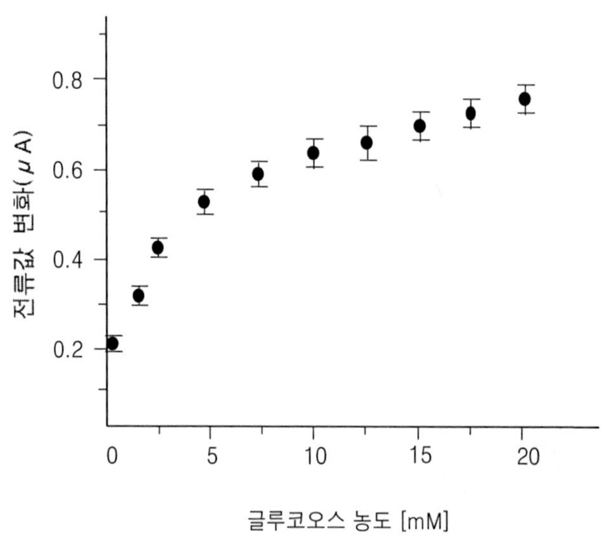

그림 3-19. 전류값 변화와 글루코오스 농도의 관계

하여 교반하는 것으로서 반응계를 균일하게 시료를 떨어뜨려 전류를 측정한다. 그 경우 센서의 시간 특성은 그림 3-18과 같다.

글루코오스의 투과량에 따라 전류값이 증가한다. 이 전류값이 증가 글루코오스 농도를 플로트(plot)하면 그림 3-19와 같다. 측정이 고루지 못하지만 고농도로 되면 전류값 변화가 포화상태가 된다. 이 원인은 산소반응에 필요한 산소가 부족하기 때문이다. 또한 저농도에서는 베이스라인의 잡음과 신호가 동등해지는 농도가 검출한계가 된다. 신호잡음(SN) 비는 3이다. 산소 전극식의 단점은 센서반응이 용존산소 농도에 의존하기 쉽기 때문에 신뢰성이 있는 데이터를 얻기 어렵다. 과산화수소 전극식에서

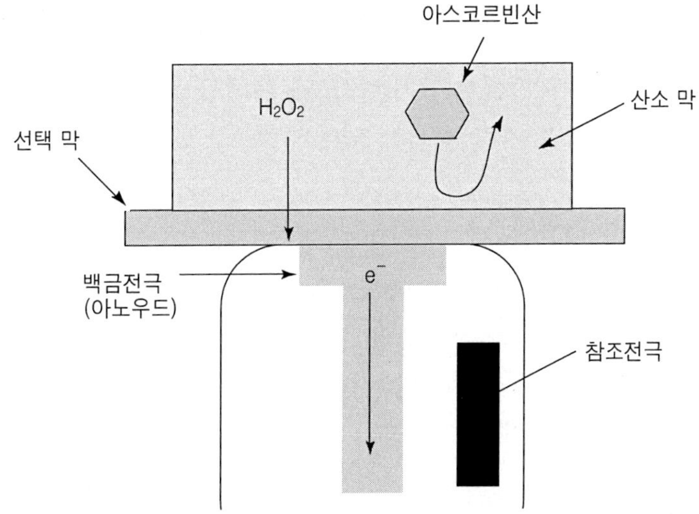

그림 3-20. 선택 막을 이용하여 방해물질 영향을 제거

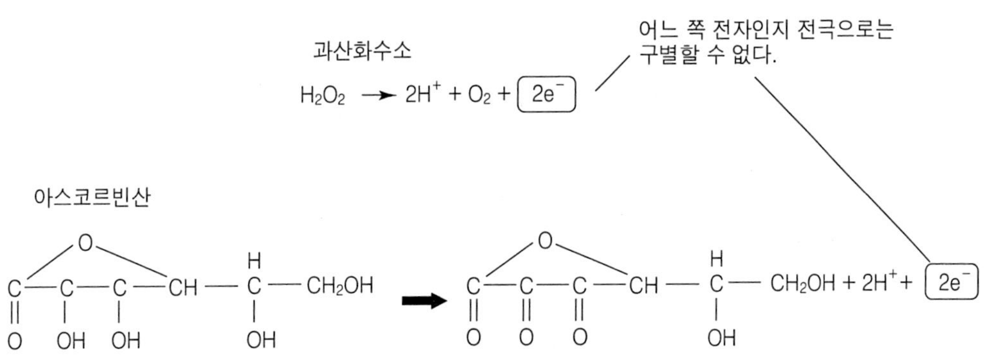

그림 3-21. 아노우드 전극표면에서의 과산화수소와 아스코르빈산의 반응

는 용존산소의 영향은 적지만 아스코르빈산 등의 산화물질의 영향을 받기 쉽다. 아스코르빈산은 비타민 C의 별명이며 혈액, 세포 등의 식품 중에 존재하는 화학물질이다. 아스코르빈산은 과산화수소와 마찬가지로 그림 3-20과 같이 전극과 반응한다. 따라서 센서반응의 전류 값이 글루코오스와 산소반응에 의한 것인가 또는 아스코르빈산과의 반응에 의한 것인가를 구별하지 못하여 정확한 측정을 할 수 없다. 그 대책으로 그림 3-21과 같은 선택 막을 산소와 전극 사이에 장착시킨다. 이 선택 막은 과산화수소를 통과시키지만 아스코르빈산은 통과하기 어렵다. 그 외 대책으로는 메디에이터의 사용이 있지만 이것은 제4장에서 설명한다.

8. 여러 가지 형태의 글루코오스 바이오센서

3.7절에서 글루코오스 바이오센서의 기본구조에 대해서 설명했으며, 실제 현장에서 사용하는 바이오센서는 여러 가지 형태가 있다.

8.1 배치형(batch type)

측정용액에 직접 센서헤드를 담그어 측정하는 방식을 배치형이라고 한다. 그림 3-22에 배치형 센서를 나타내었다. 배치형의 경우 측정 용액에 센서를 담그는 조작은 간단하지만 측정 후 센서를 세척하여 다른 용액을 준비하지 않으면 안 되므로 복수 시료를 짧은 시간에 측정하기에는 적절하지 않다.

8.2 플로형(flow type)

그림 3-23에 플로형 센서를 나타내었다. 플로형에서는 플로계를 만드는데 페리스

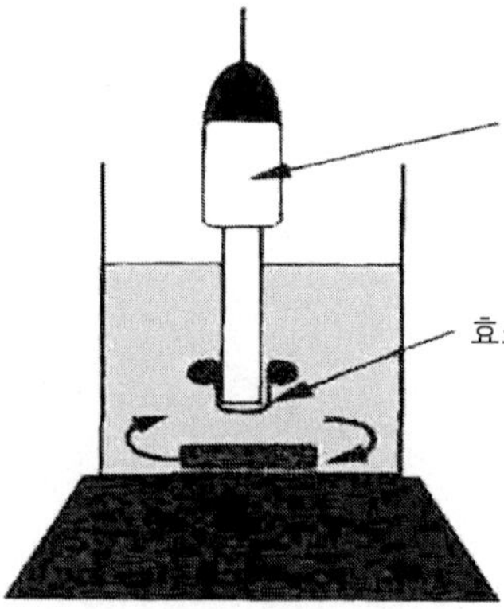

그림 3-22. 배치형 센서

타펌프, 튜브, 시료 주입구, 플로액 등을 준비해야 한다. 또한 플로액의 유속, 조성, 측정 알고리즘 등을 최적화시켜야 한다. 이와 같이 측정계의 제작은 귀찮지만 한번 제작하면 많은 시료를 짧은 시간에 측정할 수 있게 된다. 또한 측정시료의 주입을 자동화하면 연속 측정도 가능하다. 플로형 센서 속에 효소와 신호변환소자를 분리하고 있는 방식이 있다. 이 방식은 효소의 반응용기의 이름에서 리액터형 센서라고도 불린다. 이 방법의 장점은 효소가 활성을 잃고 센서 특성이 나빠졌을 때 리액터를 교환하는 것만으로 연속적으로 사용할 수 있다는 점이다.

바이오센서의 공통 문제점은 생체물질의 불안정한 점에 있다. 생물은 '살아있는' 것

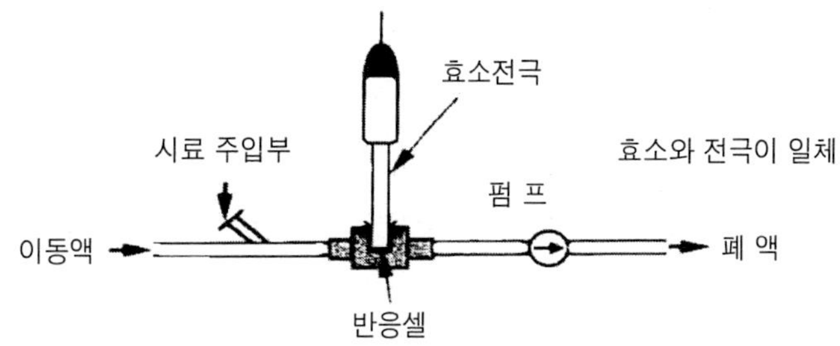

(a) 일체형

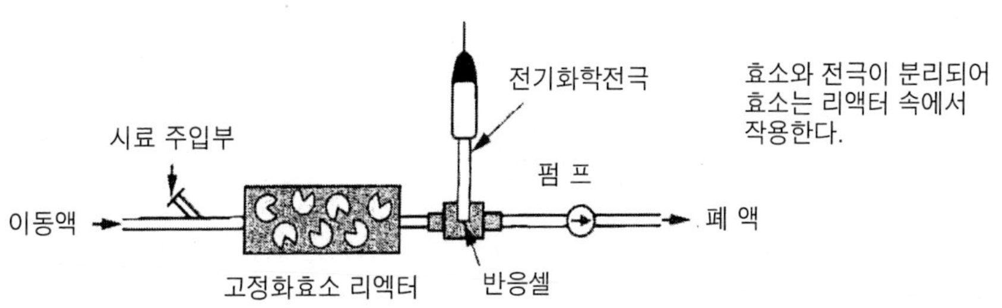

(b) 분리형

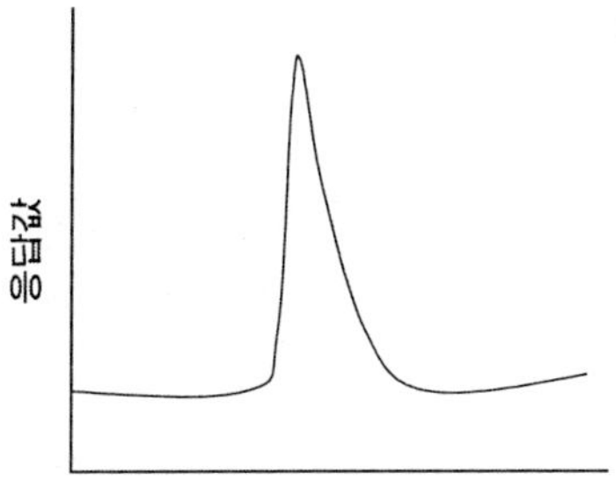

(c) 측정 데이터

그림 3-23. 플로형 센서

이기 때문에 전기기기와 달리 망가지기 쉽다. 이러한 핸드캡들은 오늘날 바이오센서를 개발하는 데 있어서 매우 고려해야 할 중요한 과제이다. 이와 같은 플로형 산소전극이나 수소전극 글루코오스 바이오센서는 이미 많은 회사에서 제조 판매되고 있다. 그림 3-24에 시노테스트사의 전자동 글루코오스 분석 장치를 나타내었는데, 이 장치는 의료생화학 검사가 목적이다. 측정시료는 혈장, 혈청, 뇨 등이다.

혈액의 경우 채혈관에 채취한 후 원심분리에 의하여 적혈구를 제거한 후 장치에 설치한다. 이때 캡을 빼지 않고 측정시료를 추출할 수 있는 기능이 있어서 위생적이다. 검체 필요량은 샘플 컵(뇨검체)에서는 0.05 mℓ, 채혈관으로는 1 mℓ이다. 1시간당 160～200검체의 처리능력이 있으며, 또한 측정한 데이터는 기억된다. 바코드 리더도 표준 장비화 되고 있기 때문에 어떤 검체가 누구 것인지도 식별하기가 쉽다. 그림 3-25는 YSI사의 바이오케미스트리 아나라이저이다. 이 장치는 세포배양, 발효프로세스, 식품분석 등에 사용되고 있다. 따라서 특정 시료는 발효용액, 세포배양용 배지, 생체시료, 청량음료수, 우유 등이며 거의 사전처리하지 않아도 측정이 가능하다. 고체시료

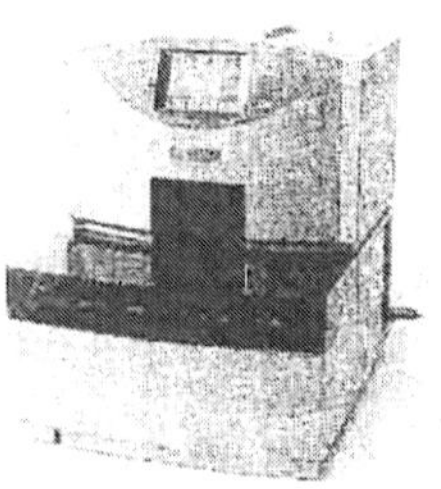

(a) 장치의 외관

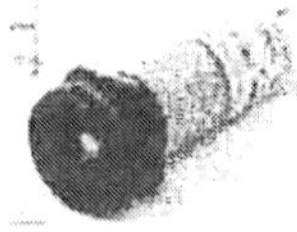

(b) 센싱부

(c) 자동샘플링기구

그림 3-24. 전자동 글루코오스 분석장치

(a) 장치의 외관

(b) 센싱부

그림 3-25. 바이오 케미스트리 아나라이저

는 용해시켜 현탁상태로 측정한다.

샘플링 흡인량은 5～65 μl이며, 최소 필요량의 샘플밖에 필요하지 않다. 측정은 전자동 프로그램에 의해서 측정 간격, 조건 등을 자유롭게 제어할 수 있다. 또한 발효프로세스에서는 콘타미네이션을 피하기 위해 무균상태로 생물배양조에서 직접 샘플링이 가능하며, 그 시스템의 부품은 모두 살균(오토 크레이브)할 수 있다. 글루코오스 이외에도 라크테이트, 글루타민, 글루타민산, 수크로스, 에탄올, 메탄올 등도 동시에 측정할 수 있다. 이러한 물질은 모두 효소센서의 원리에 의하여 검출된다.

8.3 일회용형

혈액 중의 글루코오스를 측정할 경우 혈액을 센싱부에 부착시킨다. 혈액은 여러 병원균이 존재하여 감염될 우려가 있기 때문에 취급 시 주의할 필요가 있다. 이 때문에 한번 혈액을 부착시킨 칩은 세척하여 재활용할 수 없으며, 일회용으로 사용하는 것이 바람직하다. 일회용 센서의 형태는 그림 3-26과 같이 센서칩에 혈액을 부착시켜 측정기기에 삽입하면 측정값이 표시된다. 그 후 칩은 제거하여 버리게 된다. 재측정 시에는 새로운 다른 칩을 사용한다. 이 일회용 칩은 값이 싸야 실용성 면에서 생활화가 가능할 수 있다.

8.4 미소형

미소형 센서는 센싱부분이 매우 작은 센서이며, 특히 생체내(*in vivo*)의 화학물질을 직접 측정한다는 목적으로 개발되고 있다. 그림 3-27에 미소형 센서의 구조도와 실물사진을 나타내었다. 이 센서는 직경 0.1 mm 정도의 금속와이어 3개를 하나의 유닉으로 정리되고 있다. 3개의 전극은 각각 작용전극, 카운터전극, 참조전극이고, 작용전극은 백금이며, 이 전극 가까이에 효소가 고정화된다.

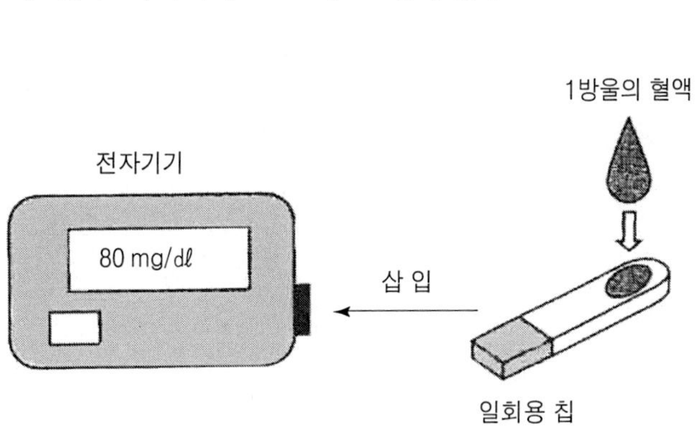

그림 3-26. 일회용 센서

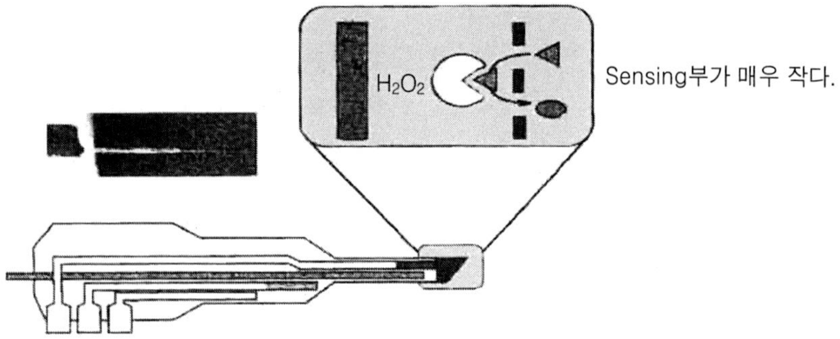

그림 3-27. 미소형 센서

카운터전극은 은, 참조전극은 은과 염화은이며, 양쪽 모두 효소고정화 막과 떨어져 있어 전기화학적으로 떨어져 있는 상태는 유지되고 있다. 효소는 미소한 튜브에서 효소용액으로서 삽입되며, 그 외측을 투석막으로 씌운다. 효소는 고분자이므로 투석막에서 누출되지 않고 기질만이 투석막을 통과하여 효소반응을 일으키는 원리를 이용한다. 작용전극은 막이 전혀 없는 상태에서는 생체성분에서 전기화학반응을 일으키는 화학물질에 반응하므로 보호막이 형성된다. 이 센서에 의하여 연속적으로 미소부분의 글루코스 농도를 측정할 수 있다.

제 4 장

당뇨병과 글루코오스 바이오센서

1. 당뇨병과 글루코오스 바이오센서

제3장에서는 산소전극을 사용한 글루코오스 바이오센서에 대해서 설명했으며, 이 장에서는 당뇨병과 관계가 깊은 글루코오스 바이오센서에 대해서 설명하기로 한다. 이 센서는 의료현장에서 직접 사용되고 있으며, 일회용 칩이라는 것과 메디에이터를 사용하고 있다는 특성이 있다.

2. 당뇨병

당뇨병은 현대인 누구나 걸릴 수 있는 가능성이 있으며, 생활습관병이라고도 한다. 당뇨병은 한마디로 체내의 혈당치(글루코오스 농도)를 조절할 수 없게 되는 병이다. 우리나라에서도 매년 당뇨병 환자의 수가 급등하여 인구의 약 5% 이상의 발병률을 나타내고 있으며 21세기는 당뇨 대란이 올 것이라는 예측을 하고 있는 실정이다.

당뇨병은 병의 한 형태에 불과하지만 무서운 것은 이 병에 의하여 일으키게 되는 3대 합병증, 즉 망막증, 신장질환, 신경장해 등이다. 높은 혈당치 상태라면 혈액 점성이 높아져 혈관 내에 불필요한 물질이 축적하여 혈관이 경화(硬化)하여 약해진다. 모세혈관이 집중하는 눈이나 신장은 특히 타격을 받기 때문에 이러한 3대 합병증이 일어나기 쉽다. 그 결과 실명, 뇌졸중, 심근경색, 양하지신경증, 지각장해 등을 일으키기도 한다.

그림 4-1에 하루 혈당치의 변화를 나타내었다. 혈당치의 단위는 1 dℓ 중의 글루코오스 질량(mg 단위), 즉 mg/dℓ로 나타낸다. 혈당치가 170을 넘으면 뇨에 당이 검출되어 이것이 당뇨병이라는 이름의 유래로 되었다. 혈당치는 식사 후 1시간 정도가 매

우 높고, 그 후 차차 내려가며, 공복 시에는 최저치로 된다. 건강한 사람은 혈당치가 170을 넘지 않지만, 경도 당뇨병 환자는 가끔 혈당치가 170을 넘는다. 그리고 중도 당뇨병 환자는 항상 200이상의 매우 위험한 상태로 된다. 그렇다면 혈당치는 어떻게 조절되는가를 알아보자. 그림 4-2에 혈당치의 조정구조를 나타내었다.

저혈당의 경우 혈액이 간뇌 시상하부에 있는 혈당 조절중추로 유입하면이 중추에

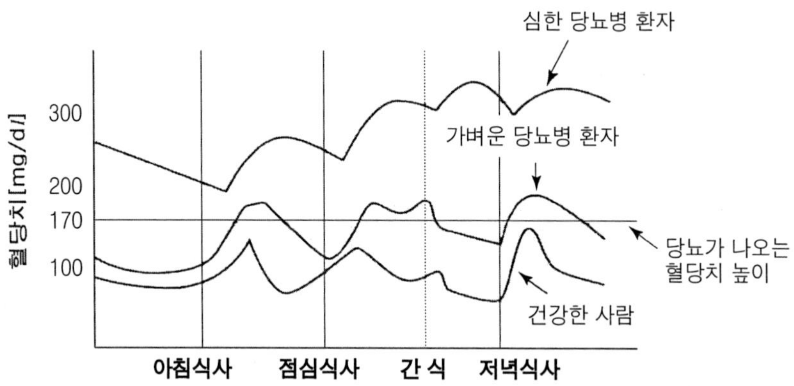

그림 4-1. 하루 혈당치 변화

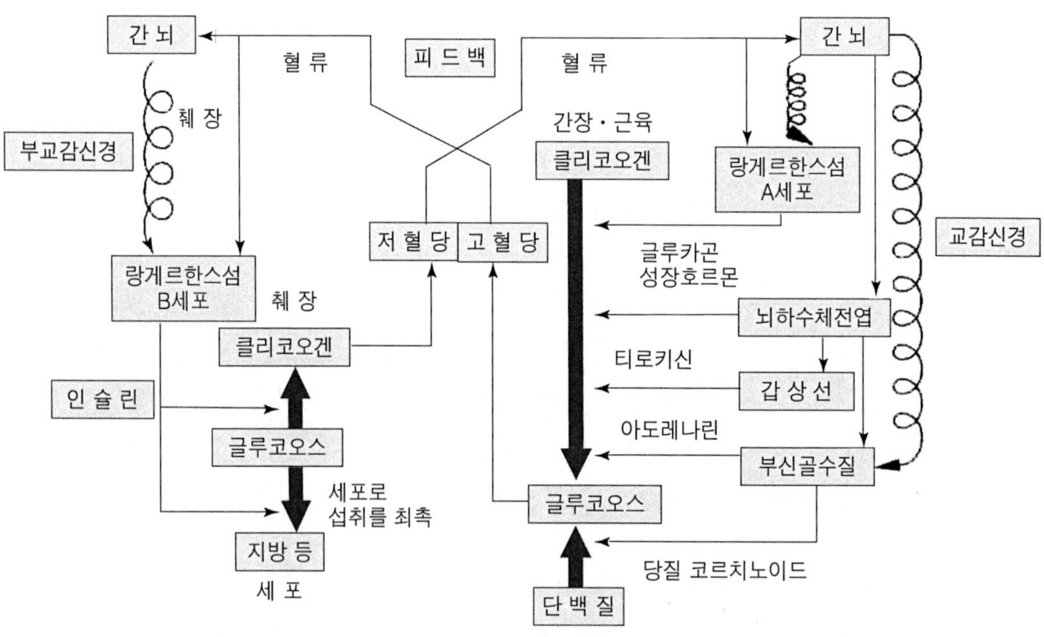

그림 4-2. 혈당치 조절의 생체조정 구조

서 교감신경이나 뇌하수체로 명령을 낸다. 그것에 의하여 부신골수질, 뇌하수체전엽, 갑상선에서 각각 아드레날린, 성장호르몬, 티록신이 분비된다. 또한 저혈당 혈액이나 교감신경의 자극에 의하여 췌장의 랑게르한스섬 A세포에서는 글루카곤이 분비된다. 아드레날린, 글루카곤, 성장호르몬은 간장 등의 글리코겐의 분해를 재촉하므로 혈당이 증가한다.

또한 부신피질호르몬의 일종인 당질 코르티노이드는 단백질에서 글루코오스로 변화를 재촉하므로 혈당치는 증가한다. 또 글루카곤에 의한 혈당치 상승은 화학증폭을 따르는 것이다. 이와 같이 저혈당은 생명의 위험에 직접 관여하기 때문에 저혈당치 또한 인체의 메커니즘 작동을 떨어뜨리는 역할을 하기 때문에 위험하다고 말할 수 있다.

고혈당의 경우 혈액이 간뇌를 자극하면 부교감신경을 거쳐 또한 혈액의 혈당농도에 직접 영향을 끼쳐 췌장의 랑게르한스섬 B세포에서 인슐린이 분비된다. 인슐린은 각 세포에서 글루코오스의 소비를 유도하며 또한 간장에서의 글리코겐 합성을 유도하므로 혈당은 감소한다. 그림 4-3은 혈당치와 혈중 인슐린 양의 변화이다. 여기에서 보면 인슐린은 혈당치를 내리는 역할을 하는 것을 알 수 있다.

당뇨병의 원인은 인슐린의 분비와 관계가 깊다. 당뇨병에는 2가지 타입이 있는데 하나는 인슐린 의존형으로 이것은 유전소실, 면역이상으로 인해 췌장에서 인슐린 분비가 되지 않는 현상으로 주로 어린이에게 많다. 또 하나는 인슐린 비의존형으로 유전적 원인을 포함하여 비만, 과식, 운동부족 등에 의하여 췌장기능이 떨어지는 현상을 말한다. 일본인에게 많이 볼 수 있다.

인슐린 의존형의 당뇨병 환자는 인슐린을 자신이 체내에 주입하여 혈당치를 조절하기도 한다. 특히 식후 그 작업이 필요하다. 인슐린을 주입하는 양은 매우 중요하다.

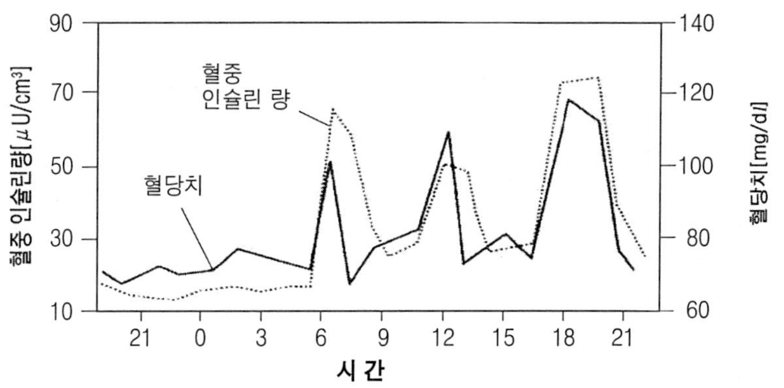

그림 4-3. 혈당치와 혈중 인슐린 양의 변화

인슐린 양이 너무 많으면 저혈당으로 쇼크 상태에 빠져 위험하다. 또한 너무 적어도 혈당치를 안전한 수치로 내릴 수 없다. 적당한 인슐린 양은 혈당치에 의존한다. 따라서 혈당치를 측정하는 것은 당뇨병 환자에 있어서 생사를 가리는 중요한 일이다.

1986년부터 인슐린을 본인이 주사하는 환자의 혈당자기 측정은 보험이 적용되게 되었다. 또한 인슐린 비의존형 환자도 주체적으로 혈당치 관리에 임하는 것은 중요하다. 이와 같은 배경에서도 혈당치 측정용 글루코오스 바이오센서는 필수품으로 사용되고 있다.

3. 혈당치 측정용 바이오센서의 필요조건

실제로 혈액 중의 글루코오스를 측정할 경우에 곤란한 점은 혈액 중에 여러 가지 화학성분이 존재하기 때문이다. 혈청 중에 존재하는 주성분을 표 4-1에 나타내었는데, 글루코오스 이외에도 여러 성분이 존재하는 것을 알 수 있다. 혈액의 빨강색 주원인이 되는 적혈구는 색을 비교 측정할 때는 방해가 된다. 또한 한 번의 측정용으로 채취하는 혈액량은 적은 편이 바람직하다.

특히 혈당치의 관리는 식후가 중요하므로 하루 최저 3회는 측정할 필요가 있으며, 측정도 간단하고 짧은 시간에 끝내야 한다. 혈당치 측정용 글루코오스 바이오센서의 기본 구성은 그림 4-4와 같다. 센서칩에 한 방울의 혈액을 떨어뜨린 후 이것을 소형 전자기기에 접속하면 1분 이내에 혈당치가 표시된다. 혈액은 화학성분이나 균 등이 존재하기 때문에 혈액이 부착한 센서칩을 재이용하는 것은 바람직하지 않다. 즉 센서칩은 1회용이다. 이 1회용 칩은 값싸게 공급되지 않으면 실용화가 어려울 것이다. 또한 채혈하는 양은 적을수록 바람직하다.

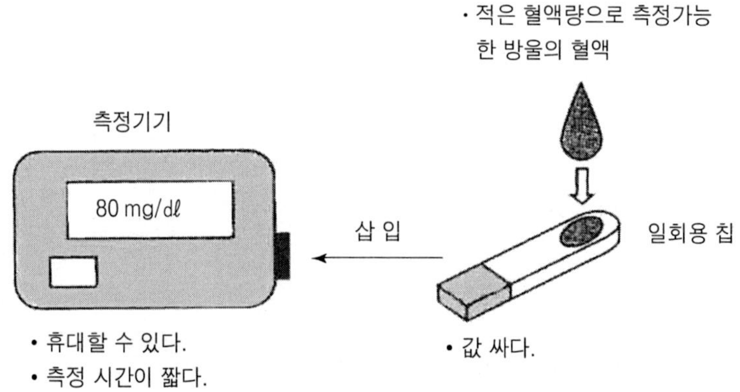

그림 4-4. 혈당치 측정용의 글루코오스 바이오센서의 필요조건

혈당치 측정용 1회용 글루코오스 바이오센서는 MEDISENSE사나 아크레이사에 의하여 제품화되고 있다. 그림 4-5는 아크레이사의 글루코오스 바이오센서이다. 측정기는 50×80×5 mm 정도로 휴대할 수 있는 크기이며, 일반적인 전자회로로 설계되어 있다.

칩이 설치되어 있는 부위, 글루코오스 농도에 의하여 생긴 전류를 전압으로 변환하는 변환회로, 얻어진 정압을 디지털 값으로 변환하는 A-D 변환기, 측정값을 기록하는 메모리로 구성된다. 저전력을 휴대 사이즈로 하기 위한 이런 전자회로는 1칩 마이크로컴퓨터로 구성되어 있다. 그림 4-6에 센서칩의 구조를 나타내었다.

플라스틱기판 위에 전극패턴을 형성하고, 전극재료는 카본 또는 은페이스트로 스크

그림 4-5. 메디에이터 일회용 글루코오스 바이오센서

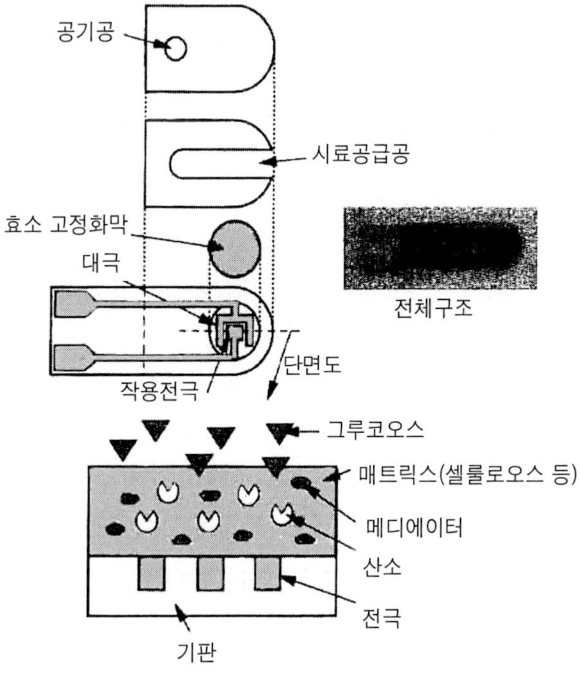

그림 4-6. 센서칩의 구조

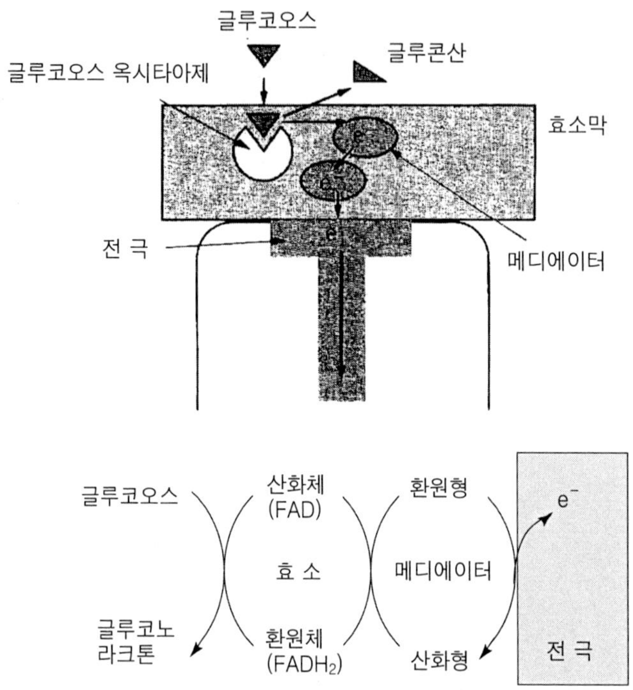

그림 4-7. 메디에이터의 역할

린 인쇄를 하여 제작한다. 다음에 전극상의 효소를 매트릭스(셀룰로오스)와 혼합시켜 도포하고 있다. 채취하는 혈액이 적게 들도록 전극반응을 작게 하여 모세관현상에 의하여 혈액을 주입할 수 있다.

일단 혈액을 주입하면 혈액이 역류하지 않도록 칩은 쉽게 측정기에서 자유롭게 빼고, 꽂고 할 수 있게 하고 있다. 이 제품은 $5\,\mu\ell$의 혈액으로 측정 가능하며, 채혈할 때 모기에 물리면 아픔을 느끼는 정도로 통증 없이 측정하기 때문에 통증 없이 안전하게 충분한 혈액량을 얻을 수 있다. 이 센서의 측정원리는 메디에이터를 사용하고 있다는 점이다.

제3장에서 설명한 글루코오스 바이오센서는 산소반응에 의하여 증감하는 산소 또는 과산화수소의 양을 전극으로 검출했다. 이것에 대해서 메디에이터형의 바이오센서는 효소반응에 의해서 생기는 전자를 직접전극으로 검출한다(그림 4-7). 글루코오스 옥시다아제의 활성 중심에 FAD(flavin-adenine dinucleotide)라는 보효소가 존재하며, 이 FAD가 산화 환원되는 과정에서 전자이동이 일어난다. 그러나 FAD는 거대한 분자 내부에 파묻고 있기 때문에 FAD에서 직접전극으로 전자를 주고받고 할 수 없다. 그 때문에 메디에이터를 이용하므로 전극에 전자전달을 가능하게 하고 있다.

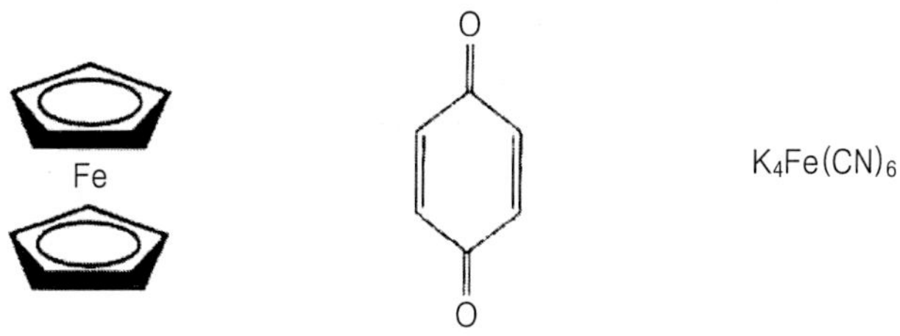

(A) 페로센 (B) *p*-벤조키논 (C) 페리시안화칼륨

그림 4-8. 대표적인 메디에이터의 화학식

그림 4-8에서는 대표적인 메디에이터의 화학식을 나타내었다. 메디에이터의 조건은 산화상태와 환원상태가 안정적인 것이다. 예를 들면 페로센의 경우 철원자 3가(Fe^{3+})와 2가(Fe^{2+})가 각각 산화환원상태로 된다. 메디에이터를 사용할 경우 효소반응에 산소가 필요 없는 장점이 있다.

글루코오스 옥시다아제의 경우에는

글루코오스 + 메디에이터 (산화) ⟶ 글루콘산 + 메디에이터 (환원) (4.1)

메디에이터 (환원) ⟶ 글루콘산(산화) + 전자 (4.2)

와 같은 반응식으로 된다.

따라서 용존산소의 영향을 받지 않는다. 특히 당뇨병 환자는 고농도의 글루코오스를 측정할 필요가 있으며, 효소반응에 필요한 산소량이 부족하면 전류 값이 포화하여 정확한 글루코오스 농도를 측정할 수 없다. 그 외에도 혈액 중에서 전극이 반응하는 성분이 있다. 아스코르빈산, 요산, 아세톤, 아미노펜 등이 그렇다. 이 전극에 작용하는 물질의 존재에 따라 전류 값이 증가하므로 정확한 글루코오스 농도를 측정할 수 없다. 이 대책으로 방해물질을 제거하는 막을 전극상에 사용하는 것은 제3장에서도 설명했다. 메디에이터를 사용하므로 더욱 방해물질의 영향을 억제할 수 있다. 그 이유는 다음과 같다.

과산화수소전극에서는 과산화수소를 검출하기 위해 아노우드를 +0.6V로 설정한다. 이것에 대해서 많은 메디에이터를 사용한 경우에는 아노우드를 +0.3～+0.4V로 된다. 그래서 보다 낮은 전위로 검출에 충분한 전류 값을 얻을 수 있다. 즉 아노우드 전위가 낮으면 전극에 작용하는 물질에 의하여 생기는 전류량를 적게 할 수 있기 때문에 정확한 혈당치를 측정할 수 있다.

4. 광검출 1회용 글루코오스 바이오센서

테르모사의 글루코오스 바이오센서는 색변화를 검출하는 방법을 이용한 센서이다. 그림 4-9에 이 측정기를 나타냈으며, 측정 칩에 혈액을 한 방울 떨어뜨리면 지금까지의 글루코오스 바이오센서와 마찬가지로 효소반응이 일어난다. 이때 발생한 과산화수소와 색원체가 페르옥시다아제를 촉매로 하여 적보라색으로 변한다. 이때 발색되는 정도로 글루코오스 농도를 환산할 수 있다(그림 4-10).

시험지에는 글루코오스 옥시다아제와 페르옥시다아제 2종류의 효소가 들어 있어서 2단계의 반응이 일어나게 된다. 측정기 본체에서는 약 1초 간격으로 발광 다이오드에 의한 빛이 조사되어 혈액 흡입을 자동적으로 감지하여 측정을 하게 된다. 측정기는

그림 4-9. 광검출 1회용 글루코스 바이오센서

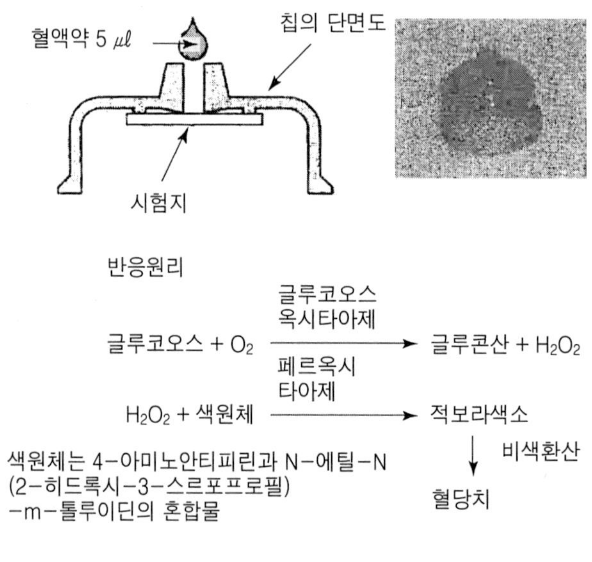

그림 4-10. 광검출식 1회용 글루코오스 바이오센서의 센싱 칩의 구조와 원리

측정 개시부터 일정시간의 색변화를 인식하고 혈당치로서 표시한다. 장치는 150회분을 동시에 측정이 가능하고, 검사치는 레코더와 컴퓨터, 바인더 등에 기록된다.

5. 바이오센서의 의의

바이오센서는 인류 최고의 질환인 당뇨병 환자에 있어서 혈당치 측정의 고통에서 해방할 수 있었던 계기를 만들어준 주요한 사건이었다. 이 센서는 값싸게 구입하여 누구나 간단하게 어디에서든 사용할 수 있게 되었기 때문에 만인의 건강관리에 큰 도움이 되었다. 당뇨병을 의심할 때, 식후 혈당치가 높아졌을 때 칼로리를 제한하거나 운동을 하도록 신경을 쓰거나 자기 자신이 건강관리를 할 수 있게 컨트롤이 가능하게 되었다. 혈당치 관리의 목표치는 표 4-2와 같이 정해지고 있다.

21세기 의료는 예방과 재택(在宅)에 있으며, 이와 같은 센서의 역할은 더욱 폭넓게 쓰여질 것으로 의심하지 않는다. 예를 들어 그림 4-11과 같은 시스템을 생각할 수 있다. 뇨중 성분인 단백질, 글루코오스, 요소, 요산, 우르빌리노겐, 빌리루빈 등은 효소센서로 측정이 가능하다. 이런 정보를 가지고 간장, 신장 또는 소화기계 질환을 초기에 발견이 가능해질 것이다. 센서를 변기에 설치하여 이것을 종합건강원(종합검진병원)에 설치되어 있는 컴퓨터가 있는 시설로 송신 기록시켜 항상 건강상태를 모니터링이 가능하게 될 것이다.

만일 이상이 있을 경우는 병원에 그 정보와 송신된 기록을 의사의 지시에 따르도록 휴대 TV, 전화 등으로 본인이 받을 수 있을 것이다. 또한 센서를 손목시계와 같이 신체에 장착하거나 신체 내에 묻는 것으로서 언제 어디서나 건강상태를 체크할 네트워크 시스템이 구축될 것이다. 예를 들어 신체에서 나오는 땀에는 유산이 포함되어 있기 때문에 그 농도를 측정함으로써 피로도에 비례하여 증가하게 된다는 결과에 의해 진단이 가능하게 될 것이다.

유산농도는 유산옥시다아제와 전극을 조합한 센서에서 계측이 가능하다. 이것을 측

표 4-2. 혈당치 관리의 목표치

평 가	공복시 혈당치	식후 2시간의 혈당치
우	100 mg/dℓ 미만	120 mg/dℓ 미만
양	100～119 mg/dℓ	120～169 mg/dℓ
가	120～139 mg/dℓ	170～199 mg/dℓ
불가	140 mg/dℓ 이상	200 mg/dℓ 이상

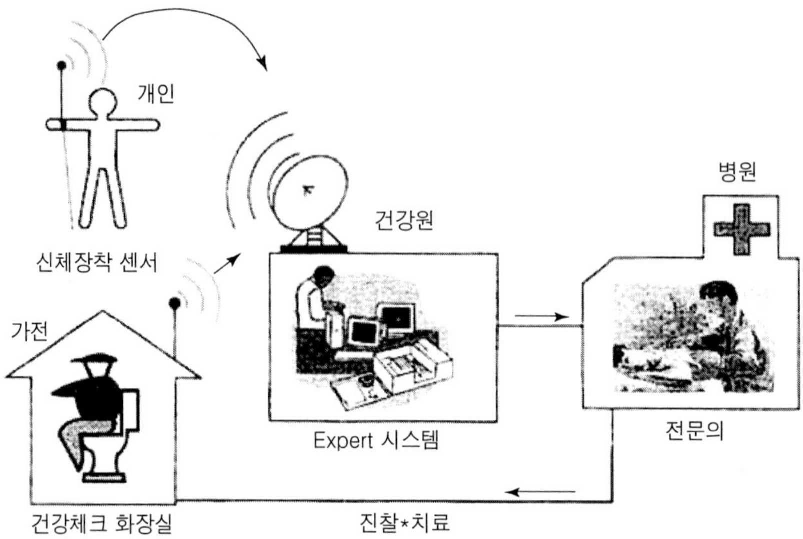

그림 4-11. 바이오센서를 이용한 21세기 의료시스템

정함으로써 피로를 어느 정도 계측할 수 있다. 이 센서를 손목시계에 장착하여 땀 중 성분을 측정하여 그 결과를 무선에 의하여 분석기로 송신하는 시스템은 쉽게 실현 가능할 것이다. 국가나 자치단체 재정의 대부분은 의료에 투자되지만 개인이 건강관리를 철저히 하여 병원에 가는 횟수가 줄어든다면 그만큼 재정 부담을 경감할 수 있고 국가적으로도 건강복지 진단과 국민건강보험 부담을 줄일 수 있는 계기가 되기 때문에 정부의 자원도 기초의학 시스템 개발에 더욱 큰 연구를 쏟을 수 있는 적극적인 지원 시스템이 필요할 것이다.

제 5 장

여러 가지 효소센서

1. 여러 가지 효소센서

제3장과 4장에서는 대표적인 효소센서인 글루코오스 바이오센서에 대해서 설명했다. 제1장에서 설명한 바와 같이 바이오센서는 분자식별소자와 신호변환소자의 조합에 의해 구축된다. 제3장에서 설명한 글루코오스 바이오센서는 분자식별소자로서 효소인 글루코오스 옥시다아제, 신호변환소자에는 효소전극을 이용했다. 효소는 여러 가지 종류가 존재하므로 이들 효소를 사용함으로써 여러 가지 효소센서를 제작할 수 있다. 또한 분자식별소자를 바꾸는 것에 따라 여러 종류의 센서의 개발이 가능하게 될 것이다.

2. 효소를 바꾼다

여기에서는 여러 종류의 효소를 이용하는 것으로서 실현할 수 있는 여러 효소센서에 대해서 설명한다.

2.1 안페로 메트릭스(전류검출) 바이오센서

여러 옥시다아제(산화효소)의 화학반응식을 나타내었다. 모두에 공통되는 것은 효소반응 전후에서 효소가 감소하여 과산화수소가 발생하게 된다. 따라서 글루코오스 바이오센서와 마찬가지로 산소전극이나 과산화수소전극을 이용하여 다방면의 효소센서의 개발이 가능하게 될 것이다.

예를 들어 알코올 옥시다아제를 이용하면 알코올 바이오센서를 제작할 수 있고, 유산 옥시다아제를 이용하면 유산센서의 제작이 가능할 것이다. 여기서 만들어진 알코

$$RCH_2OH + NAD^+ \xrightarrow[\text{게나아제}]{\text{알코올디하이드로}} RCHO + NADH + H^+$$

$$NADH + FMN + H^+ \longrightarrow NAD + FMNH_2$$

$$FMNH_2 \xrightarrow{\text{백금전극}} FMN + H^+ + 2e^-$$

그림 5-1. 디하이드로게나아제(탈수소효소)의 화학반응식

올 센서는 발효, 양조 프로세스 관리에 응용이 가능하게 될 것이다. 또한 유산센서는 피로도를 유산을 정량적으로 측정함으로써 피로도를 평가할 수 있을 것이다. 이와 같이 산소전극이나 과산화수소전극을 이용하는 바이오센서는 전류 값의 변화를 측정함으로서 안페로 메트릭스(전류 검출) 바이오센서라고 말할 수 있을 것이다.

디하이드로게나아제(탈수소효소)계의 효소를 이용한 바이오센서도 개발되고 있다. 예를 들면 알코올 디하이드로게나아제는 그림 5-1에서와 같이 알코올에서 수소를 제거하는 효소이다. 산화형 니코틴 아데닌 디뉴클레오티드(NAD^+) 공존 하에서 알코올의 탈수소과정에서 생성되는 환원형 니코틴 아데닌 디뉴클레오티드(NADH)가 생성한다. 이것에 수소 수용체인 플라빈 모노 뉴클레오티드(FMN)를 공존시켜 생성한 환원형 플라빈 모노 뉴클레오티드($FMNH^2$)의 산화 전류를 측정하는 것으로서 알코올을 정량할 수 있다.

이 계는 알코올 옥시다아제에 비해서 선택성이 뛰어나다. 그 이유는 알코올 옥시다아제는 메탄올, 에칠 알코올, n-프로패놀 등에 산화되기 때문이다. 그러나 측정계가 매우 복잡하기 때문에 실용화에까지는 아직 쓰여 지지 못하고 있는 실정이다.

2.2 포텐셜 메트릭스(전위검출) 바이오센서

어떤 효소를 이용하더라도 바이오센서의 제작이 가능할 것인가는 그렇지 않다. 지금까지 설명한 바와 같이 전극과 반응하는 물질(전극간 물질)의 증감이 확실할 필요가 있을 것이다. 그 외 리파아제라는 효소는 지방질을 가수분해시켜 지방산과 글리세린을 발생시키는 반응을 촉매 한다. 이 효소에서는 반응 후 수소이온이 발생하는 것을 알 수 있다.

따라서 효소반응이 일어난 영역에서는 pH가 산성 측으로 변화하므로 유리 pH전극

과 조합되는 것으로서 지방질 농도가 측정이 가능할 것이다(그림 5-2). 이 센서는 수소이온 농도 변화에 의하여 생기는 전위 변화를 검출하기 때문에 포텐셜 메트릭스(전위 검출) 바이오센서라고 한다. 그 외 페니실리나아제는 그림 5-3와 같이 페니실린을 페니실로산으로 바꾸는 반응을 촉매 한다. 페니실로산은 산성물질이므로 지질센서와

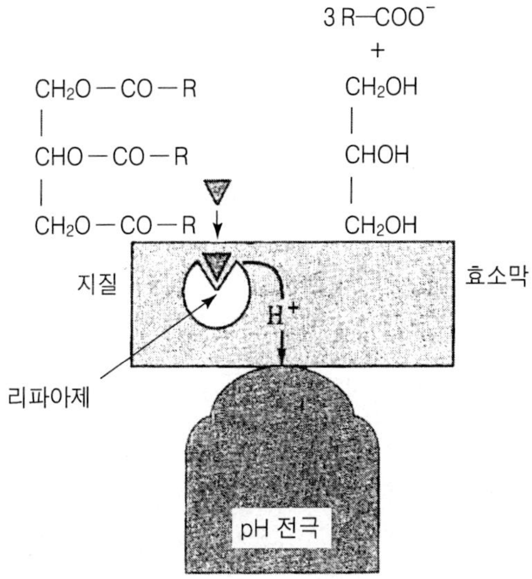

그림 5-2. 지질 센서

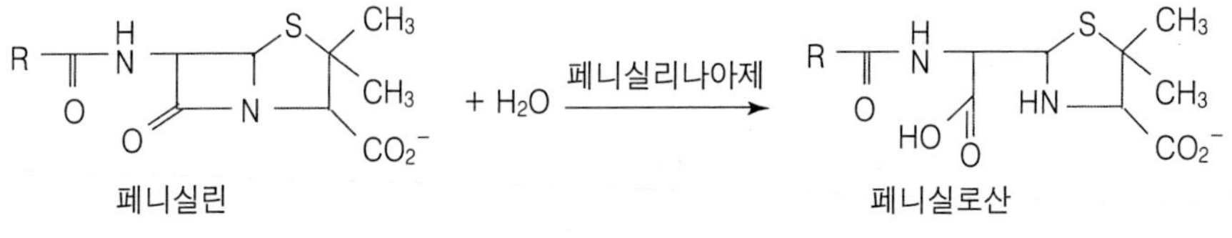

그림 5-3. 페니실리나아제의 화학반응식

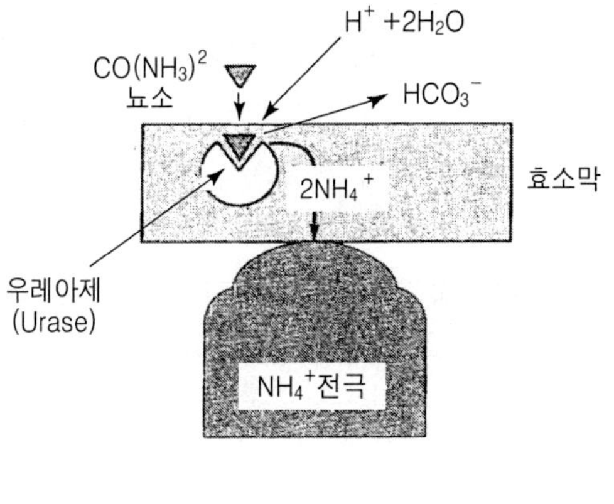

그림 5-4. 요소 센서

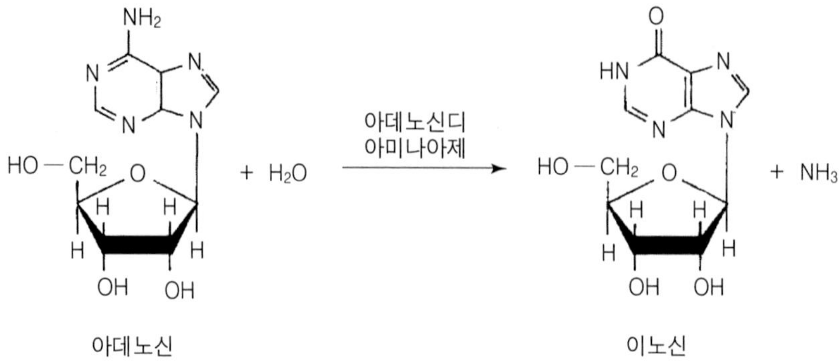

그림 5-5. 아데노신 디아미나아제의 화학반응식

마찬가지로 pH전극으로 검출이 가능하게 될 것이다.

Urase(우레아제)는 요산과 물에서 암모니아를 발생시키는 반응을 촉매하므로 암모니아전극과 조합시키면 검출이 가능할 것이다(그림 5-4). 마찬가지로 아데노신은 그림 5-5와 같이 아데노신 디아미나아제에 의하여 이노신과 암모니아를 생성하므로 암모니아전극과의 조합시키면 아데노신을 정량할 수 있는 센서를 개발할 수 있을 것이다.

3. 신호변환소자를 바꾼다

제2절에서는 효소(분자식별소자)의 종류를 바꿈으로써 여러 효소센서를 얻을 수 있다는 것을 설명하였다. 마찬가지로 신호변환소자를 바꿔도 여러 가지 바이오센서(효소)의 개발이 가능할 것이다.

3.1 수광소자를 이용하는 바이오센서

수광소자는 표 5-1에서 나타낸 종류들이 있지만 그 중에서 바이오센서에 이용되는 소자는 포토 다이오우드와 광전자 배증관이다. 포토 다이오우드에 대해서는 본 서 다른 부분에 설명되어 있다. 광전자 배증관은 빛이 물질의 표면으로 흡수되었을 때 그 표면에서 광전자를 방출하는 광전자 방출효과를 동작원리를 이용하고 있다. 광전자 배증관은광전관을 개량한 것이므로 우선 광전관에 대해서 알아보기로 한다.

광전관은 그림 5-6에 나타낸 바와 같이 광전음극과 방출된 광전자를 모으는 양극으로 되어 있는 2극관이며, 관내는 진공 또는 아르곤과 같은 불활성가스가 0.05 Pa

표 5-1. 여러 가지 수광소자

바이오센서로 이용되는 수광소자	그 이외 수광소자
Pin 포토 다이오우드 아바란쉐 포토 다이오우드 광전자 배증관	광도전셀 광전관

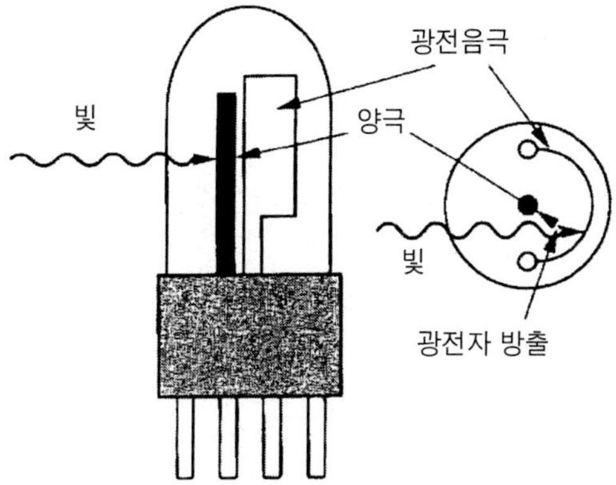

그림 5-6. 광전관

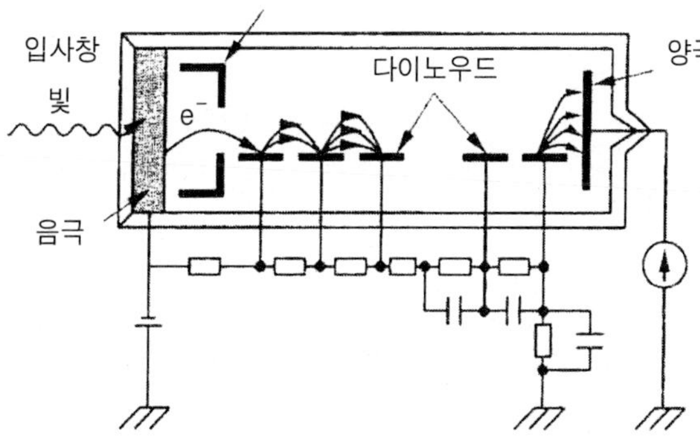

그림 5-7. 광전자 배증관

정도 봉입되어 있다. 광전면에 빛이 입사되면 그것에서 광전자가 방출되어 외주에 빛 강도에 비례하는 광전류가 유출된다. 고전압을 흘러 보낼 경우 광전자에 의하여 가스가 이온화되어 그 이온화분자가 음극에 충돌 하여 2차 전자를 방출시킨다. 이것에 의하여 보통 5～500배의 증배가 일어난다. 광전관의 감도를 올리기 위해 그림 5-7에서

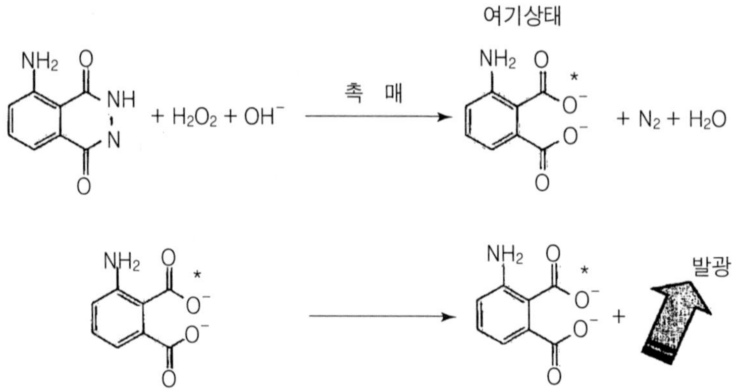

그림 5-8. 루미놀 발광반응

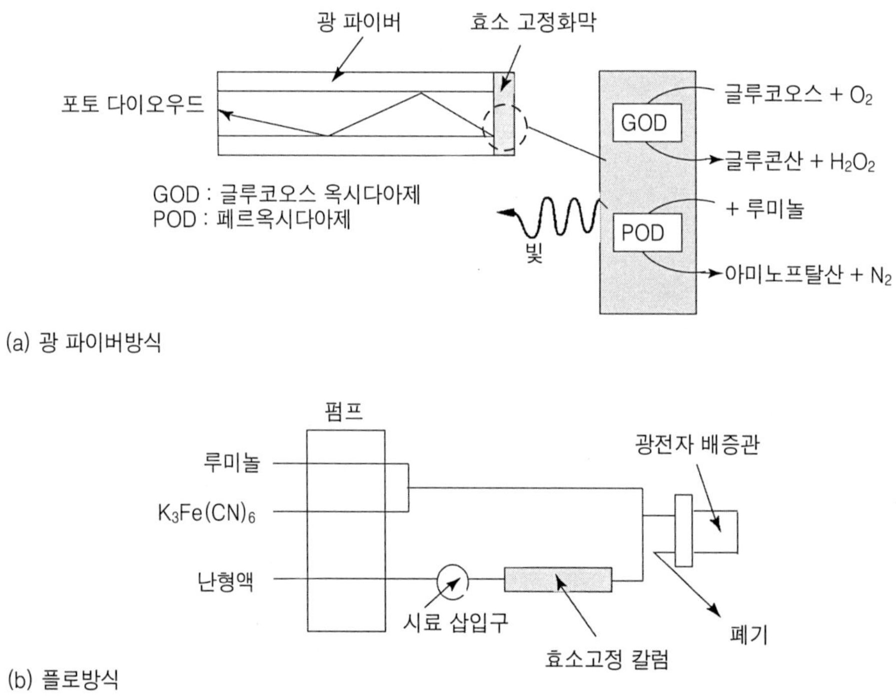

그림 5-9. 발광형 글루코오스 바이오센서의 형태

와 같이 2차 전자 배증전극을 내장한 것이 광전자 배증관이다.

광전면에서 방출한 광전자를 증배부에 도입하여 거기서 전류에 의하여 가속되면 고체 표면에 충돌하여 2차 전자를 방출한다. 방출된 전자는 2차 전자 배증전극에 의하여 카스케이드적으로 배증되어 2차 전자를 모은 양극에서 외부로 양극전류로서 추출할 수 있다. 2차 전자 배증전극의 수를 10개로 하면 전류 배증률 약 10^7을 얻을 수 있다. 광전자 배증관의 특징은 고이득, 고속, 고감도, 저잡음 등이다. 또한 이런 특성이 수광면의 크기에는 거의 영향을 받지 않는다는 것이다.

이런 수광소자를 바이오센서로서 이용하기 위해서는 효소반응에서 발광과정으로 가져갈 필요가 있다. 일반적으로 이용되는 것은 화학발광의 일종인 루미놀 발광반응이다. 그림 5-8에 나타낸 바와 같이 루미놀은 염기용액 중에 있어서 과산화수소와 금속이온이나 금속화합물(여기서는 페리시안) 또는 페루옥시다아제와의 촉매에 의하여 여기상태의 아미노프탈산으로 된다. 이것이 기저상태로 되돌아갈 때 430 nm에서 극대값을 가지는 빛을 발한다.

따라서 글루코오스 바이오센서가 된다. 센서의 형태로서는 그림 5-9(a)와 같이 광파이버(광케이블) 방식이나 그림 5-9(b)에 표시하는 플로방식 등이 있다. 이 센서의 장점은 신호가 빛이므로 전기적인 방해를 받기 어려운 고감도 측정이 가능하다. 또한 광파이버를 이용하여 효율적으로 빛을 추출할 수도 있다.

3.2 온도센서를 이용하는 바이오센서

표 5-2와 같이 대부분의 효소반응은 반응 전후 5～100 kJ/mol 엔탈피 변화를 갖는다. 즉, 효소반응은 발열반응으로 된다. 예를 들어 글루코오스 옥시다아제에서는 80 kJ/mol의 엔탈피 변화가 일어난다. 따라서 효소와 온도센서를 조합하는 것으로서 바이오센서를 얻을 수 있다. 실제로는 10^{-3}℃의 온도차를 검출할 수 있는 서미스터가 필요하다.

표 5-3에는 여러 가지 온도센서를 나타내었다. 그 중에서도 바이오센서에 이용되는

표 5-2. 효소반응에 있어서 엔탈피 변화

효 소	기 질	- Δ H [kJ/mol]
글루코오스 옥시다아제	글루코오스	80.0
콜레스테롤 옥시다아제	콜레스테롤	52.9
우리카아제	요 산	49.1
우레아제	요 소	6.6
카타라제	과산화수소	100.4
아스팔라기나아제	L-아스팔라긴	23.9
페니실리나아제	페니실린	67.0

표 5-3. 여러 가지 온도센서

종 류	재 료 예
서미스터	금속산화물 소결체
pn접합온도센서	반도체
열전대	금속/반도체
초전형 온도센서	압전체

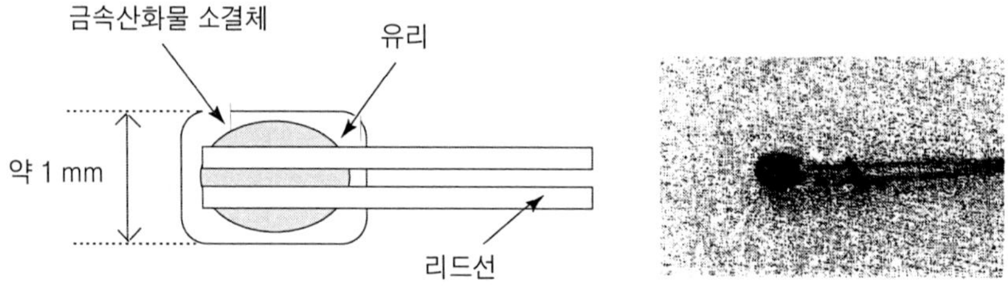

(a) 구 조 (b) 사 진

그림 5-10. 서미스터

것은 서미스터이다. 서미스터는 열에 민감한 저항체라는 뜻으로 주로 망간(Mn), 니켈(Ni), 코발트(Co) 등의 금속산화물의 분말을 리드선과 함께 소결하고 있다. 그림 5-10에 서미스터의 구조와 사진을 나타내었다.

서미스터를 온도 특성에서 분류하면 온도상승과 함께 전기저항이 지수함수적으로 감소하는 부특성 서미스터(negative temperature coefficient thermistor ; NTC서미스터)와 거꾸로 저항이 매우 크게 되는 정특성 서미스터(positive temperature coefficient thermistor ; PTC 서미스터), 어떤 온도로 급하게 저항이 감소하는 급변 서미스터(critical temperature resistor thermistor ; CTR 서미스터)가 있다.

여기서는 NTC 서미스터에 대해서 설명한다. NTC 서미스터의 전기저항 R과 온도 T의 관계는 식 (5.1)로 나타낸다.

$$p = p_{\infty} \exp\left(\frac{\Delta E}{2kT}\right) \tag{5.1}$$

여기서 $P = P\infty$는 온도 $\boldsymbol{T}$ 및 무한대에 있는 서미스터의 저항률을, $\varDelta E$는 활성화 에너지를, 2kT는 볼쯔만 정수를 나타낸다.

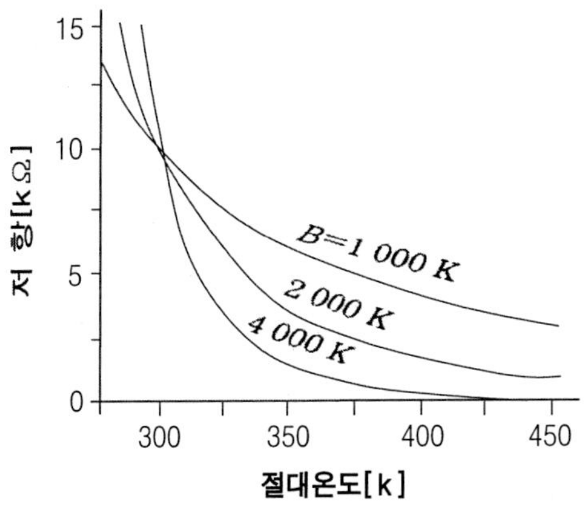

그림 5-11. NTC 서미스터의 서미스터 정수 B의 차이에 의한 온도와 저항 관계

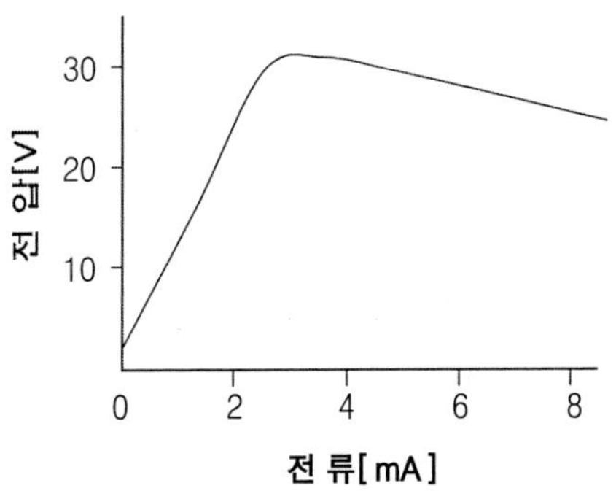

그림 5-12. NTC 서미스터의 전류-전압 특성

식 (5.1) 관계에서 전기저항 R은 다음과 같다.

$$R = R_0 \exp B\left(\frac{1}{T} - \frac{1}{T_0}\right) \tag{5.2}$$

여기서 R, R_0 는 서미스터의 임의온도 T 및 기준온도 T_0에서 전기 저항 값을 표시하고 있다. 또한 B = $\Delta E/2k$은 감도를 표시하며, 서미스터 정수라 하며, 그 값은 재료조성이나 소결조건 등에 영향을 받는다. 식 (5.2)를 온도 T로 미분한다면 저항온도계수 α를 얻을 수 있다.

$$\alpha = \frac{1}{R} \cdot \frac{dR}{dT} \cdot = -\frac{B}{T^2} \tag{5.3}$$

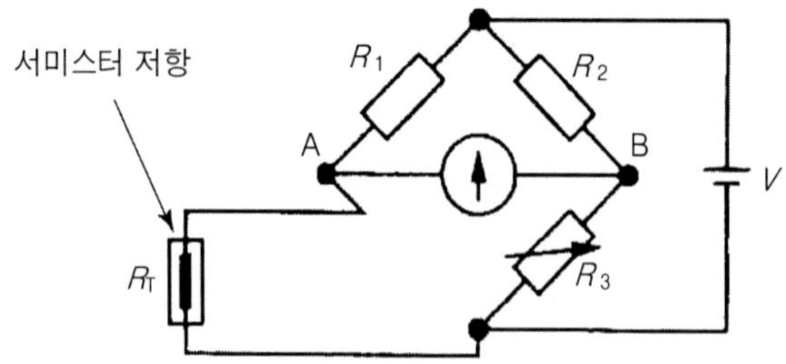

그림 5-13. 서미스터의 측정회로 예

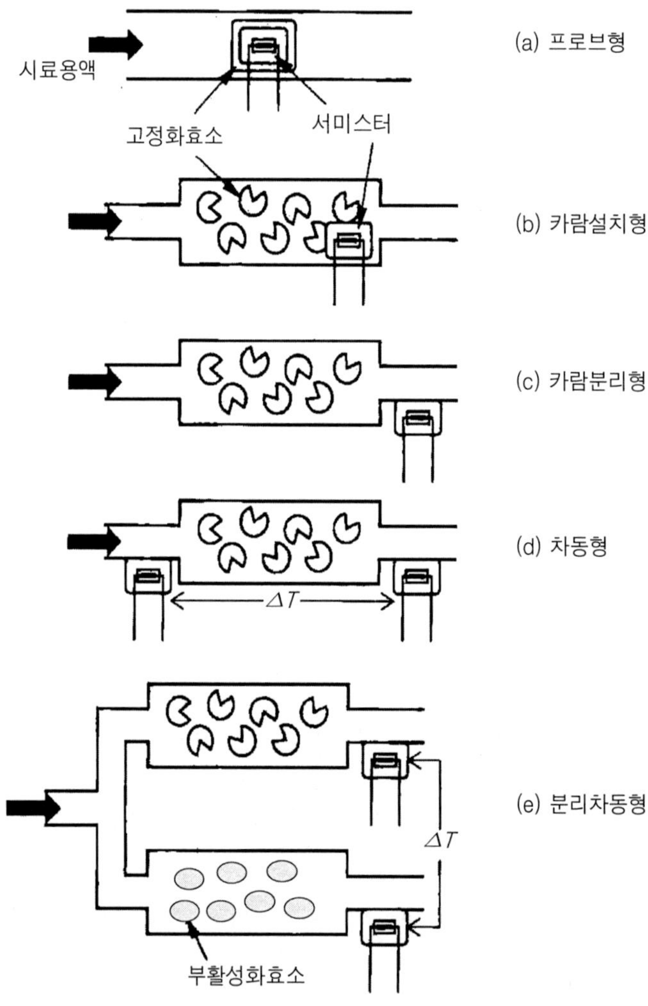

그림 5-14. 서미스터를 이용하는 효소센서의 구조

일반적인 수치는 온실로 R = 10 kΩ, α = 0.045 K^{-1}이다. 그림 5-12에 NTC 서미스터 정수의 차이에 의한 온도와 저항관계를 나타내었다. 이 그림에서 B가 클수록 온도 변화에 의한 저항변화가 큰 것을 알 수 있다. 그림 5-12는 NTC 서미스터의 전류와 전압의 특성을 나타내었다.

전류 값이 낮은 영역에서는 옴의 법칙에 따른다. 온도센서로서 이용하기에는 이 영역이 적합하다. 전류 값이 증가함에 따라 저항은 증가한다. 이것은 서미스터 자신의 자기가열에 의한 것이며, 이 상태에서는 정확한 온도 측정은 할 수 없다. 그림 5-13은 NTC서미스터의 측정회로의 한 예이다.

휘트스톤브릿지라 하여

$$R_1R_3 = R_2R_T \tag{5.4}$$

의 관계를 만족시키면 점 AB간에 전류는 흐르지 않다. 서미스터의 저항 값이 변화하여 AB간의 전류 값(여기서는 전압검출)을 측정하는 것으로서 고감도로 재현성이 좋은 온도 측정을 할 수 있다.

서미스터를 이용하는 효소센서의 구성은 그림 5-14를 생각할 수 있다. 그림 5-14(a)와 같이 고정화 효소를 직접 서미스터에 밀착시키는 방법, 그림 5-14(b)와 같이 효소를 담체(실리카겔 등)에 고정화하여 칼럼의 밖으로 놓는 방식 등이 있다. 이런 방법은 한 가지 서미스터 밖에 사용하지 않으므로 베이스 라인이 불안정하게 되거나 측정값에 재현성이 떨어지는 문제가 발생한다. 이 때문에 2개의 서미스터를 이용하여 그림 5-14(b), (e)와 같이 효소반응의 전후 또는 유무에 의한 온도차 ΔT에 의하여 검출하는 방법이 있다.

어떤 경우에도 효소반응은 항온층내 등 외기온의 영향을 받지 않은 계로 실행할 필요가 있다.

3.3 ISFET 바이오센서

ISFET는 반도체 기술을 제작한 미소 pH전극이며, 이미 제품화되고 있는 것은 제2장에서 이미 설명했다. 이 ISFET와 효소를 조합하는 것으로서 ISFET 바이오센서가 제작된다. 그림 5-15에서 나타낸 바와 같이 이온 감응막에 리파아제나 페니실리나아제를 고정화한 효소센서의 예이다. 그림에 표시하는 것처럼 자주 이용되는 차동형의 계면전위 측정회로이다.

두 가지 전류원 중에 하나는 트렌전류를 설정하여, 또 하나는 서스트렌 간의 전압을 설정하여 이것을 항상 일정하게 유지한다. 이것에 의하여 게이트서스 간의 전위는

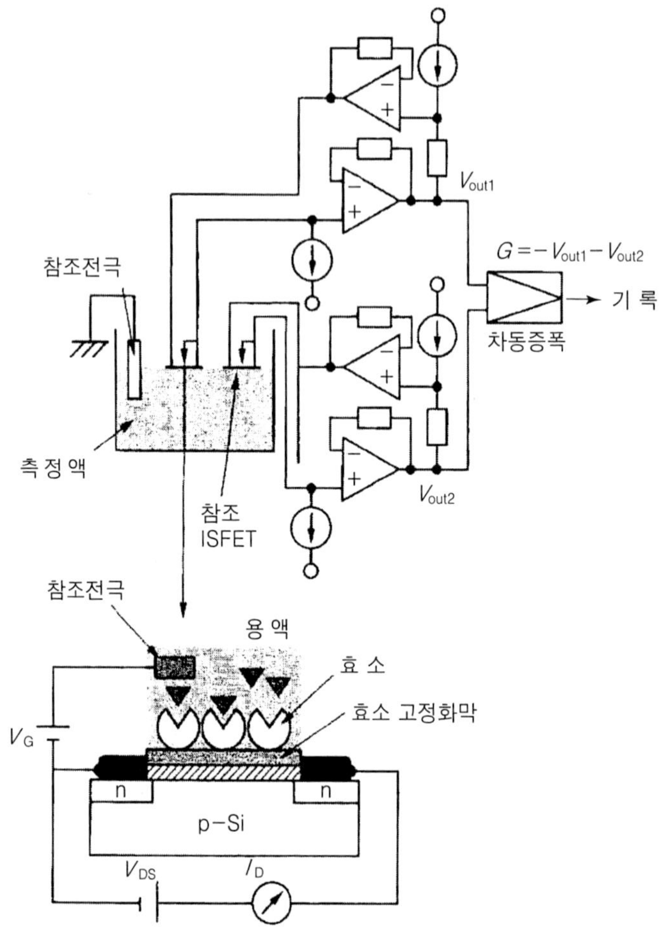

그림 5-15. ISFET 바이오센서와 그 측정회로

고정된다. 은과 염화은 참조전극은 직접 또는 전원을 거쳐서 접지된다. ISFET와 2개의 오페암프에서 되는 아스에서는 뜨는 상태가 된다. 이 ISFET 바이오센서의 동작원리는 다음과 같다.

즉, 효소반응에 의하여 수소이온농도가 변화하여 용액과 막표면 간의 계면전위가 ΔV만 변화하면 ISFET 및 오페암프회로의 각점도 아스에서 ΔV만 변화하게 된다. 이 ΔV을 측정하는 것으로서 측정물질의 양을 측정할 수 있다. 그림에서 회로는 두가지 ISFET을 준비하여 한쪽 ISFET의 효소를 고정화하지 않은 참조 ISFET이다. 그리고 양쪽 전위변화의 차동증폭을 취하는 것으로서 보다 정확하고 재현성이 좋은 센서로서의 측정이 가능하게 될 것이다.

4. 복수효소를 사용한다

복수효소를 조합하는 것으로서 하나의 효소로서는 만들 수 없었던 바이오센서를 구축할 수 있는데 이를 설명하기로 한다.

4.1 선도센서

쇠고기나 돼지고기는 도살 후 숙성에 의하여 맛이 좋아지는데 비하여 어패류는 신선도가 떨어진다. 이 어패류의 신선도를 측정하는 센서에 대해서 알아보기로 한다.

생물은 살아있으면 대사(호흡 등)에 의하여 항상 아데노신 3인산(ATP)을 생산하고 있다. 어패류는 사후 그림 5-16에서와 같이 ATP는 생산되지 않고 아데노신 2인산(ADP), 아데노신-5'-인산(AMP), 이노신-5'-인산(IMP), 이노신(HxR), 히폭산틴(Hx) 순으로 가수분해 되며, 마지막에 요산으로 된다.

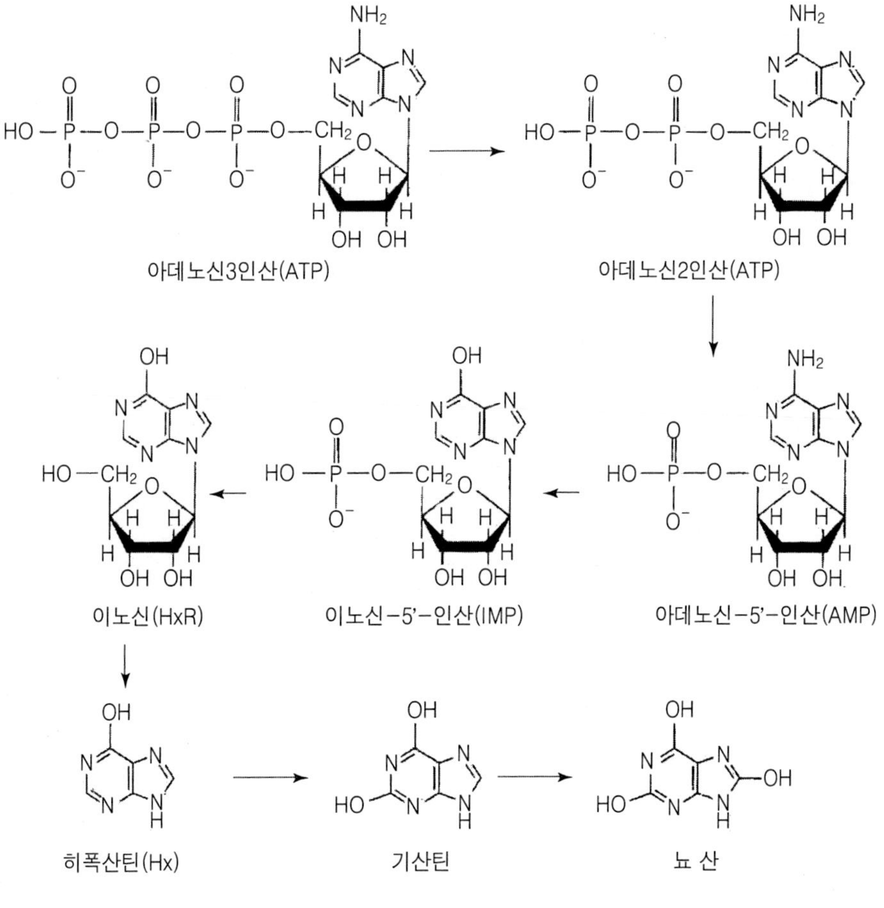

그림 5-16. 어패류 속의 ATP 분해과정

따라서 이런 물질을 간편하게 측정하여 종합적으로 판단할 수 있다면 선도를 신속하게 정량적으로 측정이 가능할 것이다. 앞서 말한 선도에 관련되는 물질은 7종류가 있지만 거의 어패류는 사후경직이 5～20시간이며, 그 때 ATP, ADP 및 AMP는 그다지 존재하지 않는다. 선도치는 IMP, HxR 및 Hx의 3종류의 물질의 존재비로 나타낼 수 있다. 그 값의 식은 (5.5)와 같다.

$$K_1 = \frac{[H_XR] + [H_X]}{[IMP] + [H_XR] + [H_X]} \times 100 \tag{5.5}$$

이 K_1 값이 작을수록 신선도가 높다는 것을 나타낸다. 예를 들면 생선회에서는 K_1 값 40 이하가 아니면 적합하지 않아 그 이상의 경우 생선구이나 절임으로 된다. K_1 값은 IMP, HxR 및 Hx을 각각의 효소센서와 조합하는 것으로서 측정이 가능하게 된다.

4.2 수크로오스센서

수크로오스(sucrose ; 설탕)는 글루코오스와 프락토오스(fructose ; 과당)가 결합한 2당류이다. 수크로오스를 측정하기 위해서는 인베르타아제, 무타로타아제, 글루코오스 옥시다아제 3종류의 효소를 이용하는 것으로서 수크로오스센서를 실현할 수 있다(그림 5-17).

인베르타아제는 수크로오스를 α-D-글루코오스와 β-D-프락토프라노우스로 가수

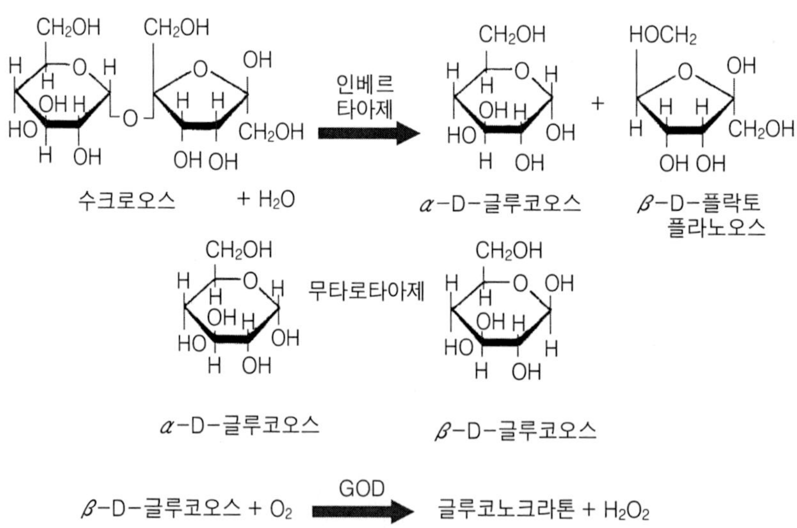

그림 5-17. 복수종의 효소를 사용하는 바이오센서(수크로오스센서)

분해한다. 무타로타아제는 α-D-글루코오스를 β-D-글루코오스로 변환한다. 그리고 β-D-글루코오스는 지금까지 설명한 바와 같이 글루코오스 옥시다아제와 산소전극 등을 조합하여 검출할 수 있다. 이 외에도 복수의 산소전극을 조합하는 것으로서 복수의 다른 성분을 측정할 수 있는 다항목 바이오센서도 있다.

5. 효소의 조해작용을 이용한다

독극물 중에는 생체 중의 효소작용을 저해하는 것이 있다. 예를 들어 청산화합물이나 비소화합물에는 \구연산회로 내의 효소를 저해한다. 독가스인 사린이나 유기인계 농약은 신경전달물질을 분해하는 아세틸콜린에서 테라아제의 활동을 저해한다.

수은 (Ⅱ)이나 불화물 이온은 우레아제의 반응을 저해한다. 따라서 이 효소활성도를 전극과 조합하는 것으로서 독극물의 검출이 가능하게 된다. 이 센서의 개념은 그림 5-18과 같다. 측정시료의 존재 하에서 일정시간 효소반응을 시켜 효소반응에 의한 전류값 변화를 측정하는 것으로서 독물의 정량이 가능하게 된다.

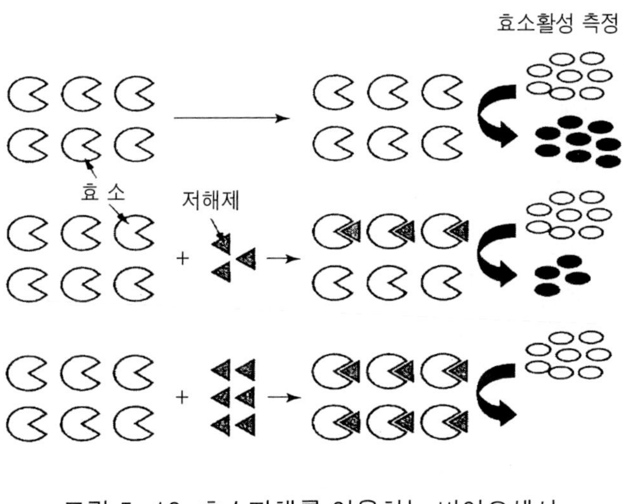

그림 5-18. 효소저해를 이용하는 바이오센서

제 6 장

환경계측용 미생물센서

1. 환경계측용 미생물센서

20세기는 기술혁신에 의한 생활이 편리하게 된 반면, 지구환경에 부담을 주어 자연은 정화력을 상실하여 오염 축적에 의하여 환경오염이 심각한 문제로 대두되고 있다. 환경오염은 인류를 둘러싼 지구환경, 즉 물, 대기, 토양의 3가지 큰 사이클을 구성하고 있다. 오늘날 현대에는 지속적으로 발전하는 사회를 형성하기 위해서 항상 환경보전을 의식하지 않으면 안 된다. 그 때문에 이러한 오염 환경을 간편하게 측정할 수 있는 센서가 중요한 역할을 할 것으로 기대하고 있다. 제 6장에서는 환경계측에 이용되는 미생물센서에 대해서 설명한다.

2. 수질오염

하천 수질관리는 물이 인간에게 직접적으로 생활수나 공업용수로 이용되기 때문에 매우 중요하다. 하천의 수질 오염은 BOD수치로 나타낸다. 오염의 대부분은 생활배수나 공업폐수에 의하여 생기는 유기물 때문이다. 그 유기물을 분해 처리하는 것이 미생물이다. BOD란 용존산소 존재 하에서 수중의 유기물을 영양원으로 하여 호기성 미생물이 증식, 호흡할 때 소비되는 산소량을 말한다. 20℃로 5일간 소비되는 용존산소량(mg/ ℓ)을 표준으로 한다.

BOD가 크면 미생물이 유기물을 분해하는 데 필요한 산소가 많기 때문에 오염률이 크다고 말할 수 있다. 하천의 환경기준을 표 6-1에 나타내었다. 20℃의 용존산소의 포화량은 8.8 mg/ ℓ 이므로 예를 들어 10 mg/ ℓ 이상의 하천은 호기성 미생물만으로 오염을 충분히 처리할 수 없다. 그 때문에 혐기성 미생물이 번식하여 악취를 내게 된

표 6-1. 급수별 하천 환경기준

유 형	이용목적 적응성	기준치(BOD)
AA	수도 1급, 자연보전	1 mg/ ℓ 이하
A	수도 2급, 수산 1급, 수욕	2 mg/ ℓ 이하
B	수도 3급, 수산 2급	3 mg/ ℓ 이하
C	수도 3급, 공업용수 1급	5 mg/ ℓ 이하
D	공업용수 2급, 농업용수	8 mg/ ℓ 이하
E	공업용수 3급, 환경보전	10 mg/ ℓ 이하

(일본 국토교통성 하천국 표준 수치)

자연환경 보전 : 자연탐승 등
수도 1급 : 여과 등에 의한 간단한 정수작업을 하는 것
수도 2급 : 침수여과 등에 의한 정수작업을 하는 것
수도 3급 : 전처리 등에 의한 고도한 정수작업을 하는 것
수도 1급 : 산천어 등 부패수성 수역의 수산생물용
수도 2급 : 연어과 어류 등 부패수성 수역의 수산생물용
수도 3급 : 잉어, 송어 등 중부패수성 수역의 수산생물용
공업용수 1급 : 침전 등에 의한 통상의 정수작업을 하는 것
공업용수 2급 : 약품주입 등에 의한 고도의 정수작업을 하는 것
공업용수 3급 : 특수 정수작업을 하는 것
환경보전 : 일상생활에 있어서 불쾌감이 생기지 않은 정도

다. 일상생활에 있어서 불쾌감을 주지 않을 한도의 BOD 수치가 10 mg/ ℓ 로 정하고 있는 것도 이 때문이다. 덧붙여서 호수와 늪, 해양의 수질기준은 BOD 수치가 아니라 화학적 산소요구량(chemical oxygen demand ; COD)으로 나타낸다. 이것은 호수나 늪, 해양에는 식물성 플랑크톤이 존재하기 때문에 정확한 BOD 수치를 측정할 수 없기 때문이다.

3. 미생물

미생물센서로 이용되는 미생물이란 어떤 것일까? 미생물이란 글자 그대로 작은 생물이란 말로서 이것에 대해서 간단하게 설명하기로 한다.

지구상에는 많은 종류의 생물이 존재한다. 크게 나누어서 표 6-2와 같이 지구상의 생물은 계(界)로 분류된다. 미생물은 육안으로는 볼 수 없는 작은 생물이다. 곰팡이나 효모 등 인류가 식품생산에 이용하고 있는 미생물은 진균류이며, 표 6-2 중의 균

표 6-2. 생물의 분류

계(界)	예
동물계	포유류, 조류, 파충류, 어류, 곤충, 절족동물
식물계	피자식물, 나자식물(裸子植物)
균 계	곰팡이, 버섯, 효모
① 프로톡티스타계(Protoctista)	아메바, 조우림시
② 모네라계(Monera)	그람음성균, 대장균, 고세균(古細菌), 적리균, 콜레라균
바이러스	코로나바이러스, 에보라열바이러스, 사람면역부전바이러스

표 6-3. 생물종 분류법

분 류	예 1	예 2
계(界, kingdom)	식물계	대한민국
문(門, division)	종자식물문	서울특별시
강(綱, class)	쌍자엽식물강	강서구
목(目, order)	장미목	가양동
과(科, family)	장미과	양천로
속(屬, genus)	벚꽃속	9번지
종(種, species)		14호

계에 속한다. 또한 적리균이나 콜레라균 등의 병원균은 세균류이며, 표에서는 프로톡티스타계에 속한다. 바이러스는 미생물보다도 더욱 작은 생물로 전자현미경에 의하여 처음으로 볼 수 있었다. 20세기에 들어서 발견된 생물도 다양하게 발견되고 있지만 생태 상황으로 볼 때 지금까지의 미생물과는 전혀 다른 생태적 상황에서 볼 때 바이러스라고 분류된다.

생물종의 명명법은 표 6-3과 같이 계층적으로 되어 있다. 미생물의 경우 계층 마지막에서 2가지 속명과 종명의 2명법으로 라틴어로 표시된다. 이것은 스웨덴의 생물학자 리넨이 제안한 방법이다. 예를 들면 대장균은 *Escherichia coli* 이지만, 대문자로 시작하는 *Escherichia*는 속명, 소문자로 시작하는 *coli*는 종명이다. 표 6-4에 대표적인 미생물을 나타내었다. 미생물의 크기는 평균 약 0.5～2 ㎛이며, 이 크기는 광학현미경으로 관찰할 수 있다.

미생물의 형상을 그림 6-1에 나타내었다. 원형, 막대형, 나선형의 3종류가 있으며

표 6-4. 대표적 미생물

	종 류	통 칭	속(屬)	종(種)
진균류	곰팡이 (fungi)	국(麴)곰팡이 파란곰팡이	*Aspergillus* *Penicillium*	*niger, oryzae* *chrysogenum*
	효 모 (yeast)		*Saccharomyces* *Candida*	*cerevisiae, sake* *utilis, cylindracea*
원핵생물	세 균 (bacteria)	대장균 콜레라균 매독균 포도구균	*Escherichia* *Vibrio* *Treponema* *Staphylcoccus*	*coli* *cholerae* *pallidum* *aureus*

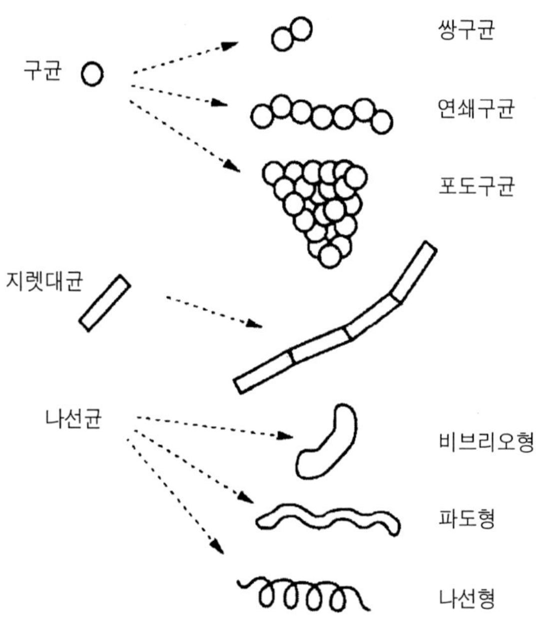

그림 6-1. 미생물 형상

원형은 구균, 막대형은 지렛대균, 나선형은 나선균이라고 한다. 구균은 증식에 따라 쌍구균, 연쇄사슬구균, 포도구균의 3종류로 나누어진다. 2개의 구균이 항상 같이 행동하는 것은 쌍구균이다. 쌍구균에는 폐렴을 일으키는 폐렴쌍구균, 임질병을 일으키는 임균 등이 있다.

연쇄사슬구균은 많은 구균이 사슬처럼 이어지고 있다. 용혈연쇄사슬구균이나 녹색연쇄사슬구균 등이 있다. 많은 구균이 불규칙적으로 겹쳐 포도와 비슷하게 보이는 균은 포도구균이다. 대표적인 것으로 흙, 피부나 코의 점막에 살아있는 황색포도구균, 피부에서 서식하는 표피 포도구균 등이 있다. 지렛대균은 통 모양을 하고 있는데, 그 대표적인 것으로는 양이나 소 등의 가축에 감염하는 탄저균, 식품생산에 이용되는 고초균이나 낫토균 등이 있다. 나선균은 컴마모양을 한 비브리오형으로 불리지만 파도형도 있고 나선형도 있다. 비브리오형은 콜레라균, 나선형은 매독 스필로헤이터가 있다.

4. 종래의 BOD 측정법

종래의 BOD 측정법은 그림 6-2와 같이 검체수를 포화 용존산소 상태로 희석하여 용존산소가 초기 농도의 40～70% 정도가 되게 조정한다. 포화 용존산소수는 pH 7.2의 인산 완충액이다. 다음에 그 희석수를 용존산소병(프란병)에 넣어 15분 후에 용존산소(DO)를 측정한다. 이 측정치를 DO_1로 한다. 용존산소병(프란병)은 100～300 ㎖의 밀봉 가능한 뚜껑이 붙은 유리병이다. 이 프란병을 밀봉하여 20℃를 유지하여 빛을 차단한 상태로 5일간 방치할 수 있다. 이것을 5일간법이라고 한다. 이 방치조작은 인큐베이터 중에서 실행한 경우가 많으며, 그 후 DO를 측정한다. 이 측정은 산소센서(제2장 참조)를 이용하는 경우가 많다.

$$\text{BOD}[\text{mg}/\ell] = (DO_1 - DO_2) \times \frac{[\text{희석시료수량}]}{[\text{시료수량}]} \qquad (6.1)$$

이 측정법에서는 측정시료의 희석이 어렵다. BOD가 큰 시료에서는 희석이 불충분하면 DO_2가 검출한계 이하로 되어 미생물이 유기물을 분해할 수 있기 때문에 산소량이 부족하면 정확한 측정을 할 수 없다. 또한 희석량을 많게 하면 DO_1과 DO_2의 차

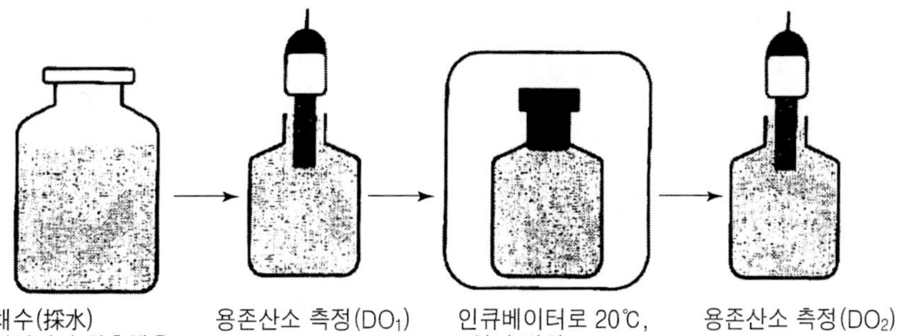

그림 6-2. BOD 측정법, 5일간 법

이가 작아져 측정정도가 떨어진다. 최적정 희석량은 5일을 경과하지 않으면 알 수 없기 때문에 프란병을 여러 개 준비하여 몇 가지씩 희석하여 행하게 된다. 이와 같이 종래의 BOD는 과정과 시간이 필요했다.

5. 미생물센서의 구성과 원리

미생물센서란 분자식별소자에 미생물을 이용한 바이오센서이다. 제3장~제5장에서 설명한 글루코오스 바이오센서는 효소를 이용하고 있지만 미생물 센서에 이용되

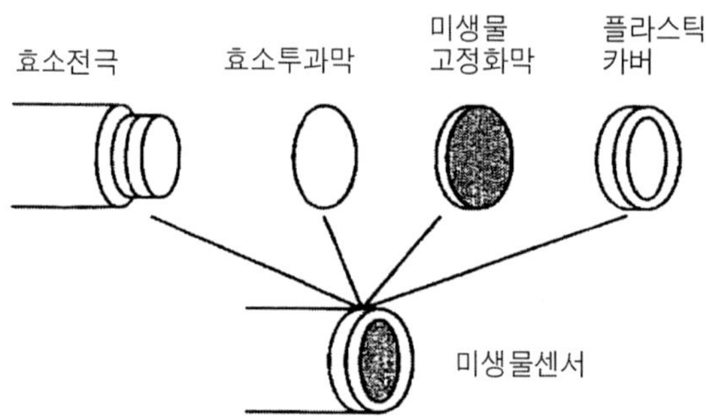

그림 6-3. 산소전극을 신호변환소자로서 이용하고 있는 미생물센서의 구조

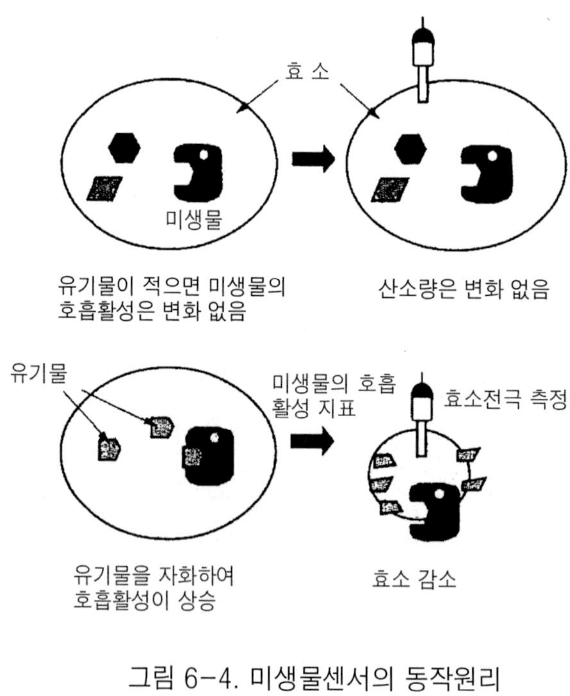

그림 6-4. 미생물센서의 동작원리

는 효소는 직접 미생물에서 추출 정제된다. 글루코오스 옥시다아제는 *Aspergillus*라는 미생물에서 얻은 것을 자주 사용한다. 효소센서의 경우 효소는 생물 그 자체가 아니기 때문에 어떤 종류의 효소는 망가지는 것이 많다. 또한 미생물의 배양 및 추출정제에 시간이 걸리며, 값비싼 효소는 적지 않다.

이것에 대해서 효소의 근본으로 되는 미생물은 수많은 효소를 포함하고 있어 자기 증식능력도 있다. 이와 같은 배경에서 경제적으로 안정된 미생물센서가 제안되고 있다. 그림 6-3에서는 산소전극을 신호변환소자로 이용하고 있는 미생물센서의 구조이다. 대부분의 효소센서와 마찬가지로 분자식별소자가 미생물로 치환되고 있다. 즉, 효소 고정화막이 미생물 고정화막으로 치환된다. 그림 6-4에 미생물센서의 동작원리를 나타내었다.

자화(資化, 섭취) 물질이 존재하지 않을 경우 미생물의 호흡활성은 변화가 없으므로 용존산소량은 변화하지 않는다. 미생물이 자화하면 호흡활성이 크게 되어 용존산소가 소비된다. 이 용존산소 감소량을 산소전극으로 검출하여 자화물질을 측정한다.

6. BOD센서

미생물센서의 대표적인 예는 BOD센서이다. 앞서 말한 BOD는 수질 오염에 중요한 지표로 사용하였지만 3절에서 설명한 바와 같은 측정방법으로는 5일간을 소요하며, 조작도 복잡하여 신뢰성이 있는 데이터를 얻기 힘들었다.

또한 BOD의 요인으로 되는 유기물 오염은 여러 종류의 화학물질을 포함하고 있기 때문에 뛰어난 분자식별력을 이용하는 효소센서에서는 적당하지 않다. 이와 같은 배경에서 미생물을 이용하는 BOD센서가 I. Karube들에 의하여 1977년에 처음으로 보고되었다. BOD센서에 이용되는 미생물은 *Trichosporon cutaneum*라는 호기성 미생물이다. 이 미생물은 효모의 일종이며, 폐액처리로 이용된다. *Trichosporon cutaneum*을 배양하여 아세틸셀룰로오스막 상으로 흡착 고정화시켜(미생물 고정화막), 산소전극의 가스 투과막상에 장착시켜 센서를 구성한다(그림 6-2 참조). 그림 6-5와 같이 플로형의 측정계를 조립하여 유기물을 포함하지 않은 용액(인산 완충형 용액)에 측정액을 반응시켜 그림 6-6에서와 같이 응답곡선을 얻을 수 있었다.

측정액을 반응시켰을 때 정상상태의 전류값과 백그라운드 전류값(유기물을 포함하지않은 용액)과의 차이는 폐수의 BOD값에 비례한다. 측정값은 5일간법(JIS K 0102)의 값과 잘 일치했다. 또한 정상상태로 될 때까지 20분 정도 소요되므로 이 시간으로 BOD를 측정할 수 있다. 측정할 수 있는 BOD값의 범위는 3～30 mg/ℓ 이며, 실용

가능한 측정범위이다. 이 센서개발에 의하여 환경관리에 공헌할 수 있다. 예를 들어 식품화학공장에서는 공업폐액을 자가 처리하여 환경기준에 적합한 것을 확인한 후 배출한다. 그 때문에 단시간에 간편하게 측정할 수 있는 센서는 유효하다. 1990년에 이 미생물센서에 의한 BOD의 측정법이 제정되었다.

BOD센서는 센트랄과학사에서 상품화되고 있다. 그림 6-7의 BOD센서는 실험실에서 사용할 수 있는 탁상식이다. 교환식 미생물전극 유니트에 의하여 막 형성이나 교환이 짧은 시간에 쉽고 가능하다(그림 6-8). 또한 제균제 사용의 표준액, 완충형액, 항균튜브의 사용에 의하여 장기간 안정된 측정이 가능하다. 그림 6-9는 현장에 설치하여 24시간 연속사용이 가능한 타입의 BOD센서이다. 그림 6-10은 장치의 측정계통

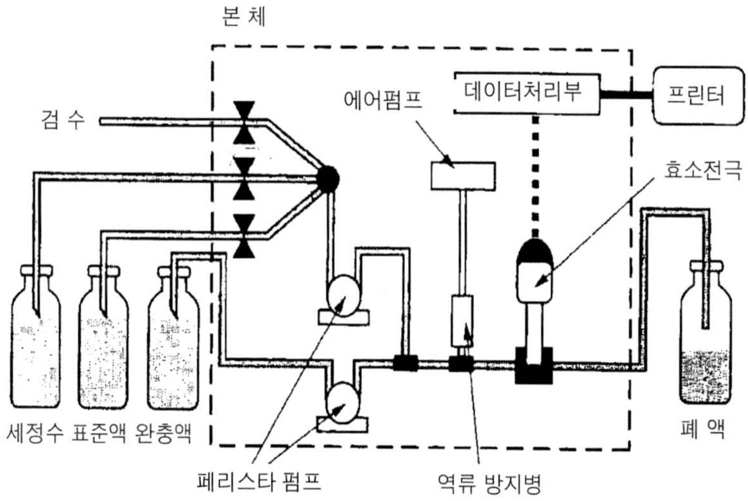

그림 6-5. 플로형 측정시스템

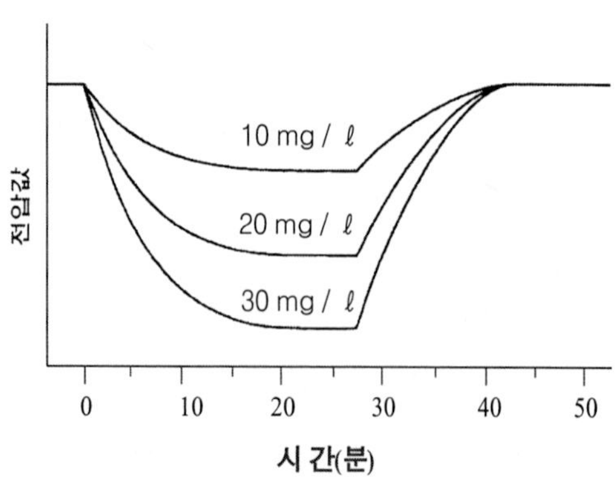

그림 6-6. BOD센서의 측정데이터

그림 6-7. 탁상식 BOD센서(센트랄 과학사 제품)

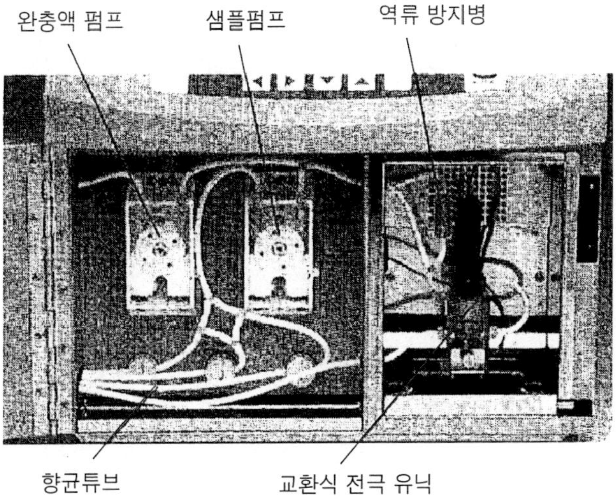

그림 6-8. 탁상식 BOD센서의 센싱부분

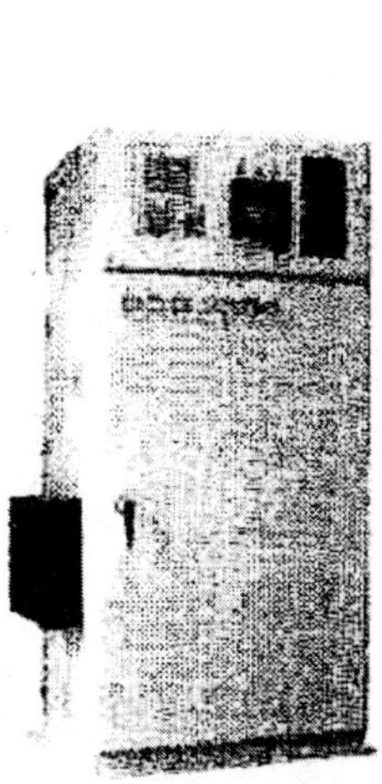

그림 6-9. 현장 설치형 24시간 모니터용 BOD센서

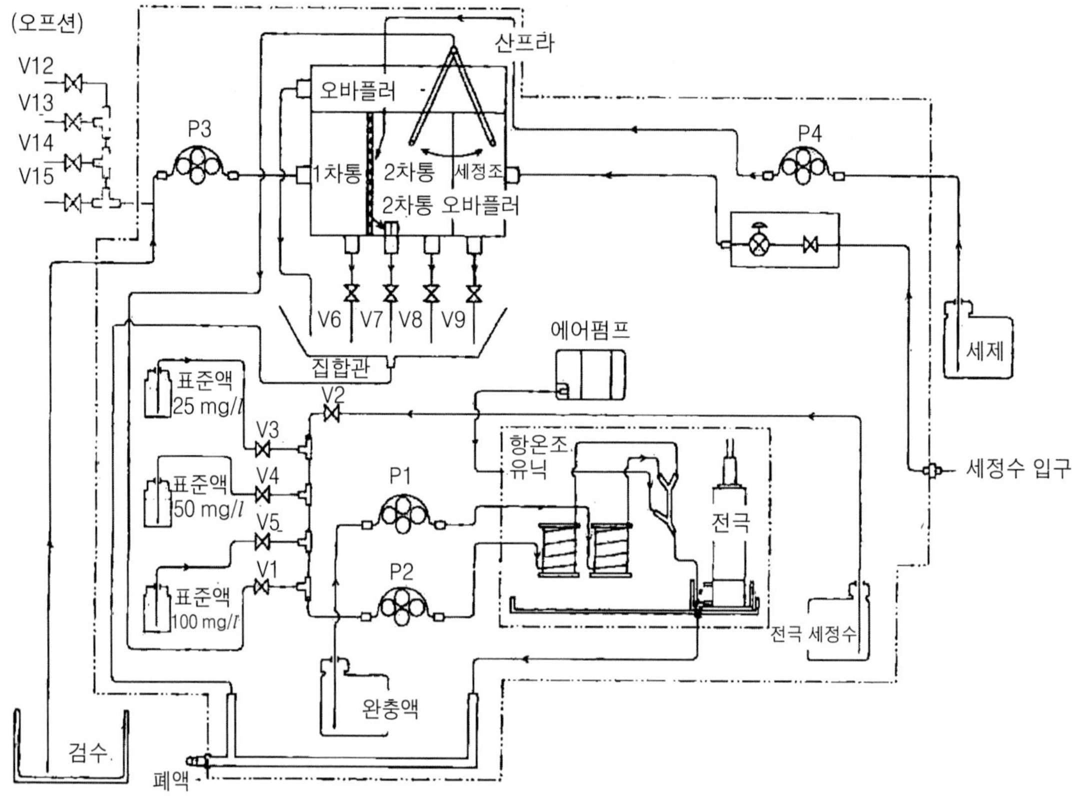

그림 6-10. 현장설치 24시간 모니터용 BOD센서의 측정계통도

도를 나타내었다. 이 장치는 약액부, 측정부 및 데이터처리부로 구성되어 있다. 표준액, 세정액 및 시료는 미리 정해진 타임 스케줄에 따르며, 전자변이는 자동적으로 개폐하는 일련의 동작에 의하여 측정부에 공급하면서 측정한다. 0.01 mol/ ℓ 의 인산 완충형액(pH 7)은 항상 측정부로 주입되며, 시료의 pH를 일정하게 유지하여 인산이온의 작용에 의하여 미생물의 호흡활성이 유지되고 있다.

시료의 전처리부에는 간단한 여과필터가 붙은 오바플로조 타입의 여과장치가 장착되어 시료 중의 부유물질이 여과된다. 여과 종료 후 여과장치는 자동적으로 수돗물에 의하여 세정된다. 약액부는 BOD 표준액, 인산 완충액 및 세정액을 수납하여 내부의 온도는 15℃ 이하로 냉각된다.

측정부에서는 본 장치의 BOD센서를 미생물의 활성을 유지하기 위해 32℃의 공기항온조에 설치하여 센서 플로셀부로 일정한 유량으로 시료를 주입하면 유기물을 자화(資化)시킨다. 이때의 출력 전류값은 데이터 처리부에 출력신호로서 송신되어 BOD값으로서 표시된다. 조작부는 데이터 표시나 조작성을 고려하여 대형 액정표시부와 키보드부로 구성되어 측정조건 등의 입력은 화면과의 대화로 간단하게 입력할 수 있다. 기타 프린터, 기록계가 장비로 사용되고 있다.

7. 여러 가지 미생물센서

효소센서는 효소를 바꾸는 것으로서 여러 가지 센서를 제작할 수 있다. 마찬가지로 미생물 종류를 바꿔줌으로써 여러 미생물센서를 실현할 수 있다. BOD센서와 같이 미생물이 자화함으로서 따르는 호흡활성 변화를 산소전극으로 측정한다.

*Psudomonas fluorescens*는 글루코오스를 선택적으로 자화하기 쉬우며, 글루코오스 센서를 제작할 수 있다. *Trichosporon brassicae*는 에탄올이나 초산을 자화하기 쉽기 때문에 에탄올센서나 초산센서를 제작할 수 있다. 미생물센서의 대부분은 호흡활성형이지만, 이것에 대하여 미생물의 자화에 따라 분비되는 전극활물질을 전기신호로 하는 센서로 검출한다.

전극활물질형도 있다. 예를 들어 *Escherichia coli*는 글루타민산 데카르복시나아제를 가지며, 이 효소작용으로 글루타민산은 탈탄산되어 γ-아미노낙산과 이산화탄소를 생성한다. 이 반응에 따르는 이산화탄소의 농도변화를 이산화탄소전극으로 측정하여 이것을 지표로 하여 글루타민산의 정량이 가능하게 된다. *Sarcia flava*와 암모니아 전극과의 조합에 의하여 L-글루타민센서, *Citrobacter freundii*와 pH전극의 조합에 의하여 세파로스포린센서를 제작할 수 있다. 이들은 포텐셜매트릭스 센서이다.

미생물은 매독균에 의해서 호흡활성이 저하된다. 이 때 산소전극에 의하여 호흡활성 저하를 검출할 수 있다. 이와 같은 원리로 매독센서가 제안되고 있다. 초화균을 이용하여 시안, 농약류, 페놀류 및 차아염소산소다 등의 고감도 독물센서 등도 시중에 판매되고 있다. 효소의 경우에는 대상으로 되는 화학물질이 엄밀하게 존재하지만 미생물의 경우에는 그렇지 않다. 즉 선택성이 부족한 점이 단점이다.

제 7 장

면역측정용 표면 플라즈마 공명 바이오센서

1. 면역측정용 표면 플라즈마 공명 바이오센서

바이오센서는 생물이 가지는 뛰어난 분자 식별기구를 이용한다. 그리고 그 대표적인 예는 효소의 기질특이성을 이용한 효소센서이다. 생물이 가지는 뛰어난 분자 식별기구는 생체분자의 특이적인 상호작용에 의해서 일어난다. 효소반응 외에도 표 7-1에 나타낸 것처럼 수많은 계가 존재한다.

제 7장에서는 면역반응을 이용한 바이오센서를 설명하도록 한다. 이 면역반응은 표면 플라즈마 공명이라는 물리현상을 이용한 신호변환소자를 사용한다.

표 7-1. 여러 가지 생체분자의 특이적 상호작용

기 질 — 효 소
항 원 — 항체(면역)
호르몬 — 수용체
DNA 상보대
핵 산 — 단백질

2. 면역반응

특정한 병원성 미생물에 의하여 일어나는 병에서 회복한 사람은 다시 같은 병원체의 감염에 대해서는 저항력을 가져 그 병에 걸리기 쉽지 않다는 것이 알려져 있다. 이런 것을 병역에서 피한다는 뜻에서 유래한 어원으로 **면역**(immunity)이라고 부른다. 예를 들어 한번 마진에 걸린 사람은 두 번 다시 걸리지 않는다. 이것은 체내에서 면역계가 활동하여 끊임없이 침입해오는 마진 바이러스의 증식을 방지해주기 때문이다.

이와 같이 면역이란 외부에서 체내(자기 자신)에 침입해오는 이물질(비자기 자신)을 인식하여 신속히 이것에 반응하여 효과적으로 배제하는 생체방어기구를 말한다. 이 생체방어기구는 생체 내 혈액 중 백혈구에서 주로 맡고 있다. 면역반응에서 중심적인 역할을 하는 것은 각종 백혈구세포이다.

골수에서는 분화하지 않은 상태로 조혈모세포가 만들어져 그림 7-1과 같이 그것이 시간과 함께 적혈구, 혈소판 그 외 여러 계열세포로 분화한다. 그 중에서 면역반응에 중요한 역할을 하는 과립구, 임파구, 단핵식세포(마이크로파지)등이 만들어진다. 이들 세포는 혈액 중에서 순환할 뿐만 아니라 임파구, 임파관 등을 통과하여 체내조직을 순회하고 있다. 이와 같은 일련의 반응을 일으키는 원인으로 만들어진 이물질을 **항원**(antigen ; Ag)이라고 한다. 항원으로 되어 있는 물질은 자기 체내에 존재하는 것과 다른 단백질, 다당류, 지질 등이 있다. 저분자화합물은 그것만으로는 항원으로 되지

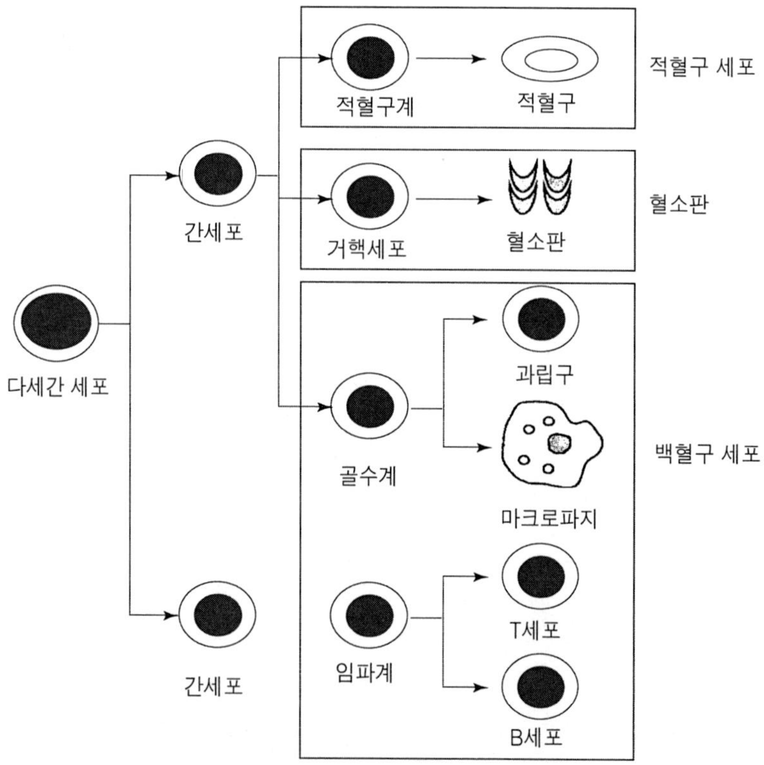

그림 7-1. 조혈모세포의 분화

않지만 세포 등에 결합하고 있으면 항원으로 된다. 마크로파아지(macrophage, 대식세포)는 크기가 10～25 ㎛ 정도이며, 분자구조에서 이물질이라고 판단한 것을 적극적으로 세포 내로 넣어 효소를 작용시켜 분해한다. 이물질이 금속분과 같은 경우에는 그것을 세포 내로 가둬 자신도 죽고 체외로 배출되지만, 바이러스나 세균과 같이 외부에서 침입한 단백질과 같은 것에 대해서는 더욱 복잡한 행동을 한다. 마크로파아지는 이물질이라고 식별한 근거로 되는 아미노산 배열만은 분해하지 않고 보존하며, 더욱 강력한 반응을 일으키기 위한 정보로서 이용한다.

임파구는 직경이 평균 7 ㎛이며, T세포(T임파구)와 B세포(B임파구)로 크게 나누어진다. 마크로파아지와 임파구 사이에는 복잡한 상호작용이 있으며, 물질을 거쳐 모든 정보전달을 한다. 그림 7-2와 같이 항원에 의하여 자극된 마크로파아지에서는 항원의 아미노산 결합을 포함하는 RNA가 방출되어 T세포가 그것을 받아들인다. 항원을 인식한 T세포에 의하여 다른 T세포가 자극되어 증식하고 항원과 반응한다. 이와 같이 T세포 등이 항원과 직접 반응하는 면역을 **세포성 면역**이라고 부른다. 한편 자극된 T임파구는 B임파구에 작용한다.

B임파구는 T임파구에 의하여 촉진과 제어의 양면으로 제어를 받으면서 면역반응에 관여하는 단백질인 면역글로불린(IgA, IgE, IgG, IgM 등)을 생산한다. 이것은 최초의 항원 아미노산 배열에 정확하게 대응하는 부분구조를 가지며, 각각 각종의 과립구나 마크로파아지의 표면에 부착하여 그것이 적에 접근하여 공격하는 것을 도와준다. 항원을 식별하기 위한 배열은 아미노산 5개 정도의 길이로 면역글로불린은 이것에 딱 맞는 구조를 갖고 있다. 따라서 혈액에 의하여 옮겨지면서 적을 발견하면 탄환처럼

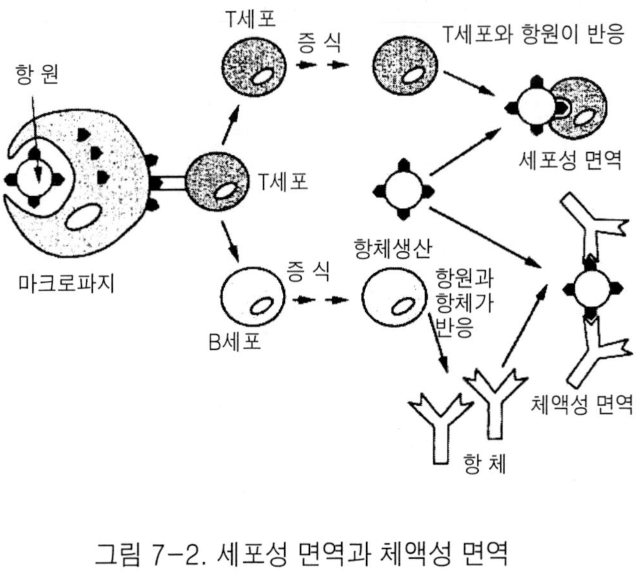

그림 7-2. 세포성 면역과 체액성 면역

목표로 향한다. 면역글로불린은 특정한 항원에 대한 항체(antibody ; Ab)라고 한다. 항체는 혈액 중으로 녹아져서 순환하며 생체방어를 하기 때문에 **체액성 면역**이라고 불린다. 항체는 그림 7-3에서와 같이 분자량 약 15만(IgG의 경우)의 단백질이며 Y자의 구조를 하고 있다. H사슬과 L사슬의 끝머리 부분은 아미노산 배열이 항체의 종류에 따라 달라 **가변부**(可變部)라 불린다.

나머지 부분은 구조가 일정하여 어떤 항체라도 같아서 정상부라고 불린다. 항체는 수백만 종류에 이르는 항원 하나하나에 대응한다. 면역센서는 분자식별소자에 이 항체를 이용하고 있다. 항체분자의 가변부는 항원 특정부분과 결합한다. 이 반응을 **항**

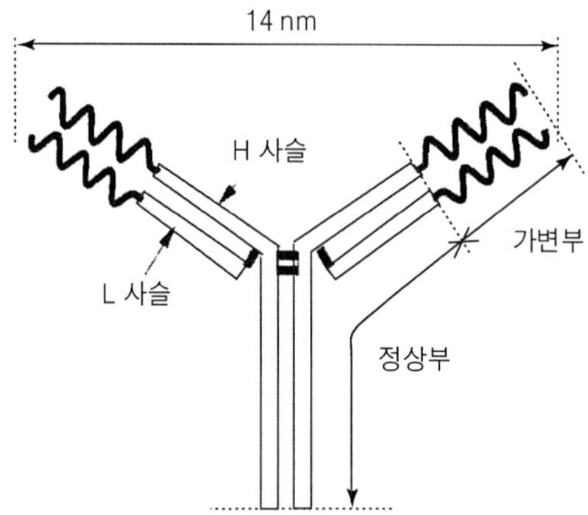

그림 7-3. 항체의 구조

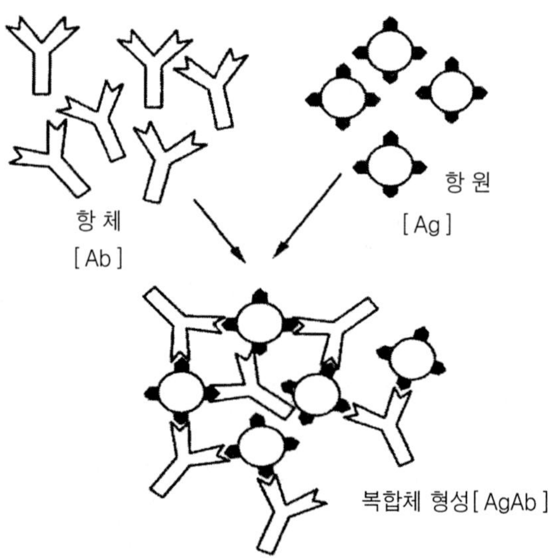

그림 7-4. 항원항체반응

원항체반응이라고 한다. 단백질은 항원의 경우 항체와 반응하는 부분은 몇 개~수십 개의 아미노산으로 되어 있으며 1종류의 단백질에는 각기 다른 반응부위가 존재한다. 이와 같이 단백질은 항체를 포함하는 혈청을 가하면 거대한 복합체를 만들어 침전한다(그림 7-4). 생체 내에서 이와 같은 집합체는 마크로파아지의 포식작용에 의해 처리된다.

이 면역센서는 항원항체반응을 정량적으로 계측한다. 이 반응은 항원(Ag), 항체(Ab)를 단지 화학물질로 볼 경우 다음과 같다.

$$\mathrm{Ag} + \mathrm{Ab} \longleftrightarrow \mathrm{AgAb} \tag{7.1}$$

식 (7.1)은 가역반응이므로 식 (7.2)과 같은 화학평형식을 얻을 수 있다.

$$K_{\mathrm{A}} = \frac{[\mathrm{AgAb}]}{[\mathrm{Ag}][\mathrm{Ab}]} \tag{7.2}$$

여기서 K_{A}는 친화정수이며, 양쪽의 친화도(결합도)를 표시한다. 항체가 항원에 대해 비로 존재할 경우

$$\frac{1}{K_{\mathrm{A}}} = [\mathrm{Ag}] = K_{\mathrm{D}} \tag{7.3}$$

로 되며, 이것은 항원의 절반수가 된다. 나머지 절반수가 복합체를 형성하는 것으로 표시된다. 식 (7.3)에서 이 값은 친화정수의 역수이며, 이 값은 결합정수 K_{D}로서 정의된다. 항체의 센서소자로서 이용할 경우 검출한계는 결합정수에 크게 의존하게 된다. 결합정수보다도 항원농도가 작을 경우 항원이 항체에 거의 결합되지 않기 때문에 검출할 수 없는 것을 의미한다. 예방접종은 한 번 병에 걸리면 2번 같은 병에 걸리지 않은 원리를 이용하고 있다.

우선 무독화한 병원균(왁틴)을 섭취한다. 그러면 생체 내에서 이물질(항원)을 인식하여 항체가 생산된다. 이것을 항체의 1차 반응이라고 한다(그림 7-5). 이때 면역기억이 되어 다시 병원균이 침입하면 1차반응보다도 대량으로 항체가 생산된다. 이것을 2차 반응이라고 한다. T세포의 세포막에는 특정한 항원과 반응하는 단백질이 1종류씩 결합하게 된다.

따라서 T세포의 종류는 각 항원에 대응하여 무수하게 많다. 체내에 침입한 이물질은 마크로파아지에 의하여 포착되어 T세포에 항원으로 인식된다. 항원을 인식한 T세포는 증식하여 임파절 중의 특정한 B세포를 자극한다. B세포의 종류에 따라 항체가

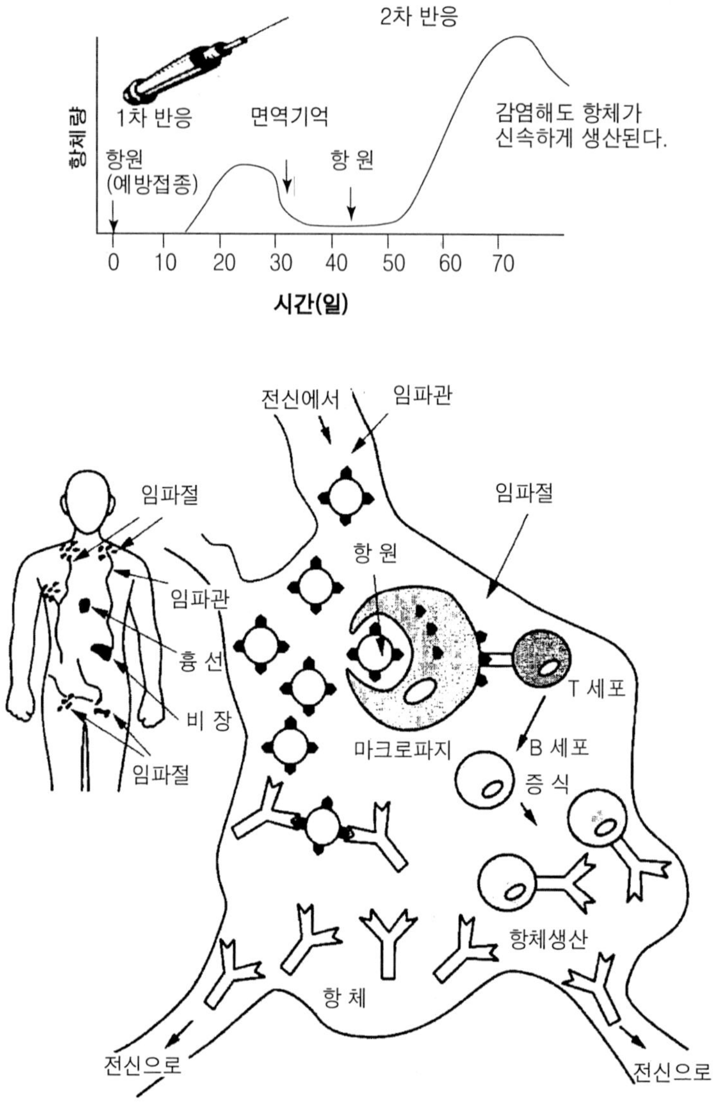

그림 7-5. 예방접종의 구조

달라서 자극된 B세포는 증식하여 1종류의 B세포는 1종류의 항체를 만든다. 동물 등에 항원을 섭취시키면 목적항체를 생산할 수 있다.

3. 촉매바이오센서와 결합바이오센서

효소센서나 미생물센서는 반응 전후로 전극활물질의 증감에 의한 촉매반응이다. 촉매 반응의 경우 하나는 효소가 1초간에 수만 개의 반응을 촉매하므로 증폭작용이 있

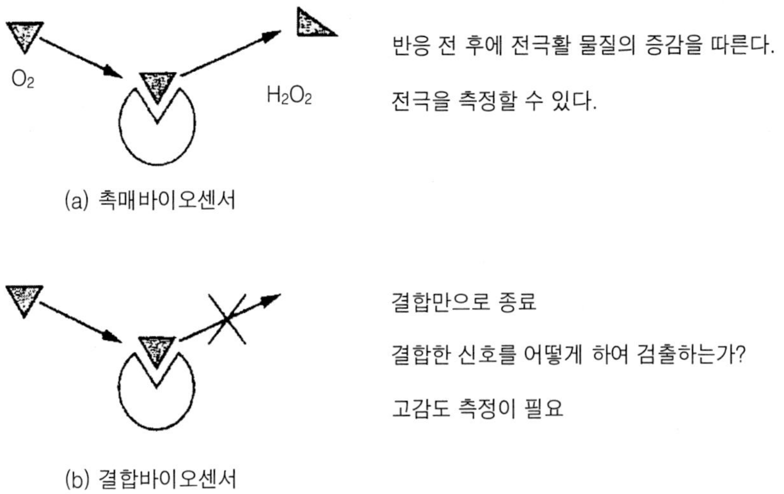

그림 7-6. 촉매바이오센서와 결합바이오센서

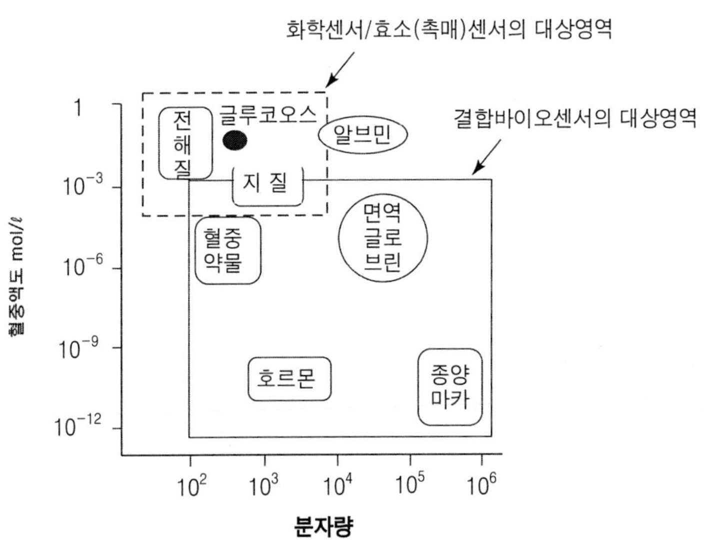

그림 7-7. 임상 생화학검사의 분석대상 성분의 혈중농도

어 검출은 쉽다. 이와 같은 바이오센서를 **촉매바이오센서**라고 한다(그림 7-6). 이것에 대해서 많은 생체분자의 상호작용에서는 2종류의 분자가 결합한 것만으로도 반응이 종료되어(생체 내의 반응이라면 다음과 같은 액션이 생긴다) 또한 반응량도 미량이다. 이와 같은 바이오센서를 **결합바이오센서**라고 한다(그림 7-6b).

결합바이오센서의 경우에는 결합한 시그널을 어떻게 검출하는가가 과제가 된다. 또한 초고감도 검출이 필수이다. 이것은 그림 7-7에서와 같이 글루코오스, 콜레스테롤,

유산, 요산, 나트륨이온, 칼륨이온 등의 생체 시료에서는 적어도 10^{-3} mol/ℓ 레벨의 고농도에서 존재한다. 이러한 검출에 관해서 화학센서나 효소센서가 개발되고 있다. 이것에 비해서 면역반응을 대상으로 하는 생체물질은 저농도이며, 분자량도 저분자에서 고분자까지 광범위하게 분포한다. 결합바이오센서의 실용화는 1990년 이후부터 활발해졌는데, 5절 이후에서 대표적인 결합바이오센서인 표면 플라즈마 공명바이오센서가 이에 속한다.

4. 종래의 면역반응의 측정방법

종래 면역반응을 측정하는 방법은 조작이 번잡하여 결과가 나오는데 시간이 필요했다. 또한 설비를 갖추어진 장소가 아니면 안 되었다.

4.1 레이저 네페로메트리

항원항체반응에 의하여 형성된 큰 복합체는 그 크기가 빛의 파장을 넘게 되어 빛을 산란시킨다. 레이저 네페로메트리는 이 성질을 이용하고 있다. 그림 7-8에서 일반적인 측정계를 나타내었다. He-Ne 레이저(632.8 nm)는 빛을 시료에 반응시켜 산란강도가 매우 강한 각도에서 파장변화를 따르지 않은 산란광을 측정하여 결합물리량을 정량한다.

4.2 면역확산법

항체를 포함한 겔을 슬라이드나 페트리 접시에 넣어 기지량의 혈청을 격벽 중에 채운다. 항원은 격벽 밖으로 확산시켜 항체에 의하여 침강륜(沈降輪)을 만든다. 이 바퀴(輪)는 그림 7-9와 같이 혈청 중의 항원농도가 높을수록 커지므로 한 표준혈청에 의한 바퀴(輪)와 비교하면 시료의 혈청 중의 항원량을 측정할 수 있다. 이것이 면역 확산법이다.

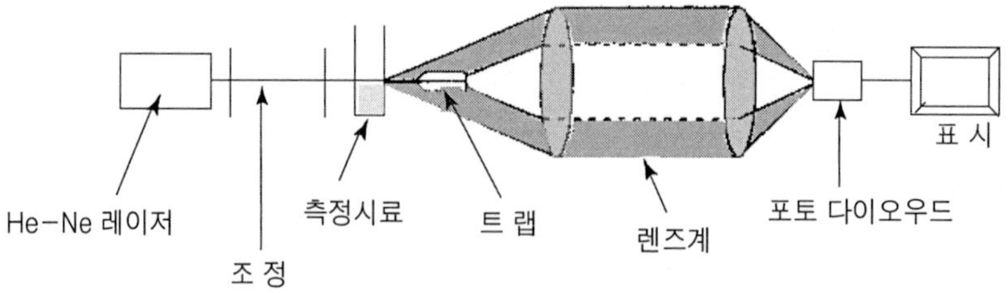

그림 7-8. 레이저 네페로메트리의 측정계

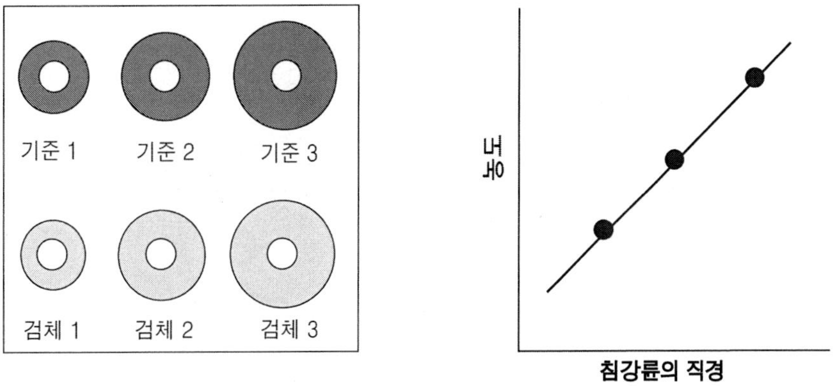

그림 7-9. 면역확산법

4.3 효소항체법

효소항체법에는 경합반응 방식과 샌드위치 방식이 있다. 그림 7-10(A)와 같이 경

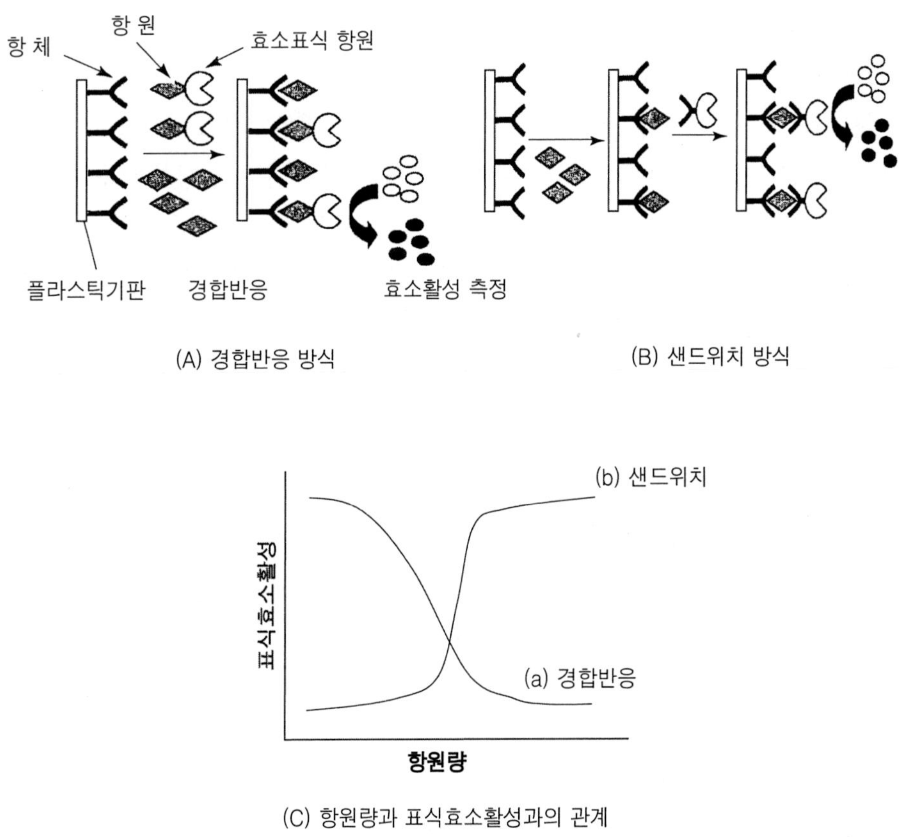

그림 7-10. 효소항체법

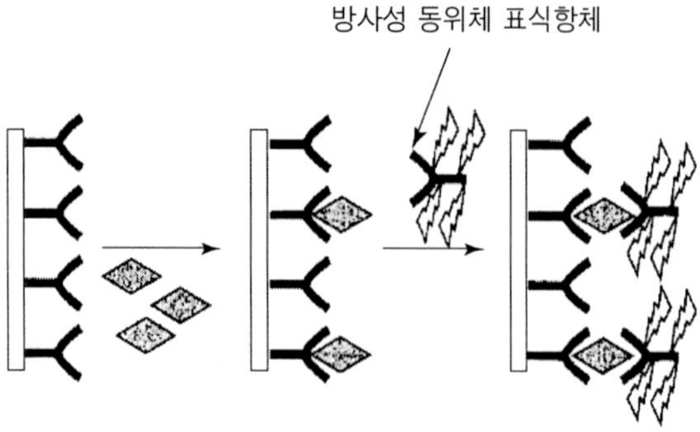

그림 7-11. 라디오 이뮤노악세이

합반응방식은 플라스틱 기판에 항체를 고정화시켜 측정하는 방법으로 시료(항원)와 효소로 표식된 항원을 반응시킨다. 표면에서 반응한 표식 항원량을 효소의 활성도로 조사한다. 이것은 효소반응에 의하여 색 변화를 일으키는 발색시약과 일정시간 반응시켜 발색정도를 수치화한다.

시료 내의 항원량이 많으면 표식항원이 결합하는 양이 적으며, 거꾸로 시료의 항원료가 적으면 표식항원의 결합량이 많아진다. 그 관계는 그림 7-10(C)와 같다. 샌드위치 방식은 그림 7-10(B)와 같이 플라스틱 기판에 항체를 고정화시켜 항원시료와 반응 시킨다. 다음으로 효소로 표식한 항체와 반응시켜 2번 항원항체반응을 일으킨다. 그 후 마찬가지로 표면에서 반응한 표식항체의 양을 효소의 활성도로서 조사한다. 이 방식의 경우 항원량이 많을수록 표식효소의 활성이 커진다. 이 관계는 그림 7-10(C)와 같이 경합방식과는 반대의 결과를 얻게 된다.

4.4 라디오 이뮤노악세이

효소를 표식하는 대신에 방사성 동위원소로 표식된 항체를 이용하는 방법도 있으며, 라디오 이뮤노악세이라고 한다(그림 7-11). 방사성 동위체에는 I^{125}가 자주 사용된다.

5. 표면 플라즈마 공명현상

표면 플라즈마 공명바이오센서는 1985년에 B. Liedberg들에 의하여 처음으로 보고되어 1990년에 스웨덴의 Biacore사에 의하여 처음으로 제품화되었다. 우선 표면 플라즈마 공명에 대해서 설명한다. 그림 7-12에 나타낸 것처럼 금속박막을 생각해본다.

금속 중에는 자유전자가 많이 존재한다. 그림 7-12에서 망 상태로 된 부분이 자유전자이고, +는 원자핵이다. 자유전자 집단은 한 결 같이 위를 향하여 짧은 거리 u 만큼 이동했다고 한다. 그 결과 그림에 나타낸 것과 같이 표면 전하밀도 -neu가 밑 표면에 생긴다. 다만 n은 전자밀도이다. 그리고 금속 내의 전자 $E = neu / \varepsilon_0$가 생긴다. 이 전장은 전자집단의 변위를 평형상태로 되돌리려고 한다. 평형상태로 돌아간 전자집단은 다시 한 결 같이 밑을 향해 변위된다.

이것을 되풀이 하여 전자집단은 주기적으로 진동하게 된다. 플라즈마 진동은 그림 7-13과 같이 자유전자의 집단적인 종파(세로파도)의 여기상태를 말한다. 플라즈마는 플라즈마 진동의 양자로서 정의된다. 표면 플라즈마는 그림 7-14와 같이 표면 내를 전반(傳搬)되지만, 면에 수직으로 되는 방향은 감쇠모드로 되어 전반하지 않는다. 그것을 식 (7.4)에 표시한다.

$$E_Z(x, z, t) = E_o \exp[j(K_X - \omega t] \exp - K_z z \qquad (7.4)$$

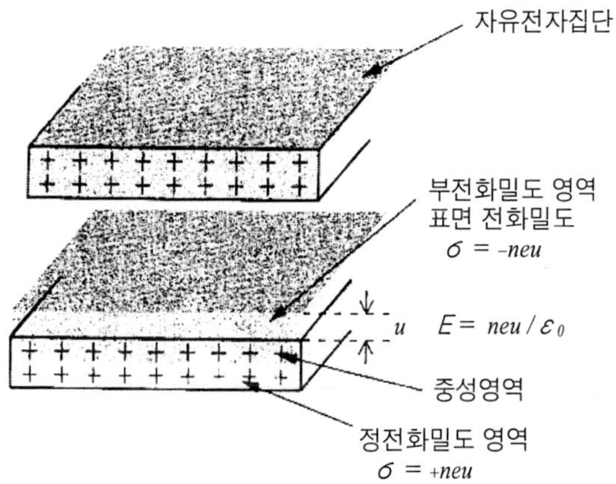

그림 7-12. 금속박막 중의 전자집단 분극진동

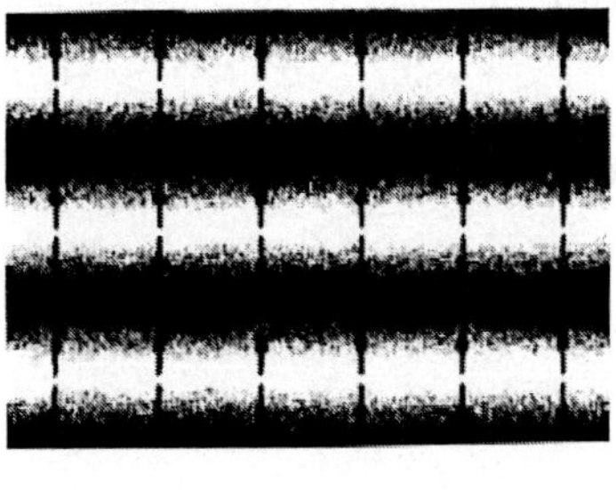

그림 7-13. 플라즈마 진동

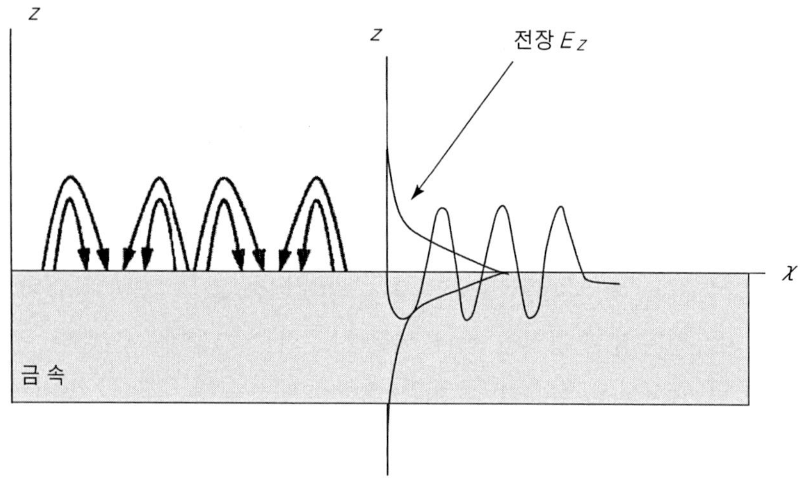

그림 7-14. 표면 내를 전반하는 플라즈마파

표면 플라즈마 공명은 광파와 표면 플라즈마의 공명에 의하여 일어나는 물리현상이다. 표면 플라즈마 공명을 발생시키기 위해서는 전자를 집단적으로 여기하게 되면 좋고 광(전자파)을 금속 표면에 입사시키면 더욱 좋다. 그러나 빛을 그대로 금속표면으로 입사시켜도 표면 플라즈마는 공명을 일으키지 않는다. 이것은 파도의 속도와 플라즈마파의 속도가 다르기 때문이다.

$$K_{\mathrm{E}}(\omega) = \frac{\omega}{C}\sqrt{\epsilon_S} \tag{7.5}$$

빛의 분산관계는 플라즈마와 분산관계는

$$K_{\mathrm{SP}}(\omega) = \frac{\omega}{C}\sqrt{\frac{\epsilon_m \epsilon_S}{\epsilon_m + \epsilon_S}} \tag{7.6}$$

로 나타낸다. ε_m는 금속의 복소 유전율, ε_s는 금속에 접하는 매질의 유전율이다. 이것에 의하여 표면 플라즈마의 진행속도는 광속보다 반드시 작다. 즉 같은 진동수에 비해서 표면 플라즈마의 파수는 광파의 파수보다도 항상 크다(그림 7-15).

빛에 의하여 표면 플라즈마를 공명시키려면 보통 전반하는 빛보다 늦은 속도의 빛이 필요하다. 이와 같은 조건을 만족시키는 것은 에바넷센트파이다. 에바넷센트파는 고굴절률 프리즘의 광파를 전반사각으로 입사했을 때 프리즘의 외측으로 스며 나와 프리즘 표면상을 점반하는 빛의 표면파이며, 그 경계면에서 떨어짐에 따라 진폭이 감

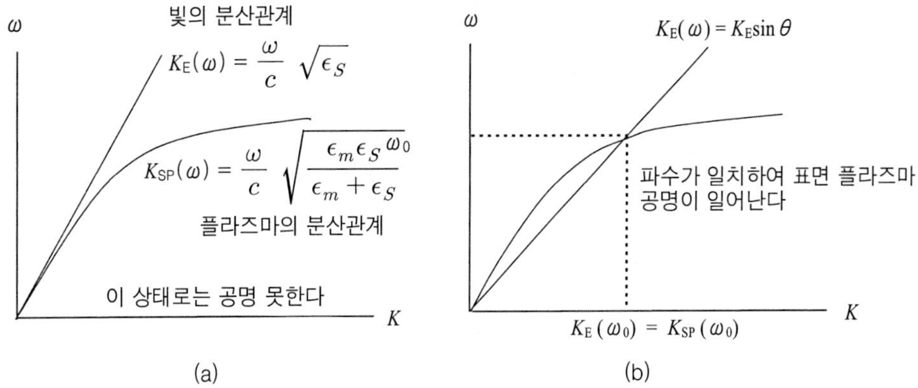

그림 7-15. 분산관계

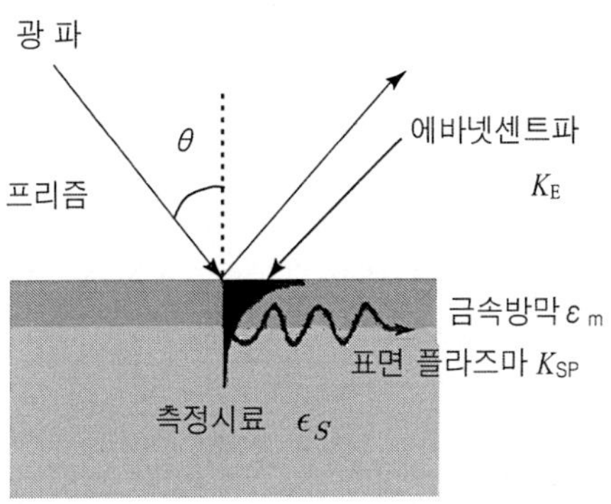

그림 7-16. Kretschmann 배치

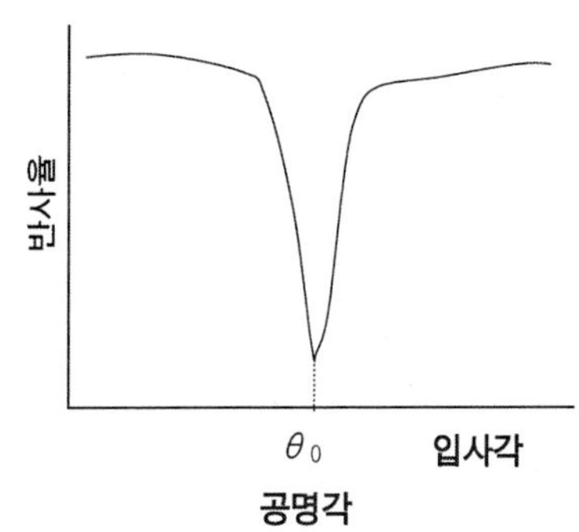

그림 7-17. 표면 플라즈마 공명곡선

쇠하는 표면전장이 발생한다.

이 표면 에버넷센트장은 플라즈마파와 비슷한 성질을 가지며, 경계면에 따른 방향의 진행속도가 보통의 전반광보다 늦다. 즉 그 파수 벡터 K_E가 프리즘 외측의 물질을 점반하는 광파의 파수 벡터 K_E보다도 크기 때문에 그림 7-15(b)에 표시하는 양쪽 파수가 일치하여 표면 플라즈마 공명이 일어나게 된다.

앞서 설명한 원리로서 광파로 표면 플라즈마를 여기할 수 있는 광학계 중에서는 바이오센서로 응용되고, 실용성이 높은 계는 Kretschmann 배치라고 하는 계이며, 구성도는 그림 7-16에 나타내었다. 이 계는 고굴절률 프리즘의 한 면에 금속박막을 코팅하여 이 금속을 측정시료와 접촉시키는 구조를 가진다.

광파를 프리즘 쪽에서 금속박막으로 전반사각 이상으로 입사시켜 반사강도 R을 측정한다. 금속이 충분히 얇을 경우 에바넷센트파는 금속을 투과하여 샘플 중에 전계분포를 가진다. 적당한 각도 θ로 빛을 금속에 입사하면 에바넷센트파에 의하여 금속박막 측정 시료계면에 표면 플라즈마를 여기할 수 있다. 입사각 θ와 반사율 R을 프로트하면 그림 7-17에 표시하는 공명곡선이 얻어진다. 표면 프라즈마 공명이 일어날 경우 빛 에너지와 표면 플라즈마파로 이동하는 것으로서 반사율이 감소한다. 이상이 표면 플라즈마 공명의 원리이며 이 원리는 순수한 물리현상으로 나타낼 수 있다.

6. 표면 플라즈마 공명바이오센서의 구성과 원리

5절에서는 표면 플라즈마 공명의 물리적 원리를 설명했으며, 7.6절에서는 이 표면 플라즈마 공명이 어떻게 바이오센서로 이용되는가에 대해서 설명하기로 한다. 표면 프라즈몬 공명은 빛의 입사각 θ 이외에도 금속에 접하고 있는 매질의 유전율(또는 굴절률) ε_s에도 의존한다. 따라서 이 매질에서 생체분자의 상호작용을 일으키면 매질의 굴절률이 변화하여 공명각의 변화로 되어 검출할 수 있다.

실제 측정계는 그림 7-18를 생각할 수 있다. 여기서 생체분자의 상호작용은 항원항체방응이다. 레이저광을 편광시키고 입사시켜 각 방향에서의 입사광에 대응하는 각도의 반사광을 아레검출기로 동시에 공간분해 검출한다. 이 방법은 각도주사를 고니오미터와 같은 기계적인 방법으로 변화시켜 공명각을 얻을 수 있으므로 장치의 설계구성이 쉬우며, 실용적인 센서 디바이스를 얻을 수 있다.

센서칩의 구조는 그림 7-18과 같이 금속박막상에 항체(생체물질)를 고정화한다. 광파는 반대 측에 전반사되지만 이때 약간 광파가 스며 나와 앞서 설명한 금속에 접하는 매질이 스며 나온 빛의 영역으로 된다. 이 영역을 에바넷센트 영역이라고 한다. 에바넷센트 영역은 빛 파장의 절반 이하이므로 수백 nm 정도이다. 따라서 공명각 변

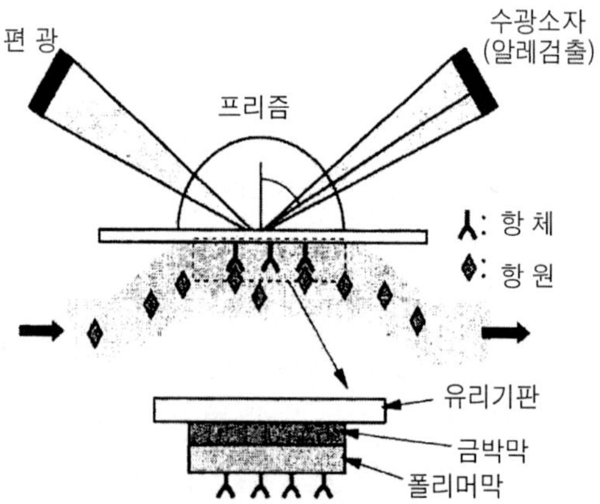

그림 7-18. 표면 플라즈마 공명바이오센서의 실제 측정계

화를 일으키는 매질의 굴절률 변화를 일으키기 위해서는 금속표면에서 수백 nm가 아니면 안 된다.

예를 들면 그림 7-18과 같이 폴리머막을 거쳐서 항체 고정화시키는 방법이 있다. 측정에는 센서칩을 포함하는 플로계에 의한다. 항체를 칩에 고정화한 후 항원용액을 흘러 보내 그때 공명각의 시간변화를 기록한다. 그림 7-19와 같은 측정데이터를 얻을 수 있다. 즉 공명각의 피크를 공명곡선에서 검출하는 것과 동시에 공명각 변화를 시간함수로 표시한다. 보통 생체분자의 상호작용은 늦은 반응을 보이며, 공명각 변화의 샘플링시간은 1초만 있으면 충분하다.

그림 7-20에는 히토알부민(항원)과 항히토알부민 IgG(항체)과의 상호작용 데이터이다. 공명각 변화의 속도 차이에서 농도를 산출할 수 있다. 공명각 변화의 속도는 물질 수송력에 의존하여 물질 수송력은 농도에 비례하기 때문이다. 검출한계는 주로

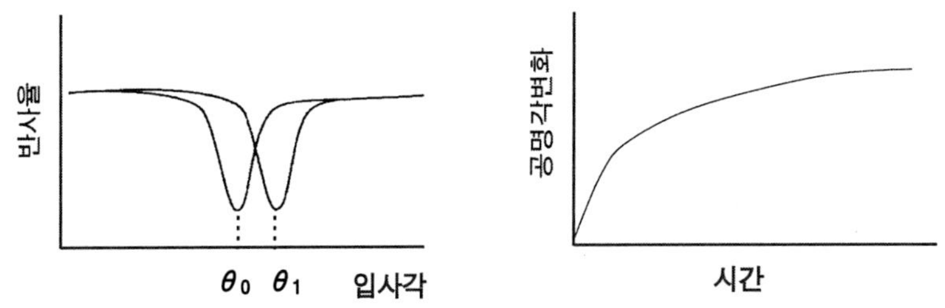

그림 7-19. 표면 플라즈마 공명바이오센서의 측정 데이터

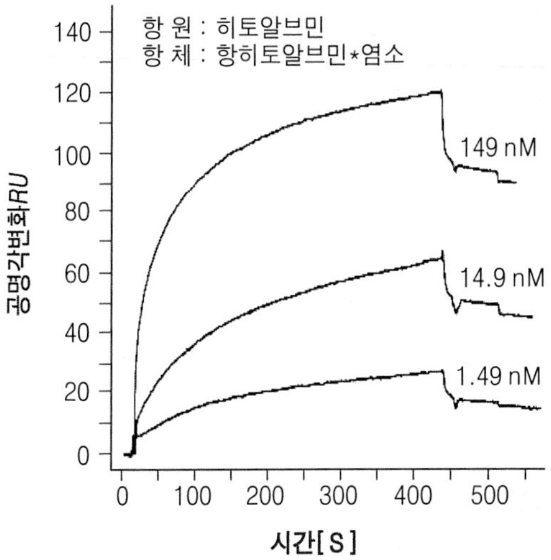

그림 7-20. 표면 플라즈마 공명바이오센서에 의한 면역반응의 측정데이터

장치의 공명각 변화검출의 분해능력에 의존한다. 보통 $10^{-3} \sim 10^{-20}$ 정도이다.

7. 표면 플라즈마 공명바이오센서 장치

앞서 설명한 바와 같이 표면 플라즈마 공명바이오센서는 1990년에 Biacore사가 제품화한 것을 시작으로 현재 Affinity Sensor사, IBIS Technology사, 일본레이저전자사, Texas Instruments사 등에서 제품화 되었다. 7.7절에서는 Biacore사의 바이오센서에 대해서도 설명한다. 그림 7-21은 Biacore사의 장치(Biacore 2000)의 사진이다. 본체는 폭 76 cm, 깊이 35 cm의 컴팩한 일체구조이다.

조작은 일반의 퍼스널컴퓨터로 제어한다. 본체의 왼쪽에 장전된 센서칩이며, 상호작용을 모니터링 하는 측정 모듈, 오른쪽 밑에 2개의 시린지 펌프에서 되는 마크로유로계로의 운송액 모듈로 되어 있다. 센서칩은 그림 7-22과 같고, 본체에 쉽게 삽입할 수 있다. 시료 및 시약 등은 오른쪽 위의 샘플락크에 장전된다. 부속 컴퓨터에서의 지시에 의하여 지정된 시료를 오토 샘플라를 이용하여 자동적으로 일정한 유량으로 센서칩에 따라 주입한다. 측정계의 온도는 항상 조절되고 있다. 광원은 파장 760 nm의 반도체 레이저를 이용한다.

이 장치는 0.001°의 공명각 변화를 검출할 수 있다. 0.1°의 공명각 변화는 센서칩

그림 7-21. 표면 플라즈마 공명바이오센서 장치

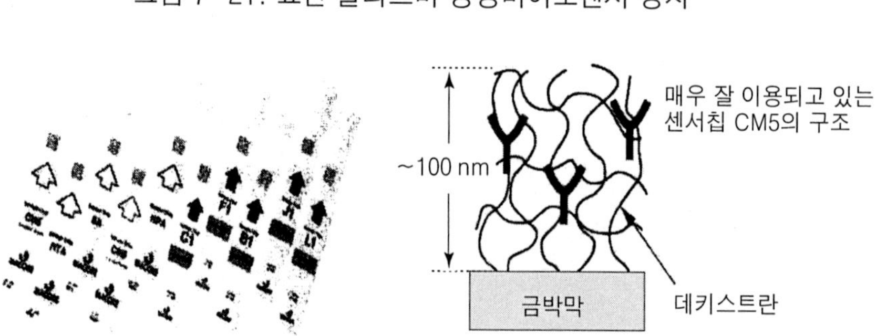

그림 7-22. 센서칩

표면에서의 단백질의 약 1 ng/mm^{2}의 질량 변화에 상당한다. 센서칩은 카르복시메틸 덱스트란 박막이 메틸기에 의하여 금박막에 결합한 구조를 하고 있다.

항체 등의 고정화에는 우선 N-에틸-N'-(3 디메틸아미노프로필), 카르디이미도히드르클로리드(EDC)와 N-히드록시코하크산이미드(NHS)로 처리하여 덱스트란의 카르복시메틸기를 활성화하여 아미노기를 거쳐 항체(단백질)를 고정화한다. 그림 7-23에 나타낸 바와 같이 항체를 고정화 후 활성기를 불활성화 시키기 위해 메타놀아민으로 처리한다.

기타 스트랩트아비진 비오틴의 반응을 이용하여 간접적인 목적분자를 센서칩에 고정화하는 칩과 히스치진태그를 붙인 재편성 단백질을 니켈 석체에 의해서 고정화하는 칩, 탄층의 지질막을 형성할 수가 있는 소수성 표면을 가지는 칩 등이 있다. 고정화하는 단백질은 50～100 ㎍/㎖ 농도시료가 100 ㎕만 있으면 된다.

그림 7-24에 전형적인 센서 크램을 나타내었다. 항체를 고정화한 센서칩 표면에

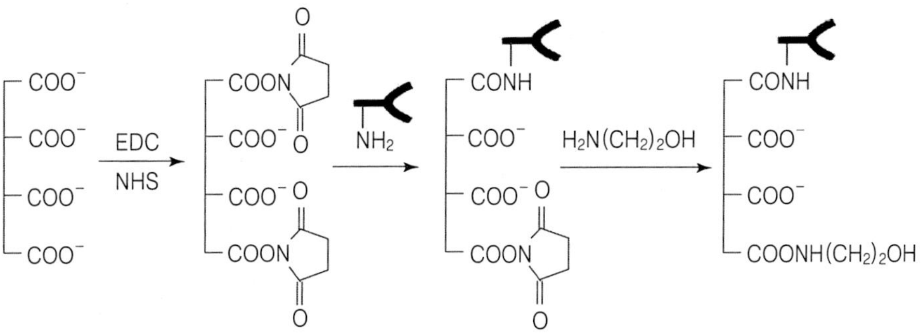

그림 7-23. 센서칩의 항체 고정화 방법

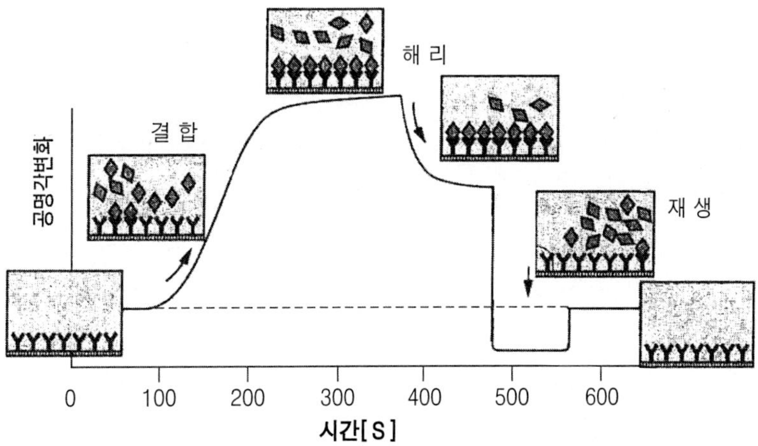

그림 7-24. Biacore 장치의 전형적인 센서그램

항원을 주입하면 특이적 결합반응에 따라 공명각이 증가한다. 설정시간 후 항원의 주입이 끝나 완충액이 흐르기 시작한다. 여기서는 일단 항체에 결합한 항원의 해리반응이 관측된다. 마지막에 pH나 염농도를 바꾸거나 하여 남아 있는 항원을 항체에서 용출시켜 센서칩을 재생한다. 이것이 1사이클의 시험이다. 재생된 칩은 되풀이 하여 항체를 결합할 수 있으며, 센서칩은 거의 수십 회에서 수백 회 사용할 수 있다. 1사이클의 측정시간은 10～20분, 항원의 사용량은 nM～mM농도인 것이 50～100㎕이다.

데이터 해석은 A, B 2분자 간의 결합, 해리는 다음과 같은 반응으로 나타낸다.

$$A + B \underset{k_d}{\overset{k_a}{\rightleftarrows}} AB \tag{7.7}$$

그러나 a는 결합속도정수(mol/ ℓ ・s), d는 해리속도정수(s^{-1})이다. 결합정수 K_D mol/ ℓ 은

$$K_D = \frac{k_d}{k_a} \tag{7.8}$$

와 같이 나타낸다. 이 K_D은 식 (7.3)에 정의한 결합정수와 같다. 종래의 용액반응에서 A, B의 농도는 AB복합체의 형성에 따라 감소하므로 어떤 한쪽의 농도에 대비시켜 그 감소량을 무시하고 1차 반응으로 취급한다. 이 센서에서는 항체(B)의 양은 고정화량으로서 일정하며, 또한 항원(A) 농도도 유송액에 의하여 일정하게 유지되므로 AB복합체 형성은 식 (7.9)로 주어진다.

$$\frac{dR}{dt} = k_a C(R_{max} - R) - k_d R \tag{7.9}$$

다만 R_{max}는 공명각의 최대 변화량(항원의 최대 결합량을 표시), R은 어떤 시간의 공명각, C는 항원 mol 농도이다. 측정데이터를 식 (7.9)에 넣어 구할 수 있다. 이와 같은 해석법은 표면 플라즈마 공명바이오센서를 이용하여 실시간으로 측정 가능하게 되었다. 앞으로는 분자간의 상호작용과 결합정수 K_D와 같은 평형상태의 정적인 파라미터도 평가 할 수 있게 되었다.

예를 들어 그림 7-25와 같이 a의 산소를 바꿔주는 것으로서 여러 가지 산소센서를 얻을 수 있었던 것과 같이 항체를 바꾸는 것으로서 여러 가지 면역센서의 구축이 실현 가능하게 되었다. 산소센서와 달리 면역센서의 경우 어떤 항체라도 센서를 구축할 수 있다. 항체만이 아니라 표 7-1과 같이 DNA나 수용체 등도 이용할 수 있다. 그러나 항체의 특징은 기본적으로 항원성이 있는 물질이라면 어떤 항체도 제작할 수 있

다.

그림 7-26에서는 동물을 이용한 항체의 제작방법을 표시한다. 항원을 동물에 주사하여 어느 정도 시간을 두고 채혈하여 혈청을 분리하면 된다. 또한 아피니틱크로마토그라피 등으로 정제하는 것으로서 고성능 분자식별소자로 될 수 있다. 저분자는 항원

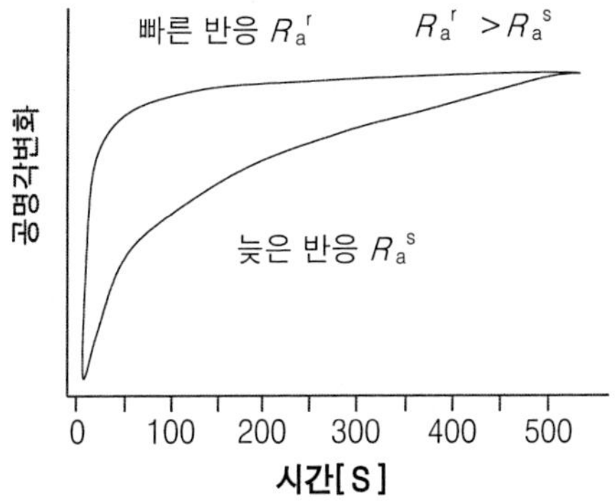

그림 7-25. 반응속도론 데이터

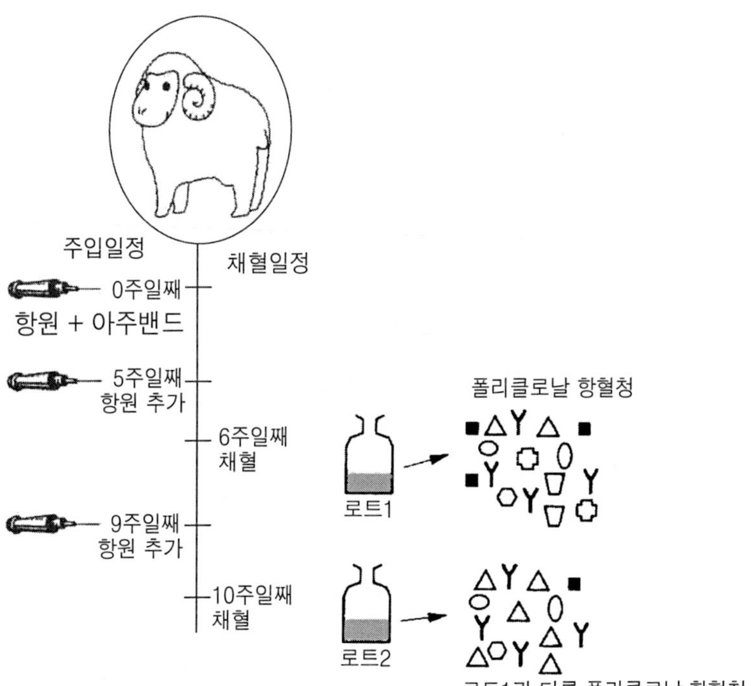

그림 7-26. 폴리클로날 항체의 제작방법

으로 될 수 없지만 이것을 고분자와 결합시키는 것으로서 저분자의 항체를 만들 수 있다. 이 항체와 결합하는 저분자를 한프텐이라고 한다. 또한 한프텐과 결합시키는 고분자를 담체분자라고 한다.

이와 같은 방법으로 농약이나 다이옥신 등의 환경부하물질에 결합하는 항체가 제작되어 센서소자로서 이용된다. 항원으로 되는 물질은 항원으로 되는 부위를 수많이 갖추고 있기 때문에 여러 가지 종류의 항체가 혼재한 혈청이 생산되므로 폴리크로날 항체라고 한다. 그림 7-26에서와 같이 폴리크로날에서는 같은 항체를 제작하지 못하고 로트에 따라 특성이 다르다.

이와 같은 배경에서 같은 항체를 제작하는 방법이 개발되고 있다. 그림 7-27에서와 같은 항체는 모노크로날 항체라고 한다. 모노크로날 항체는 폴리크로날과 달리 무제한으로 생산할 수 있는 고유의 특이성을 가지는 등 장점이 있으며, 임상검사나 연구적 가치 면에서도 유용하다. 당연히 모노크로날 항체를 분자식별소자로서 이용할 경우 고성능인 센서를 실현할 수 있다.

이미 설명한 바와 같이 종래의 항체는 효소와 달리 항원과 결합하면 그것으로 끝난다. 그러나 효소와 마찬가지로 촉매활성을 가지며 촉매항체라고 불리는 것이 개발

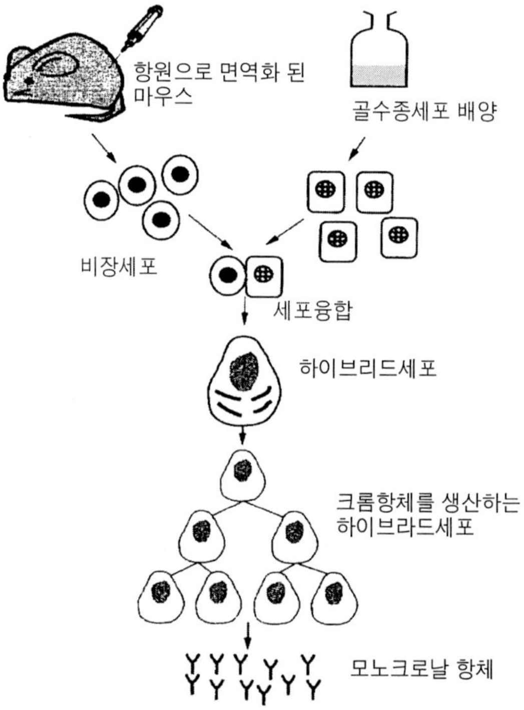

그림 7-27. 모노크로날 항체의 제작방법

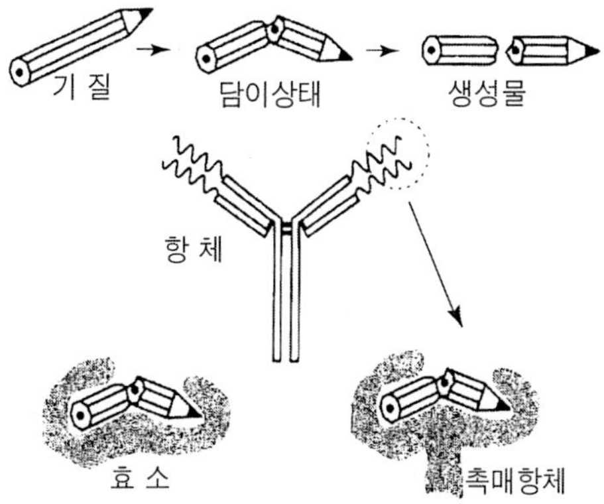

그림 7-28. 촉매항체의 개념도

되고 있다. 그림 7-28에 나타낸 바와 같이 천이상태 아나로그로 불리는 물질을 준비하여 그것을 한프텐으로서 항체를 제작한다. 모노크로날 항체의 방법에 의하여 제작된다. 효소가 기질에 결합하여 에너지가 매우 높은 불안정한 상태로 된다. 이것을 천이상태라고 하지만, 천이상태 아나로그란 이런 천이상태와 유사한 화학구조를 갖는 안정한 물질을 말한다. 이 방법에 의하여 목적 효소를 자유롭게 만들 수 있다면 바이오센서의 가능성은 더욱 커질 것이다.

제 8 장

수정진동 바이오센서

1. 수정진동 바이오센서

제7장에서는 면역반응 등의 생체분자의 상호작용을 검출하는 표면 플라즈마 공명 바이오센서에 대해서 설명했다. 면역반응과 달리 촉매작용을 따르지 않은 결합바이오센서에 의한 검출이 필요하다. 제8장에서는 수정진동자를 이용하는 결합바이오센서에 대해서 설명하기로 하겠다.

2. 수 정

시계에 사용되는 수정(크워츠)도 결합바이오센서의 신호변환소자로서 이용된다. 수정은 무색투명하며 반짝반짝 빛나는 유리와 같은 물질이다. 화학적으로는 단결정의 석영이며 화학식은 SiO_2이다. 단결정은 분자가 규칙적으로 배열한 구조를 갖는 고체이다. 이 단결정 수정의 대부분은 인공적으로 합성된다. 원료로 되는 SiO_2를 고온, 고압상태로 용해시켜 그 중에 원료가 작은 수정을 종자로 육성시키는 것으로서 얻을 수 있다. 단결정이므로 분자가 배열하는 방향에 의하여 성질이 달라지는데, 이것을 **이방성**이라고 한다.

그림 8-1에서는 수정의 기본 좌표축을 나타내었다. Z축 주변에서 120° 마다 같은 결정면이 나타나고, X축 주위에서 180° 마다 같은 결정면이 나타난다. 이 수정에 그림 8-2와 같이 어떤 방향에서 기계적 압력을 가하면 결정 내의 정전하와 부전하의 상대적인 위치관계가 변화하여 분극이 생긴다. 그 결과 정전하와 부전하가 결정표면이 있는 한 짝의 단면에 발생한다. 분극의 크기는 가한 압력 크기에 비례한다. 이 현상을 **압전효과**라고 한다.

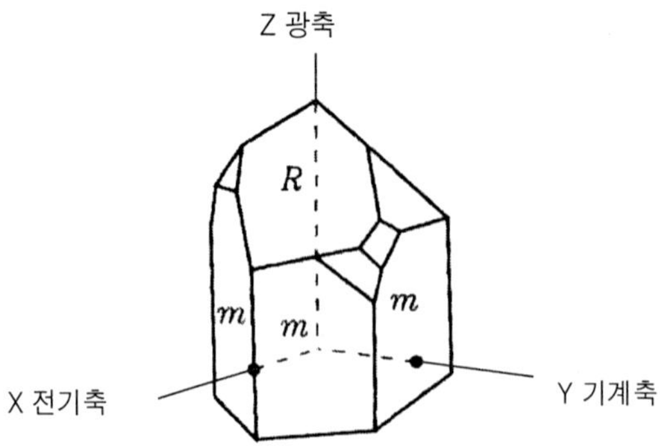

그림 8-1. 수정의 기본 좌표축

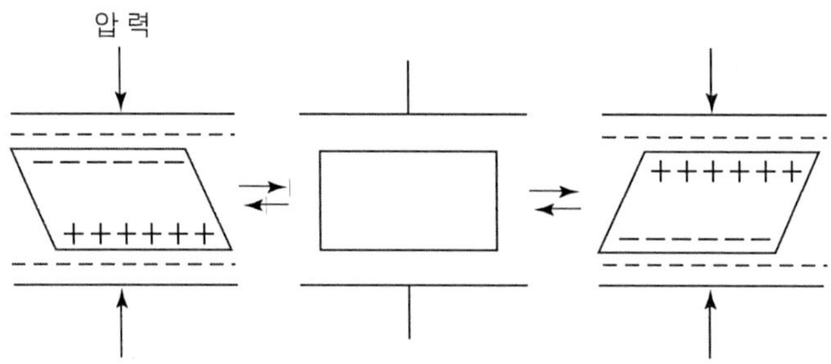

그림 8-2. 전압효과

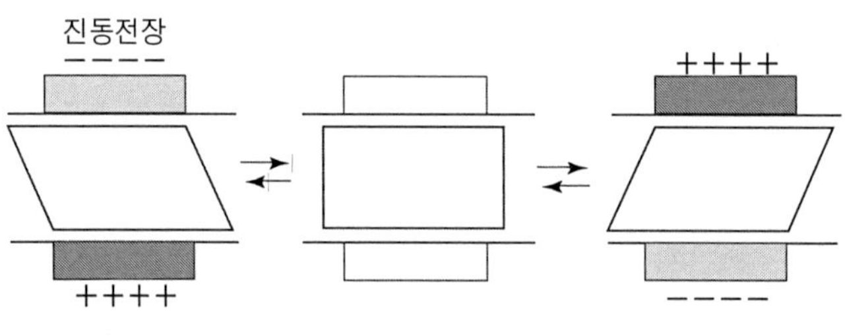

그림 8-3. 역압전 효과

반대로 그림 8-3과 같이 결정의 상하에 전극을 설치하여 전압을 가하면 정전하는 부의 전극으로, 부전하는 정의 전극으로 이동한다. 이것을 **역압전 효과**라고 한다. 이와 같은 역압전 효과를 이용하여 수정판의 양면에 전극을 설치하여 전압을 가하면 일그러지게 한다. 다음에 전압이 흐르는 것을 정지하면 일그러짐이 원래 상태로 되돌아가 반대로 전극 간에 전압이 발생한다.

이 전압은 다시 일그러지게 하여 이것이 한 주기의 진동으로 되어 되풀이 된다. 다만 이대로는 마찰저항에 의하여 진동은 감소하지만 전극의 전압을 검출하여 부기환을 시켜 다시 전압을 가하면 연속적으로 진동을 하게 하면 수정진동자 고유의 정도 높은 주파수의 신호를 일으킬 수 있다. 이와 같은 수정진동자는 매우 안정적인 진동수를 얻을 수 있기 때문에 시계, 통신기기, 컴퓨터 등의 주파수 제어소자로서 이용되고 있다.

수정에 어떤 방향에서 전압을 가하여 어떠한 주파수가 발생하는가도 어느 정도 알고 있다. 바이오센서에 이용되는 수정은 Z축에 대해서 35°15′의 각도로 커트된 결정면이 이용된다. 이것을 **AT커트**라고 한다. AT커트에서는 상온 부근에서 기본 진동수가 거의 일정하며, 온도제어를 하지 않아도 실용에 견딜 수 있는 특성을 얻을 수 있다. 그림 8-2에서와 같은 두께 미끄럼진동을 하는 수정진동자의 기본 주파수 *F*는 진동자의 두께 *d*에 반비례하여 식 (8.1)과 같은 관계로 된다.

$$F = \frac{N}{d} \tag{8.1}$$

여기서 *N*은 진동수정수이며, AT컷트의 경우 167 kHz-cm이다. 일정한 기본 진동수이 수정진동자는 수정을 연마하여 두께를 조정한다. 예를 들어 9 MHz의 수정진동자는 약 0.19 nm의 두께로 하면 된다.

3. 미량천칭

1959년 G. Sauerbrey은 식 (8.1)에서 수정진동자의 두께 *d*가 Δd만큼 두꺼워지면 진동수가 ΔF만큼 변화하는 것을 발견했다.

$$\frac{\Delta F}{F} = -\frac{\Delta d}{d} \tag{8.2}$$

식 (8.2)을 수정진동자의 질량 M, 표면적 A, 밀도 P로 치환하면

$$\frac{\Delta F}{F} = -\frac{\Delta m}{dAp} \tag{8.3}$$

을 얻을 수 있다. 이 식은 수정진동자의 두께가 변화하여 질량이 변화하는 것을 의미한다. 이 관계는 두께 미끄럼진동을 수정진동자에 해당시켜 수정진동자의 표면상에 일치하게 부착한 물질에 대해서도 성립하므로 식 (8.1)에서

$$\frac{\Delta F}{F} = -\frac{\Delta mF}{NAp} \tag{8.4}$$

를 얻었다.

이 식에서 AT커트의 수정진동자의 진동수정수와 밀도(2.56 g/cm^3)를 도입하면 기본 진동자수 F의 수정진동자상의 표면적 A의 질량 Δm가 부착하는 것으로서 생기는 진동수 변화 ΔF는 식 (8.5)와 같다.

$$\frac{\Delta F}{F} = -2.3 \times 10^{-3} \mathrm{F}^2 \frac{\Delta mF}{NAp} \tag{8.5}$$

식 (8.5)는 예를 들면 10 MHz의 수정진동자의 1 cm 각의 전극상의 물질이 균일하게 부착한 경우 1 ng의 물질의 부착에 의하여 진동수가 1Hz 변화하는 것을 의미한다. 따라서 수정진동자가 미량천칭으로서 이용할 수 있는 것을 시사했다.

4. 수정진동자 바이오센서의 구성과 원리

수정진동자를 센서로서 이용하기 위해서는 그림 8-4와 같은 구성을 생각할 수 있다. 소정의 크기로 커트된 수정의 양면에 전극박막을 일으킨다. 박막형성에는 진공증착이나 스팩타링이 이용된다.

양면의 전극을 리드선에서 발진회로, 수신회로(증폭기, 주파수 카운터에서 된다)에 접속한다. 가스센서로서 이용하기 위해서는 전극을 유기박막 등으로 코팅하여 밀폐시켜 측정시료를 넣어 대기 중의 화학성분이 유기박막에 부착하는 것으로서 생기는 주파수 변화를 검출하는 것으로서 측정한다(그림 8-5).

습도나 탄산수소가스의 검출은 쉽고 가능하다. 유기박막을 연구하는 것으로서 특정한 화학성분을 흡착시키는 것을 할 수 있다면 선택성이 뛰어난 가스센서를 제작할 수 있다. 수정진동자가 바이오센서로 이용된 것은 1980년대 이후이다. 그 이유는 이 때까지 대기 중에서 밖에 수정을 발진시킬 수 없다고 생각하고 있었기 때문이다.

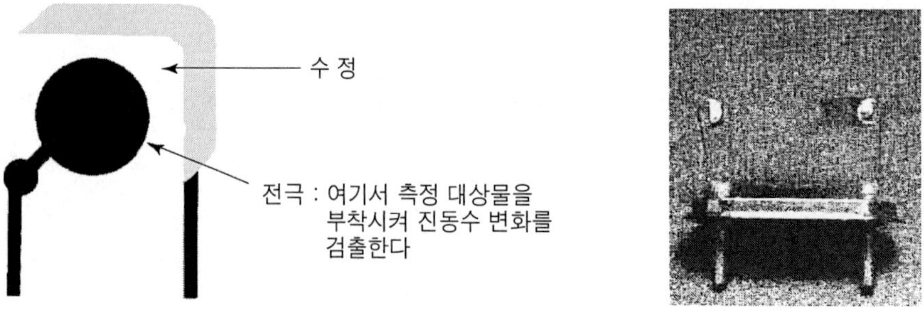

그림 8-4. 센서로서의 이용

그림 8-5. 수정진동자 가스센서

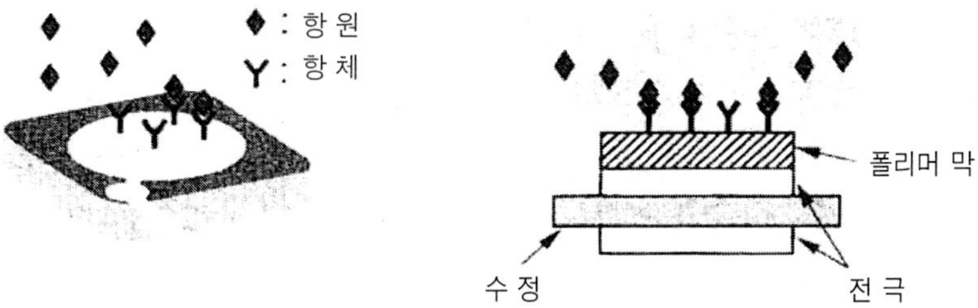

(a) 전극 표면에 생체분자를 고정화 하여 특이적 결합반응을 한다

(b) 수정 표면에서 생체분자의 특이적 상호작용을 단면에서 본 모습

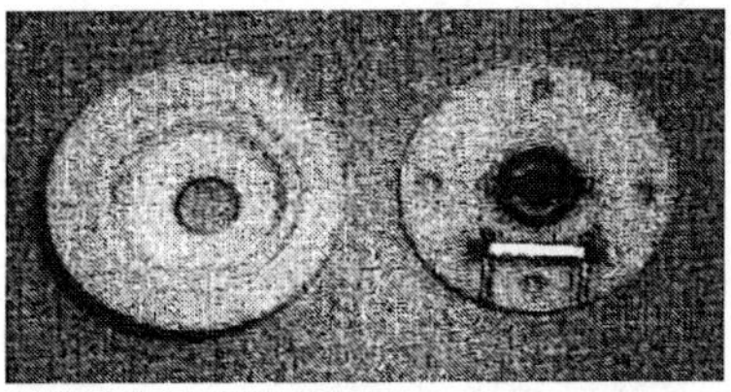

(c) 측정용 셀

그림 8-6. 수정진동자 바이오센서

그러나 한 면 만에 용액이 접하고 있다면 수정은 발진한다는 것을 노무라(野村), P. L. Konash들에 의하여 보고된 이후 수용액 중에서의 이벤트였던 생체분자의 상호작용의 검출, 즉 바이오센서로서 이용되게 되었다.

수정진동자의 센서로서의 이용은 그림 8-6에서와 같이 생체분자의 특이적 상호작용에 의하여 전극 표면에서의 질량이 변화여 주파수의 변화로서 검출할 수 있다. 그러나 한 면을 수용액 중에 침투시키기 때문에 그림과 같은 셀이 이용되고 있다. 그림 8-7에서는 측정계의 개략도와 수정을 발진시키는 회로도를 나타내었다. 그림 8-8에서는 항원항체반응에 의한 센서그램이다.

항원용액을 흘러 보내 센서의 표면에서 항원항체반응이 일어나 질량이 증가하여 공진주파수가 서서히 내려간다. 이렇게 내려가는 속도는 항원의 농도에 의존한다. 센서 표면에 고정화된 항체 모두에 항원이 결합하면 센서응답은 정상상태로 된다. 다음에 세정용액으로 바꾼다. 세정용액은 pH가 3 이하의 산성이므로 항원항체반응에 의하여 생긴 복합체에서 항원이 해리한다.

센서응답은 이 때 크게 떨어지지만 이것은 용액의 점성이 변했기 때문이다. 수정진동자의 공진주파수는 용액의 점성이나 도전율에 의존하기 때문에 재현성이 있는 데이터를 얻기 위해서는 특이적 반응을 같은 조성의 용액으로 하는 것이 바람직하다. 다시 보통 용액으로 바꾸면 베이스라인이 회복되어 항원용액을 넣으면 다시 센서반응이 일어난다. 이와 같이 항체에 활성이 있어 센서 표면에서 이탈하지 않은 한 몇

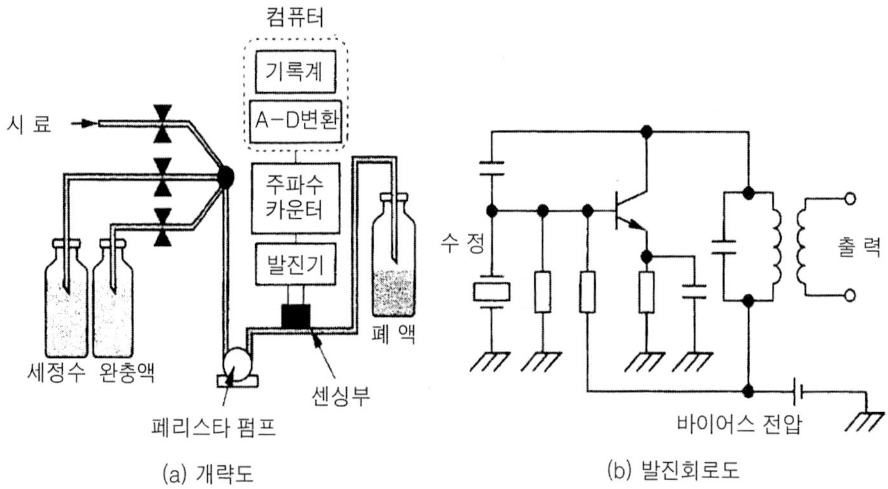

(a) 개략도 (b) 발진회로도

그림 8-7. 수정진동자 바이오센서의 측정계

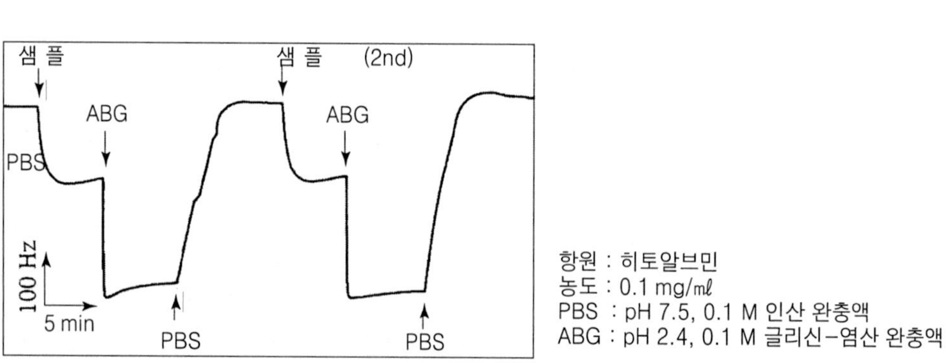

그림 8-8. 수정진동자 바이오센서의 센서그램

번이라도 측정이 가능하다.

전극상의 항체가 피복되지 않은 부분에 항원이 직접 부착한다는 비 특이적 흡착에 의해서도 센서반응이 있다. 생체고분자에서는 이와 같은 응답이 차차 생긴다. 그 대책으로서 항체를 고정화한 후 다른 단백질을 의도적으로 흡착시키거나 고정화 막을 부이온화 시켜 흡착량을 적게 하는 것이다. 수정진동자를 사용한 바이오센서는 1999년부터 상품화되고 있다(그림 8-10).

본체는 폭 20 cm, 두께 30 cm, 높이 29.3 cm, 중량 7 kg으로서 탁상 위에 설치가 가능하다. 측정은 PC로 제어한다. 측정계는 온도제어, 냉각, 가열, 교반이 가능하다. 수정진동자는 고유주파수 27MHz가 사용된다. 발진회로를 1칩화 하는 것으로서 1Hz의 변화를 검출하는 것이 가능하다. 응용에는 항원항체반응, DNA의 하이브리다이제이션, 생체막 표면에서의 분자결합, 효소기질반응, DNA로의 단백질의 결합, 세포나 파아지 등 거대분자의 결합에 이용된다. 실시간 측정이 가능하므로 반응속도론 해석도 가능하다. 센서칩의 세정방법이나 각각 용도에 의한 화학수식법도 매뉴얼화 되고 있다.

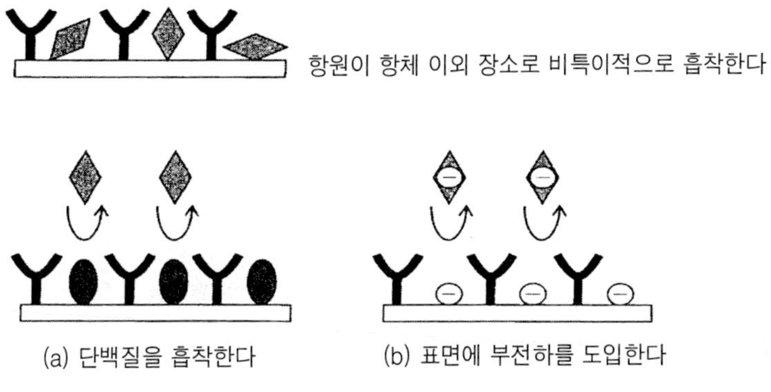

그림 8-9. 비특이적 흡착의 대책

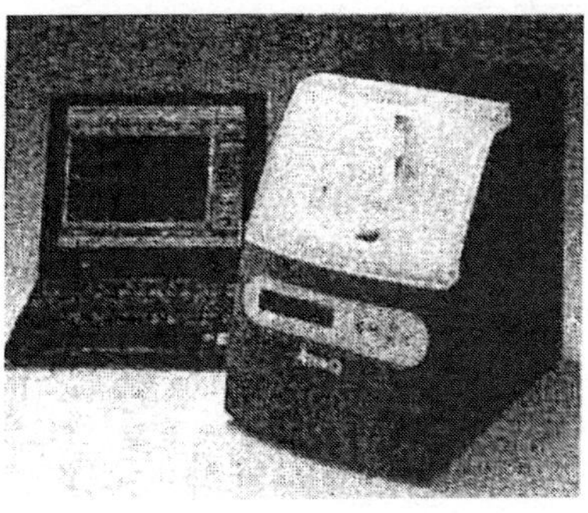

그림 8-10. 수정진동자 바이오센서의 장치 외관

5. 냄새센서

대부분의 바이오센서는 특정한 화학물질을 검출한다. 생물 기능을 모방한 것이 바이오센서이므로 바이오센서의 궁극적인 목표는 생물의 오감과 같은 센싱 시스템의 실현이다. 생물의 오감 중에서 후각과 미각은 화학센서에 관련된다. 여기서는 냄새센서에 대해서 설명한다.

인간의 후각 메커니즘은 대기 중에 있는 냄새분자가 후점액(嗅粘液) 중에 달하면 후모(嗅毛) 등에 부착하여 냄새 정보를 전달한다. 이 결과 후세포에 전기신호가 발생한다. 보통은 부의 수 mV 정도의 전위가 1～2초 계속된다. 냄새분자는 100～1000종류 있지만 수많은 후세포가 많은 냄새물질의 종류를 어떻게 식별하는가에 대해서는 잘 알려지지 않고 있다. 후세포에서 발생한 냄새의 신경정보(전기적 인펄스군)는 중추(中樞)로 보내게 된다. 그림 8-11에서는 냄새의 구조를 나타내었다. 그리고 뇌의

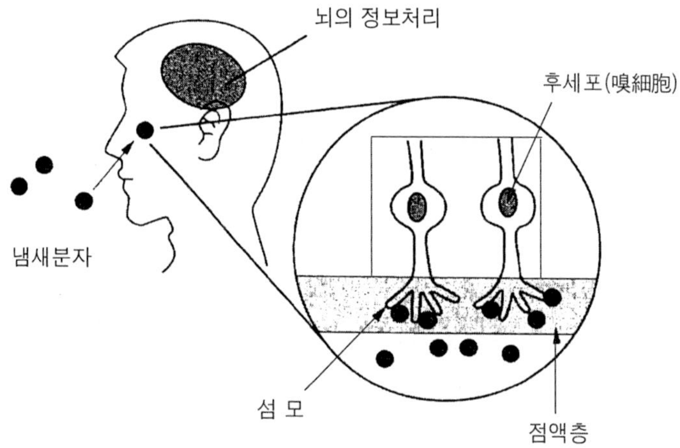

그림 8-11. 냄새 구조

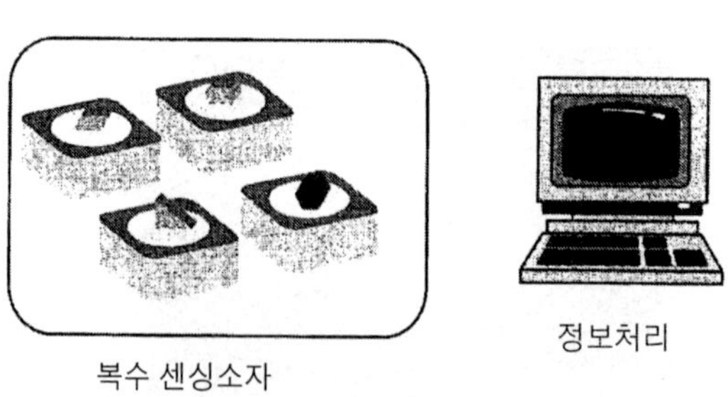

(a) 후세포　　(b) 대 뇌

그림 8-12. 냄새 센서

후각구에 도달하면 대뇌피질의 저부로 들어간다. 이 부분은 사람으로 설명한다면 마침 이마 하부 부분에 있다. 후신경계에서는 상위의 신경세포일수록 1개의 세포가 응답하는 냄새 수가 차차 감소한다.

따라서 냄새는 후각계가 위로 갈수록 차차 잘 식별되는 것은 알고 있지만 자세한 것은 아직 알 수 없다. 이와 같이 생체의 냄새 메커니즘은 복잡하며 발견하지 못한 부분도 있지만, 그림 8-12와 같은 계를 생각할 수 있다. 후세포에 상당하는 것이 수정진동자이며, 복수로 준비한다. 각각 전극 표면에서 다른 화학처리를 한다. 수정진동자 수, 센서 표면의 화학처리 방법이 성공적 센서개발에 키포인트가 된다.

복수의 센서로서 포착한 전기신호를 PC에 입력시켜 패턴화하여 냄새의 종류를 식별한다. PC처리가 생체의 대뇌 정보처리에 해당된다. 어떤 알고리즘으로 처리하는가가 중요하지만 뉴럴네트워크에 의한 패턴 인식이 제안되고 있다.

제 9 장

유전자 해석과 DNA칩

1. 유전자 해석과 DNA칩

21세기에 들어 사람의 전 게놈(genome)이 해독되어 특정한 병의 원인으로 되는 유전자(gene)나 유전자 차이에 의한 개인의 약효 차등도 알게 되었다. 이와 같은 배경에서 유전자 해석을 간편하게 할 수 있는 DNA칩이 개발되게 되었다. DNA칩은 생체물질과 전자 데바이스의 조합에 의해 만들어진 최첨단의 바이오센서이다. 제9장에서는 DNA칩에 대해서 설명한다.

2. 게놈, 유전자 및 DNA

자식은 여러 면에서 부모와 비슷하게 생긴다. 신체적인 특징에서 성격, 버릇, 행동까지 부모를 닮는다. 대부분의 질환도 가계에 따른 특징이 있다. 생물학적인 특징이나 성격이 부모부터 자식, 자식에서 손으로 전달되는 것이 유전이다. 이 유전을 전달하는 역할을 하는 것이 유전자이다. 사람의 유전자는 그림 9-1에 나타낸 것처럼 세포의 핵속 에 있다. 핵 속에 있는 것을 **게놈**이라고 부른다.

염색체는 긴 DNA(deoxyribonucleic acid)가 작게 포장된 크로마틴이라고 하는 단위로 되어 있다. 크로마틴은 뉴클레오좀에서 성립되고 있으며, 히스톤이라는 동그란 단백질의 실 상태인 DNA가 감겨져 있다. DNA는 2개의 체인(사슬)으로 된 매우 긴 실 상태이며, 유전정보는 이 DNA의 4종류로 되어 있는 핵산염기, 아데닌(adenine ; A), 구아닌(guanine ; G), 티민(thymine ; T), 시토신(cytosine ; C)의 배열로 되어 있다. 사람의 전 게놈 23개(종류)의 염색체에는 약 30억 개의 염기가 나란히 하고 있다. 이것을 모두 직선으로 연결하면 2 m가 된다.

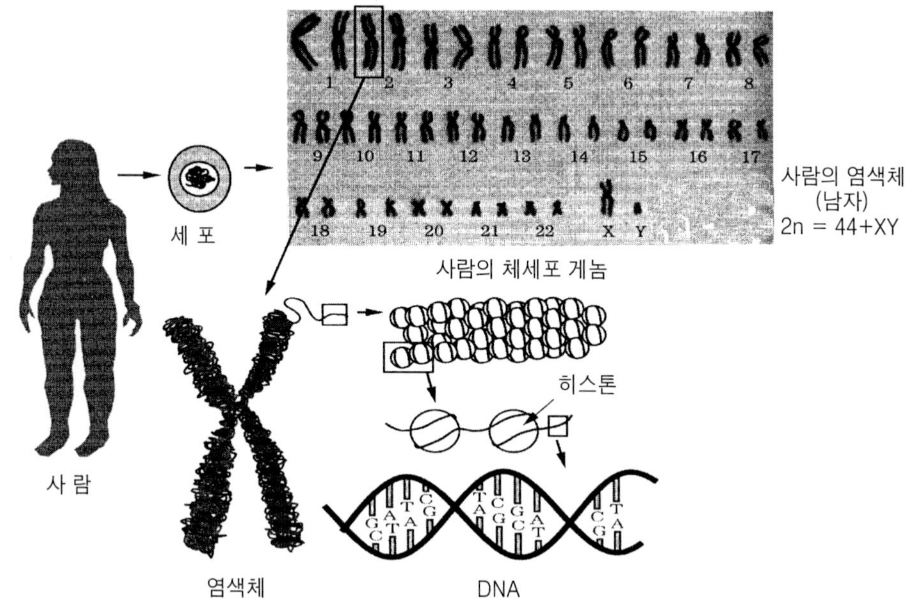

그림 9-1. 게놈과 유전자

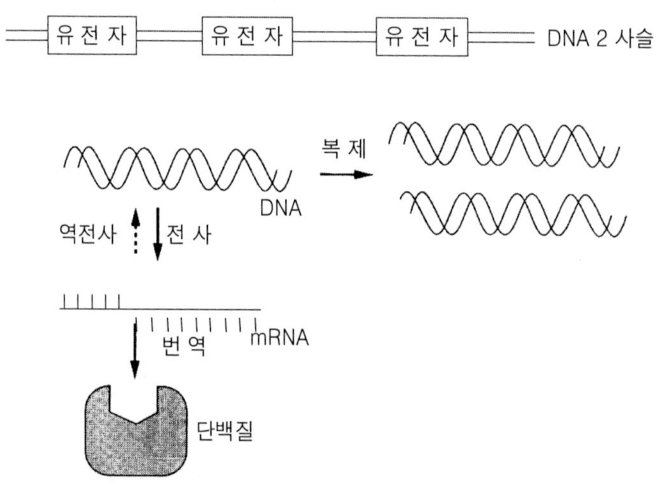

그림 9-2. 유전자와 DNA의 관계, DNA의 역할

DNA는 직경이 2 nm이며, 2 m의 분자가 불과 1 μm의 핵 중에 존재하기 때문에 상당한 고밀도로 세밀하게 접혀 있는지를 알 수 있다. 이 DNA 모두가 유전자라고는 말할 수 없다. 어떤 단백질을 언제 얼마만큼 생산하는가를 명령하는 유전자는 띄엄띄엄 존재한다. 나머지 90%의 DNA는 유전자로서 활동하지 않는다. 어떤 역할을 하는

지는 아직 잘 알 수 없다.

생체 내에서의 DNA 역할은 복제와 전사이다. 복제는 2개의 체인(사슬)으로 DNA가 자기 자신의 복제를 만드는 것이다. 분열에 의하여 새로 생기는 세포에 DNA를 공급하기 위해서다. 복제에는 얽힌 2개의 DNA 사슬의 일부를 풀어 1개의 사슬로 한다. 그 다음에 1개로 된 사슬을 2개의 DNA에 각각 주형으로 하여 DNA 폴리머라아제(polymerase)라는 효소가 2개 사슬의 새로운 DNA 사슬을 2조 제작한다. 이것에 의하여 DNA 사슬이 2배로 증가한다.

전사는 DNA에 상포적인 염기배열을 가진 1개 사슬의 RNA(리보핵산, ribonucleic acid)가 RNA 폴리머라아제라고 하는 효소에 의하여 되어 있다. 전사되어 생긴 1사슬의 RNA는 DNA의 유전정보를 정확하게 복사하고 있다. 이것을 메신저 RNA(mRNA)라고 한다. 전사에 의하여 생긴 RNA는 세포 내를 이동하여 리보솜(ribosome)으로 도달한다. 리보솜은 아미노산과 아미노산을 연결하여 단백질을 조립하는 장소이다. 리보솜에 결합한 mRNA은 아미노산이 어떤 순서로 정렬하는가를 지시한다.

이렇게 하여 아미노산이 리보솜상에서 차차 나란히 하며, 인접하는 아미노산끼리 펩티드(peptide) 결합을 형성함으로써 단백질이 생긴다. 이와 같이 유전정보의 흐름은 DNA→RNA→단백질로 된다. 이것을 **central dogma**라 한다. 그렇다면 다음에 DNA의 자세한 분자구조를 그림 9-3을 이용하여 설명한다. 아미노산이 많이 연결된 것이 단백질이라는 것은 이미 설명했다. 마찬가지로 뉴클레오티드(nucleotide)가 다수 결합한 것이 DNA이다. 뉴클레오티드의 기본단위로 염기, 당, 인산이 1 : 1 : 1로 결합되어 있는 화합물이다.

핵산염기는 4종류가 있어 Adenine(A), Guanine(G), Cytosine(C), Thymine-(T)의 명칭과 약효가 있다. DNA에 관계되는 당은 디옥시리보오스(deoxyribose)이다. 이것은 글루코오스보다도 탄소가 1개 적은 5개의 탄소로 성립되어 있다. 또한 RNA에 관계하는 당은 리보오스(ribose)로 부른다. 리보오스의 분자구조는 거의 디옥시리보오스의 그것과 마찬가지이며, 유일하게 다른 2′ 위의 탄소에 결합하고 있는 관능기가 디옥시리보오스에서는 수소, 리보오스에서는 수산기이다. 핵산 염기의 NH기와 디옥시리보오스의 1′ 위 탄소와 N-글리코시드 결합한 것을 **뉴클레오시드**(nucleoside)라고 한다.

뉴클레오시드 당의 5′ 위 탄소에 인산이 결합한 것이 뉴클레오티드(nucleotide)이다. 뉴클레오티드끼리 5′와 3′ 위의 탄소로 결합하는 것이 DNA의 1개의 사슬이다. 그리고 DNA 사슬이 2개 겹쳐서 2중나선 구조를 취한다. 이때 2중 나선의 직경은 약 2 nm, 나선은 10염기대로 1회전하여 그 사이에 3.4 nm 진행한다.

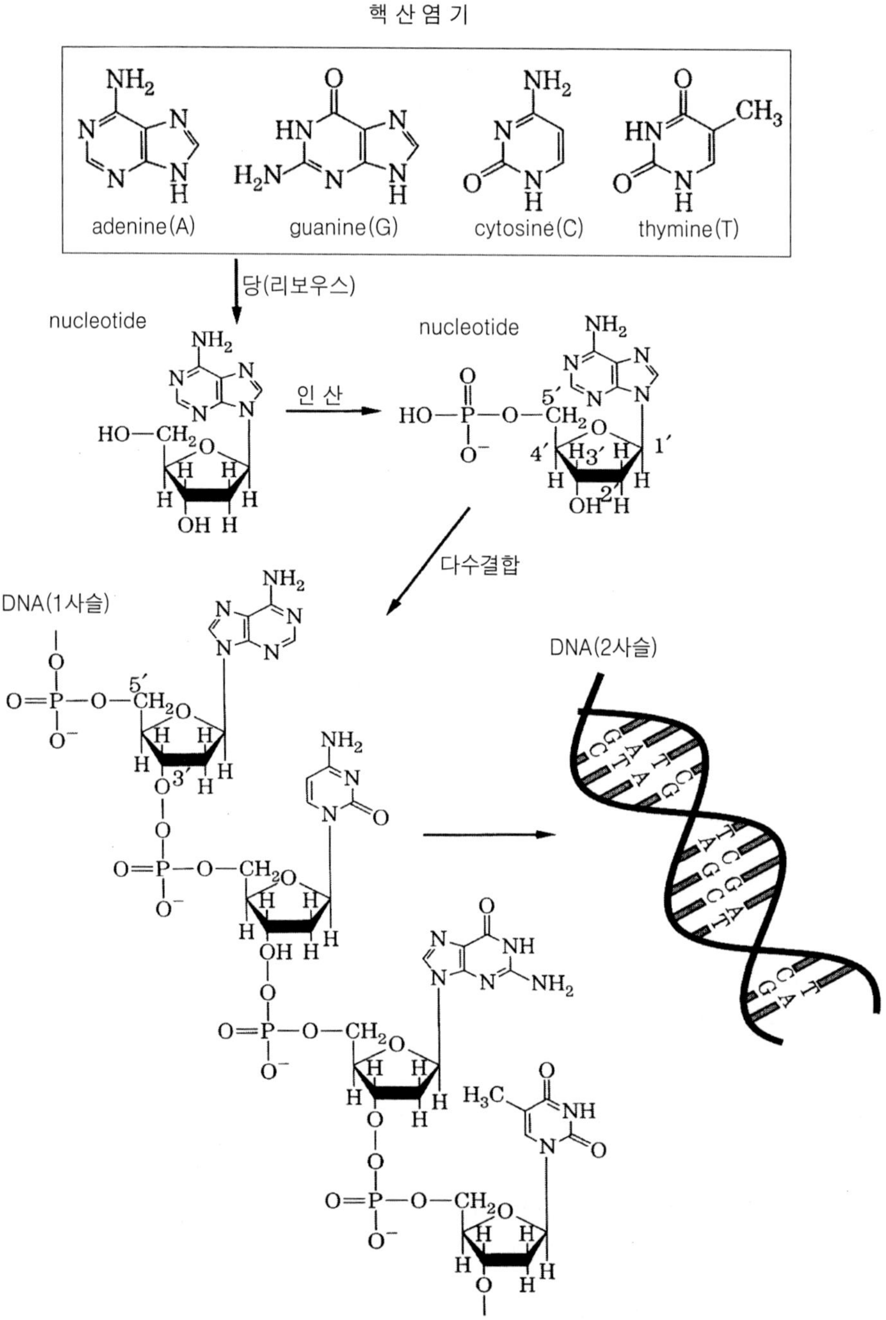

그림 9-3. DNA의 분자구조

이 두 사슬의 염기배열은 서로 자유로운 배열을 취하는가 하면 그렇지 않다. 핵산염기는 그림 9-4에서와 같이 결합에너지 값에서 사슬 간에는 A-T 또는 G-C라는 결합으로 밖에 생기지 않는다. 이것은 복수의 수소결합이 서로 적당한 공간배치를 하고 있어서 결합이 매우 안정성을 가지기 때문이다. 따라서 한편의 DNA 사슬과 염기배열이 결정될 경우 다른 DNA 사슬의 염기배열도 결정된다.

2중나선의 DNA 사슬을 하나로 풀었을 때 각각 DNA 사슬은 상포염기대이다. 2중나선을 형성하는 것은 거의 상포 DNA배열을 가진 DNA의 1사슬이다. DNA사슬의 길이에도 의존하지만, 일반적으로는 1염기라도 상포가 아니라면 2중나선은 형성하지 않는다. DNA칩은 이 작용을 이용하고 있다. 또한 상포대가 아니라도 2중나선을 형성하지만 이 경우에는 **미스매치**(mismatch)라고 한다. 미스매치한 2중나선은 환전 매치(match)에 비해서 불안정하기 때문에 떨어지기 쉽다.

최근에 들어 인간의 전 게놈이 해독되었는데, 표 9-1과 같이 사람의 게놈은 약 30억의 염기대로 이루어졌으며, 약 3만 5천 개의 유전자가 존재하는 것을 알게 되었다. 또한 같은 사람이라도 개인에 따라 조금씩 유전자의 염기배열이 다르다는 것도 알게 되는데, 이것은 1염기다형(single nucleotide polymorphism, SNP)이라고 한다(그림 9-5). 평균 수백 염기에 1개의 빈도수로 출현하는 것으로 알려져 있다. 중요한 것은 이것이 체질 차이, 약효, 부작용 등에 크게 관련성이 깊다는 새로운 사실을 알게 되었다. 또한 사람 이외에도 여러 생물의 게놈해독이 하나 둘씩 밝혀지고 있다.

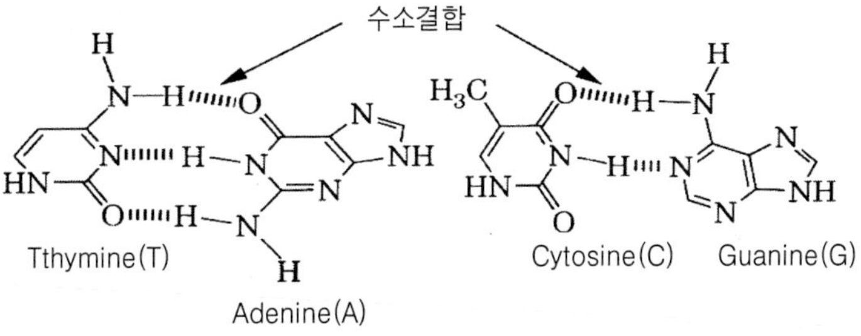

(a) 핵산 염기대 화학식

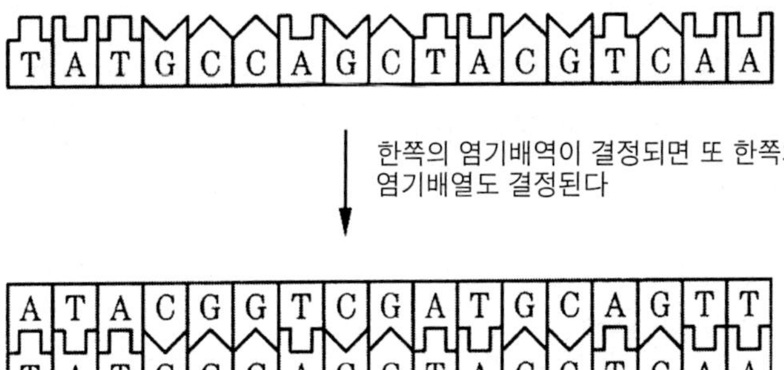

(b) DNA2 사슬의 상포대

그림 9-4. 핵산 염기대와 DNA2 사슬의 상포대

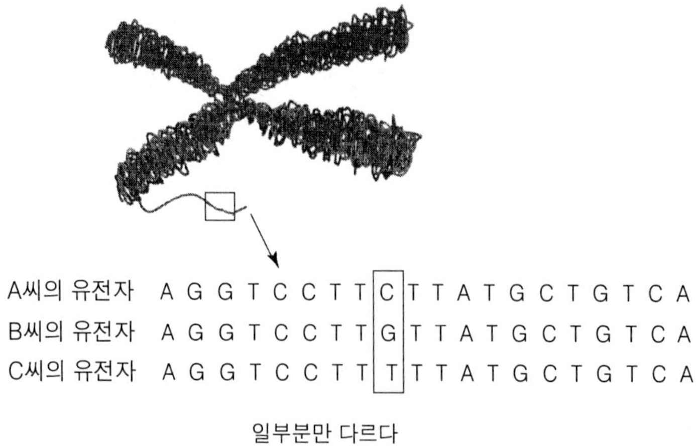

그림 9-5. 1염기다형

표 9-1. Genome 해독이 끝난 주 생물

생물 종류	염기대(백만)	유전자수(개)
사 람	2,900	35,000
잔 파리	120	13,600
선 충	97	19,000
아라비드프시스	116	25,490
분열효모	12	5,800

※ 기록된 수는 대략의 수를 의미함

특히 중요한 것은 포유류의 모델동물인 마우스이다. 마우스의 게놈은 약 25억 염기대이며, 유전자의 99%는 사람과 같든가 아니면 비슷하다는 사실을 알게 되었다. 그 때문에 신약의 시험과 게놈 정보관계를 해명하는 데 있어서 좋은 연구모델로 쓰이게 되었다. 침팬지의 유전자는 사람과 1.23% 밖에 다름없으며, 학술적인 흥미로서 양자를 비교하는 것으로서 인간의 생물로서의 특징, 강, 약 등을 해명할 수 있는 대상으로 중요한 모델이 되었다.

3. 종래의 유전자 해석법

3.1 서든 블롯법

서든 블롯법(Southern hybridization)은 제한효소에 의한 DNA의 절단과 전기영동으로 알게 되었다. 제한효소는 박테리아 등의 원핵생물의 세포에서 추출한 효소이며, 특정한 염기배열로 절단된다(그림 9-6). 예를 들면 *Eco* RI는 GAATTC라는 염기배열을 찾으면 G와 A 사이에서 절단한다.

DNA의 염기배열이 임의적이라고 가정한다면 6개의 염기가 나타나는 것은 4^6 = 4096염기대가 하나로 된다. 따라서 제한효소를 이용하면 긴 DNA 사슬을 재현성 있게 절단할 수 있으므로 유전자 해석에 불가결한 방법의 하나로 쓸 수 있다는 것이다. 전기영동은 DNA 사슬을 제한효소로 처리한 후에 생기는 여러 종류의 DNA 단편을 분리하는 기술이다.

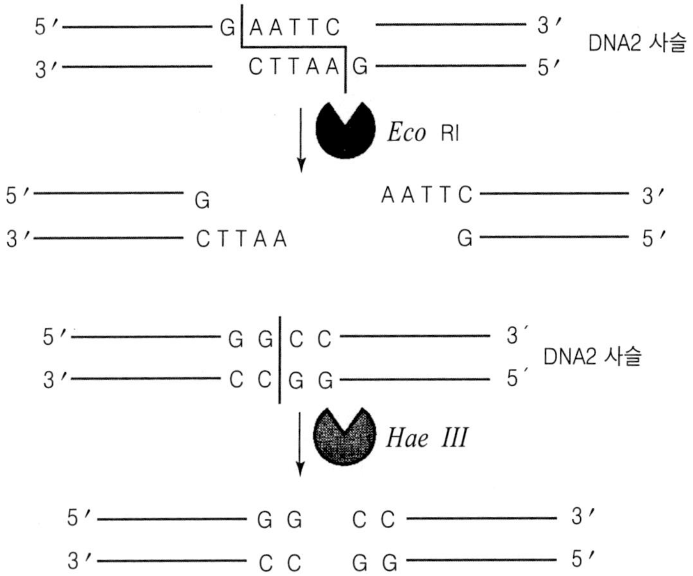

그림 9-6. 제한효소

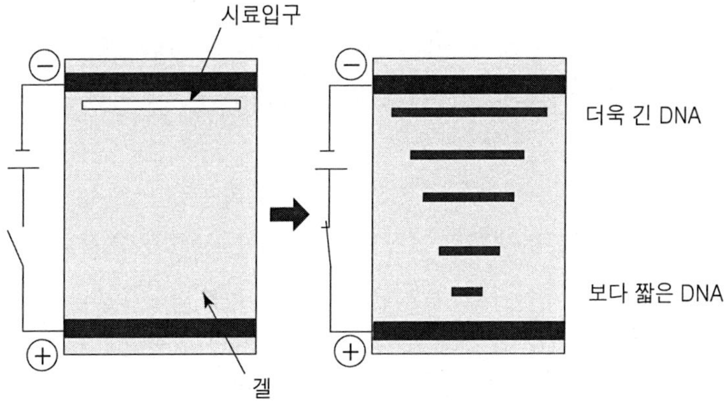

그림 9-7. 전기영동

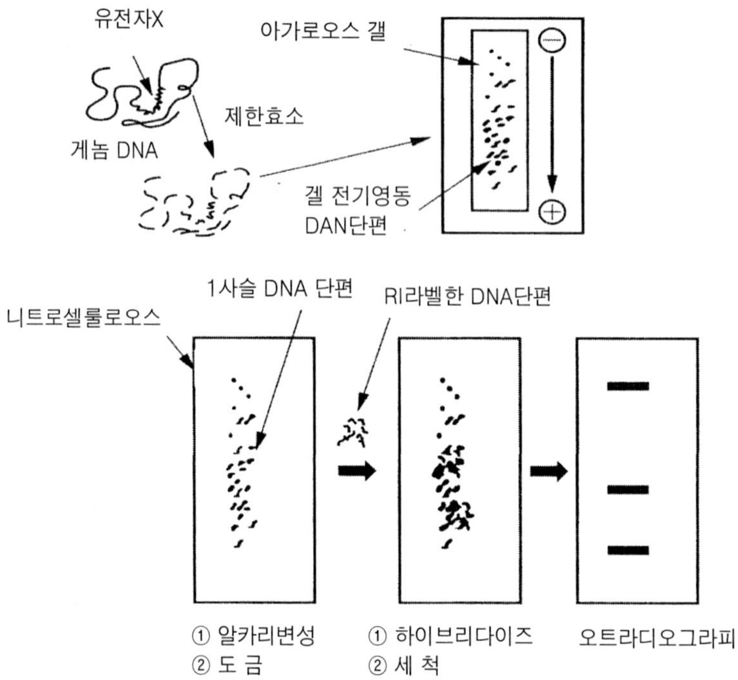

그림 9-8. 서든 블롯법(Southern hybridization)

DNA는 인산기를 가지며, 그 인산기가 전리되면서 부전하를 가진다. 이 DNA를 전계에 두게 되면 전기의 방향으로 이동한다. 이것을 겔 중에서 실행하면 DNA 단편은 겔 중의 그물코를 이동하지만, 그림 9-7에 나타낸 것처럼 크기에 따라 이동속도가 달라지며 그 이동속도 차에 의해 분리된다.

두 개 이상의 기술을 조합한 서든 블롯법의 개념들을 그림 9-8에 나타내었다. 제한효소에 의하여 측정시료 DNA를 처리하여 많은 단편으로 절단한다. 이것을 전기영동에 의하여 분리한 다음 겔 중에 있는 DNA를 알칼리처리하면 2사슬에서 1사슬로 된다. 그리고 겔을 니트로셀룰로오스지에 겹쳐 눌러주면 DNA 패턴이 그대로 셀룰로오스지 위에 이동한다.

한편, 염기배열이 표적으로 하는 유전자와 상포적으로 방사성의 ^{32}P로 라벨된 탐침(probe)을 준비하여 니트로셀룰로오스 내에서 작용시킨다. 혹시 측정시료 DNA가 표적으로 되는 유전자를 가진다면 hybridization(2사슬 형성)한다. 그 외의 DNA 단편하고는 결합하지 않기 때문에 씻어서 흘러가게 된다. 셀룰로오스지를 X선 필름에 감광시키면 probe DNA가 결합하고 있는 부분의 띠(band)가 나타난다.

3.2 디디옥시뉴클레오티드 사슬 신장정지법

디디옥시뉴클레오티드(dideoxynucleotide) 사슬 신장정지법(伸長停止法)은 직접 염기배열을 결정하는 방법이다. 처음에 그림 9-9와 같이 목표 유전자를 폴리머라아제 연쇄반응(polymerase chain reaction ; PCR)법으로 증폭시키는 방법에 대해서 설명한다.

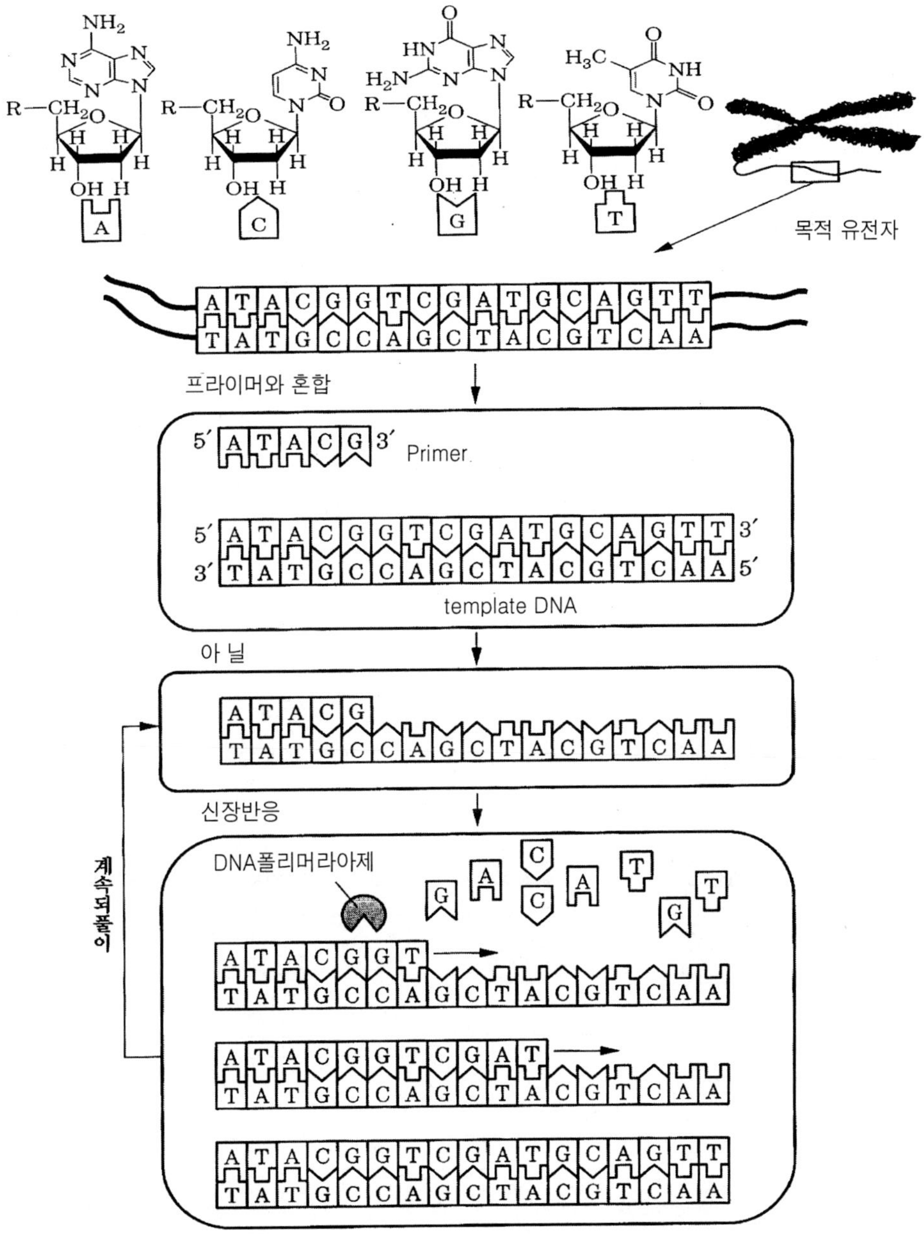

그림 9-9. PCR법(Polymerase chain reaction)

우선 프라이머(primer)라고 하는 짧은 DNA를 준비한다. 프라이머의 배열은 template DNA(주형유전자)의 특정 부분과 상포적인 배열로 되어 있다. 프라이머와 template DNA를 시험관 내에서 혼합한다. 이때 프라이머는 template에 대해서 과잉 상태이다. 온도 제어하는 것으로서 프라이머와 template가 상포적인 두 사슬을 형성한다. 다음에 이 프라이머를 기점으로 DNA를 복제한다. 앞서 설명했지만 복제는 DNA 폴리머라아제(polymerase)라고 불리는 효소를 촉매로 하여 실시된다. 이때 반응용액 중에 DNA의 합성에 필요한 4종류의 nucleotide(ATP)를 혼합해 놓는다. 신장반응이 끝나면 template DNA는 2배로 늘어난다.

이 사이클을 되풀이하는 것으로서 DNA를 수백, 수천 배로 증폭시킬 수 있다. 디디옥시뉴클레오티드 사슬 신장정지법은 PCR과 같은 방법이다. 다만 한 사슬에 DNA 단편을 결합시킨 후 DNA 폴리머라아제를 이용하여 상포체인의 신장반응을 실행한다. 이때 반응의 기질로서 첨가하는 뉴클레오티드 속에 소량의 디디옥시뉴클레오티드를 혼합한다(그림 9-10).

디디옥시뉴클레오티드는 3′ 위에 수산기가 빠지기 때문에 이 뉴클레오티드를 차지하게 되면 폴리머라아제에 의한 상포체인의 신장이 저해된다. 4종류의 디디옥시뉴클레오티드는 각각 다른 형광색소로 표시되고 있다. DNA가 합성되려고 할 때 디디옥시뉴클레오티드가 차지하게 되면 DNA의 합성은 그 이상 진행하지 않게 된다. 합성이 멈춘 DNA는 말단에 디디옥시뉴클레오티드를 가지며, 반응이 멈춘 염기에 대응하는 형광색으로 표시된다(그림 9-11).

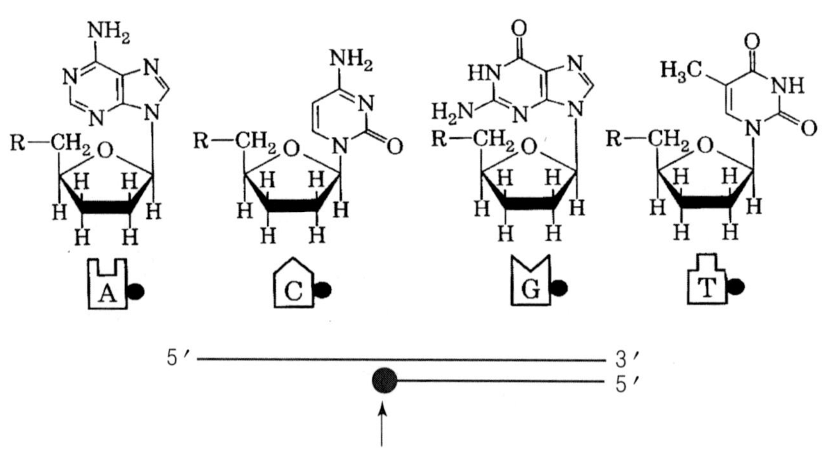

ddNTP로 연신이 멈춘다.

Dideoxynucleotide는 3′위가 수소이며, 이 부분은 인산화 할 수 없으며, nucleotide가 들어가게 되면 신장반응이 정지한다.

그림 9-10. Dideoxynucleotide 사슬 신장정지법의 개념

예를 들면 말단이 A인 DNA 단편은 모두 녹색, C는 빨간색, G는 파란색, T는 노란색으로 된다. 이렇게 생긴 용액을 농축 정제하여 한 사슬로 변성하여 전기영동을 한다. 그러면 신장반응이 멈추는 장소에 따라 DNA의 길이가 달라지며, 정지한 염기의 종류에 유래하는 색깔의 띠로 된다. 이것을 순서대로 읽으면 배열을 결정할 수 있다. 그렇지만 전기영동은 1염기의 길이 차이를 분별할 수 있는 고해상도의 기술이 필요하다. 그림 9-12는 DNA sequencer의 장치사진이다.

이상과 같이 종래의 유전자 해석법에서는 시간, 비용, 노력이 필요했다. 또한 어느

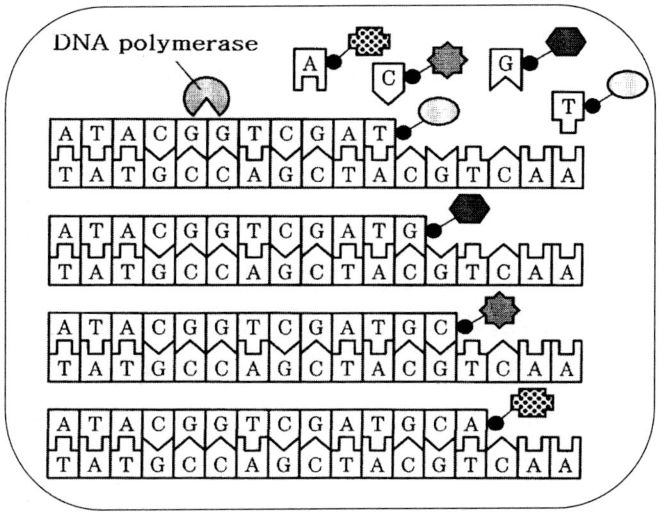

(a) 신장반응

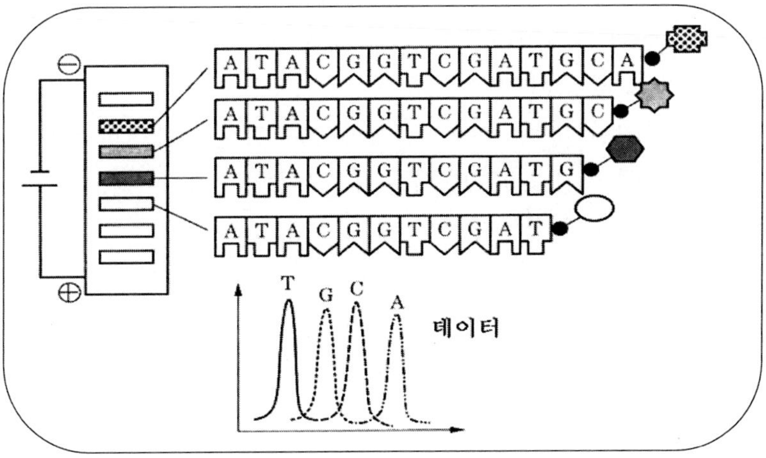

(b) 전기연동과 인식

그림 9-11. Dideoxynucleotide 사슬 신장정지법에 의한 염기배열의 결정

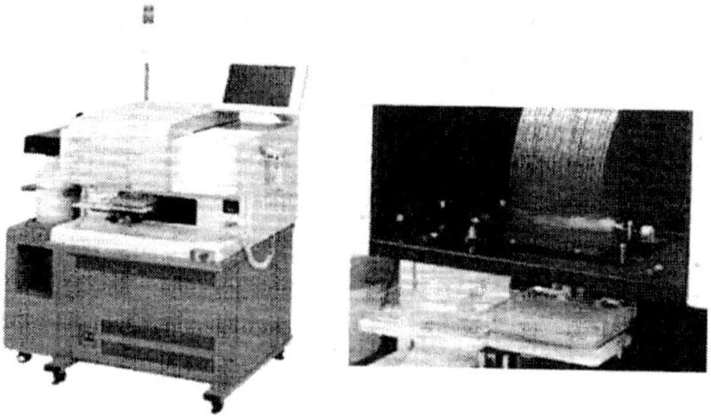

그림 9-12. DNA 시이컨사

정도 훈련한 사람이 아니면 안 되었다. 서든 블롯법에서는 방사성 물질을 사용하기 때문에 법률로 정해진 시설에서 사용하지 않으면 안 된다.

4. DNA칩의 제작방법

DNA 칩은 어떤 목적 유전자 진단을 하기 위한 장치이다. 유전자의 데이터베이스에서 복수 종류의 올리고뉴클레오티드 단편을 합성한다. 그것을 1 cm 정도의 각 크기의 칩으로 설치한다. 기판은 유리나 실리콘이 이용된다. 이것은 몇 백만 개의 트랜지스터나 콘덴서 등이 수cm 각의 칩에 설치된 반도체 집적회로와 같은 이미지이며, 여기서 DNA 칩이라고 불리게 되었다. DNA 칩의 성공의 열쇠는 얼마만큼의 다종류 DNAprobe를 고밀도로 칩에 도입시킬 수 있는가이다.

DNA 칩의 제작방법에는 주로 2종류가 있다. 하나는 미리 조정한 DNA를 슬라이드 유리나 실리콘 등의 기판에 고정화하는 방법이다(그림 9-13). 마이크로플레이트에 분주된 DNA 샘플의 일정량(수 ng 정도)을 수십에서 수백 μm의 크기로 정해진 위치에 정량적으로 spot한다. 이 마이크로어레이에 검체시료를 적하한다. 검체시료는 PCR 등으로 증폭하여 형광물질로 표시된다. 하이블리다이제이션을 일으켜 세정한 후 스캐너로 스포트 패턴을 기록한다.

그림 9-14에 어레이야의 실물사진을 나타내었다. 96구멍 또는 384구멍의 마이크로플레이트에서 자동으로 주입하여 스포팅을 할 수 있다. 또 하나는 직접 기판에 DNA를 합성시키는 방법이다. 그림 9-15에 나타낸 것처럼 DNA는 뉴클레오티드의 폴리머인 4종류의 염기에서 되는 올리고뉴클레오티드를 인산결합에 의하여 하나하나 결합시키는 미소한 소정의 영역으로 선택적으로 뉴클레오티드를 결합시키기 위해서 광조사에 의하여 선택적으로 제거되는 보호기의 사용과 반도체 제조에 이용되는 포토

리소그래피와 고상 합성기술을 조합하고 있다.

광화학적으로 제거할 수 있는 보호기로 수식한 뉴클레오티드에 마스크를 씌워서 빛을 쪼인다. 이어서 같은 보호기를 가지는 뉴클레오티드를 도입하여 결합반응을 일

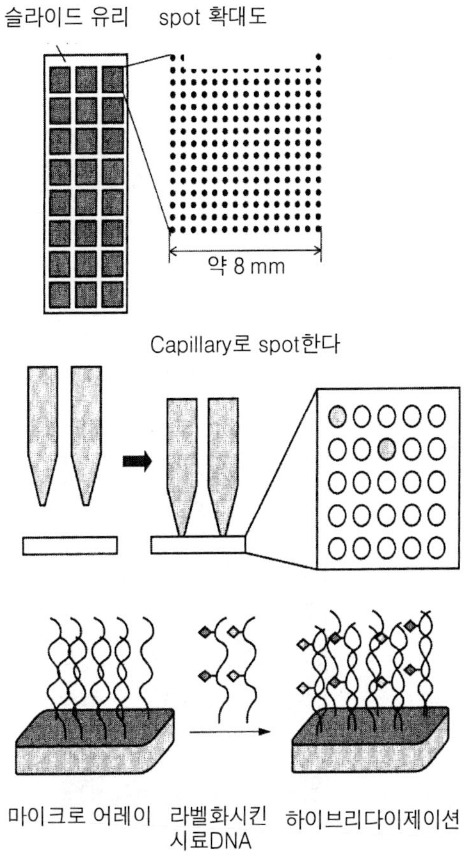

그림 9-13. DNA 마이크로어레이의 개념

(a) 전 체

(b) 마이크로 플레이트에서 DNA 용액을 채취한다

(c) 기판에 spot한다

그림 9-14. 어레이야의 사진

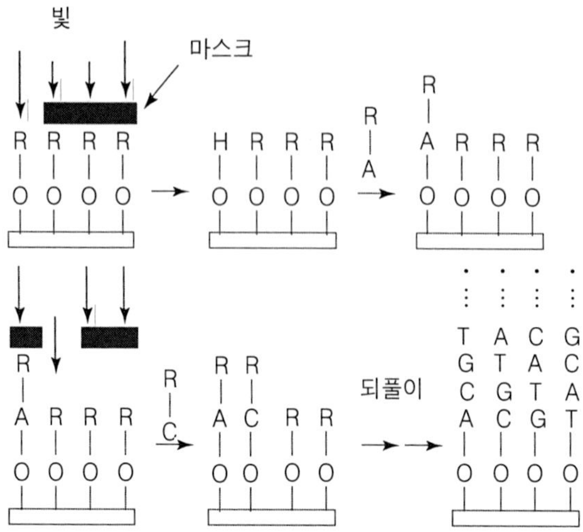

그림 9-15. DNA 칩의 제조방법

그림 9-16. DNA 칩의 구조

으킨다. 이것을 되풀이하는 것으로서 칩 표면에 고밀도로 목표인 올리고 DNA군을 형성할 수 있다. Affymetrix사의 독자적인 기술이며, 그림 9-16에 나타낸 것처럼 같은 DNA 칩이 판매되고 있다.

5. DNA칩의 이용방법

5.1 발현 해석

그림 9-17에 DNA 칩을 이용한 유전자 발현 해석의 개략도를 나타내었다. DNA

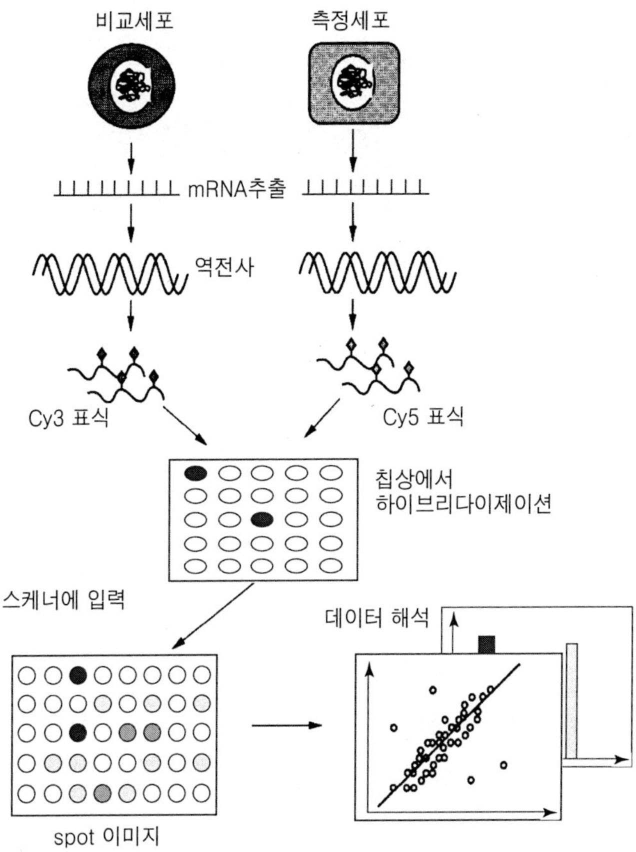

그림 9-17. DNA 칩을 이용한 유전자 발현해석

칩으로 파일을 한 번에 비교하는 것이 가능하며 세포기능의 발현 조절에 관여하는 유전자군의 변화 전모를 밝힐 수가 있다. 우선 비교세포에서 추출한 mRNA를 안정적인 상포 DNA(cDNA)에 역전사 효소를 이용하여 변환시킨다. 이때 Cy3(녹색소)를 취급한다. 또한 조사하고 싶은 시료세포(예를 들어 암세포)에서 추출한 mRNA도 마찬가지로 다른 Cy5(적색소)를 도입한 cDNA로 한다.

이들을 같은 양 혼합하여 DNA 칩 상에서 하이브리다이제이션을 시행한다. 혹시 비교세포와 시료세포에 존재(발현)하는 mRNA의 양이 같다면 반씩 2사슬 형성이 시행되므로 Cy3와 Cy5를 1 : 1로 혼합한 색의 형광(여기서는 노란색)이 관측된다. 시료세포가 비교세포에 비해서 많은 경우 나 적은 경우에는 그것에 응한 Cy3와 Cy5의 혼합비율에 의한 형광이 관측된다.

이것에 의하여 시료세포 중에서 어떠한 유전자가 비교세포와 다른 발현을 하는가를 알아볼 수 있다. 따라서 DNA 칩을 이용함으로써 다수의 유전자를 동시에 조사할

그림 9-18. 스케너와 화상

수 있게 된다. 그림 9-18은 마이크로어레이의 형광패턴을 읽는 스캐너와 해석 소프트이다.

5.2 SNP 검출

SNP 검출에는 형광색소 표시에 의한 방법 외에 형광 표시 없는 하이브리다이제이션을 전기화학적으로 검출하는 방법이 있다. 이것은 그림 9-19에서와 같이 전극 어레이 상에 DNAprobe가 고정화되어 있다. 검체 DNA을 하이브리다이제이션한 후에 2사슬 DNA에만 결합하는 전극활물질(인터카레이터)을 반응시킨다.

SNP 검출의 경우 미스매치에 의한 하이브리다이제이션 형성을 할 경우가 있다. 그러나 인터카레이터는 미스매치(mismatch) 부분에는 결합하지 않는다(그림 9-20). 그 후 전극에 전압을 가하면 완전히 2사슬을 형성하고 있는 전극에 많이 전류가 흘러 미스매치가 있거나 하이브리다이제이션이 일어나지 않았다면 전류값이 적다. 또는 거의 흐르지 않았다고 볼 수 있다. 이것을 복수의 전극 어레이에 대해서 전류값의 대소에 의한 패턴으로 SNP를 판정한다.

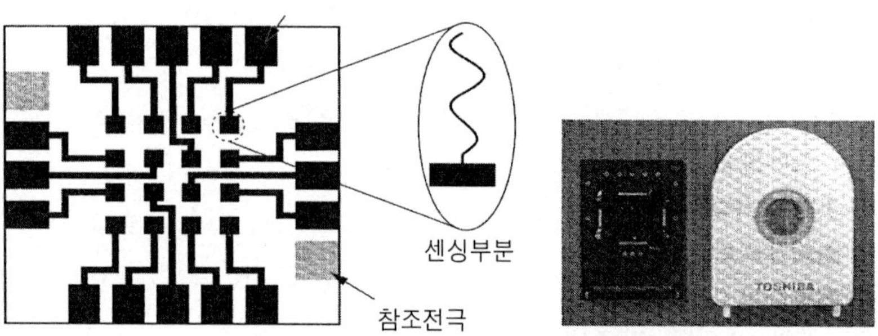

(a) 구조도 (b) 전기화학 검출방식의 DNA 칩

그림 9-19. 전극 어레이를 이용하는 전기화학 검출방식의 DNA

또 하나의 방법은 전압제어에 의하여 하이브리다이제이션을 제어하는 방법이다. DNA가 부전하를 가지므로 전극을 정전위에 설정하면 전극으로의 전기영동에 의하여 DNA 시료를 DNAprobe 전극으로 농축하는 것으로서 하이브리다이제이션을 신속화 할 수 있다(그림 9-21(a)).

또한 역전압을 가하면 전극상의 DNAprobe와 하이브리다이제이션한 DNA 시료의

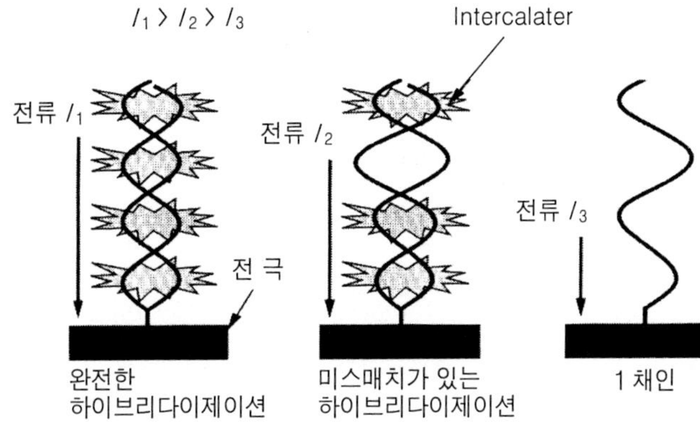

그림 9-20. Intercalater을 이용한 SNP의 전기화학 검출

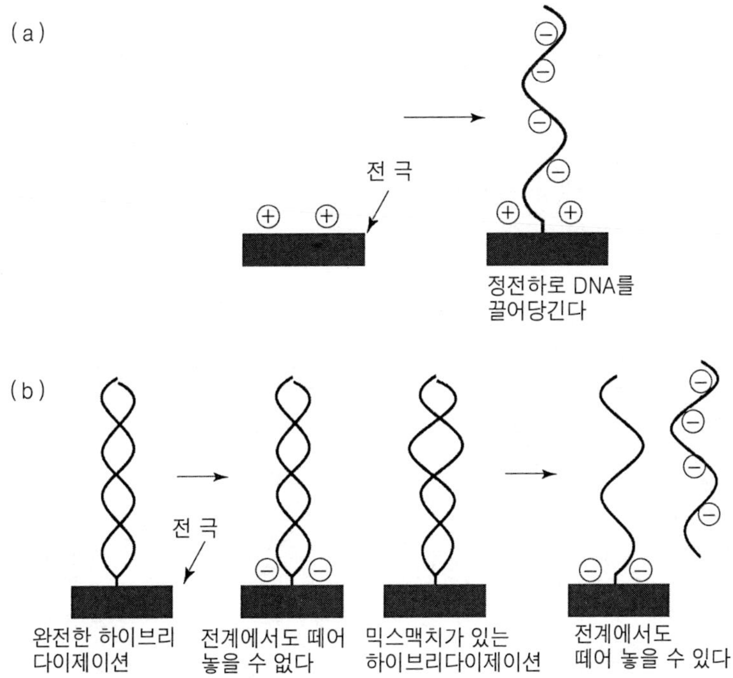

그림 9-21. DNAprobe의 신속 고정화와 SNP 검출방법

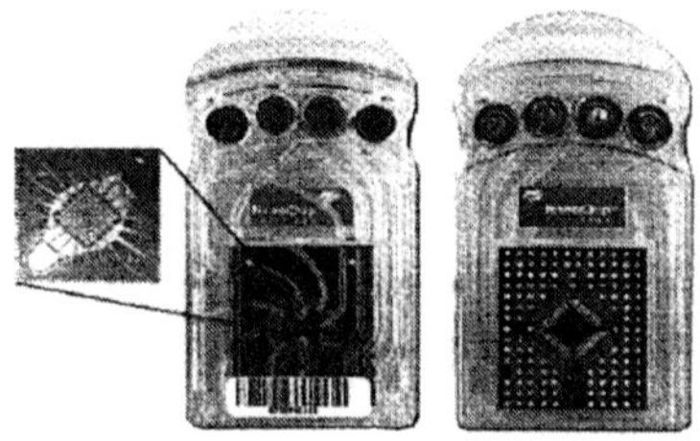

그림 9-22. 전기화학 DNA 칩의 구조

해리 촉진도 가능하게 된다. 이때 완전 매치(match)와 미스매치(mismatch)의 하이브리다이제이션에서는 결합력에 차이가 있어 미스매치 쪽이 빨리 해리된다. 이 차이를 이용하여 SNP 검출을 한다(그림 9-21(b)). 이 수법은 Nanogen사에 의하여 개발 상품화되고 있다(그림 9-22).

6. DNA칩의 응용

DNA 칩의 응용에서는 게놈 창약이 있다. 약효나 부작용은 개인에 따라 큰 차이가 있다. 이것은 유전자의 1염기다형에 유래하여 생물 고체에서 보면 약에 대한 receptor를 가지거나 안 가지는 데 있다(그림 9-23). 종래의 의료에서 약 처방은 이런 것을 의식하지 않았다. 그러나 인간의 게놈정보가 밝혀지면서 게놈정보를 이용한 의료가 앞으로는 맞춤형으로 쓰일 것으로 예상하고 있다. 특히 항암제와 같이 고가로 부작용이 큰 약을 처방할 경우에는 투여 전에 유전자 진단은 중요하다.

장래에 DNA 칩이 가전에서 이용할 수 있게 된다면 유전자 질환의 정보도 얻을 수 있을 것이다. 예를 들면 당뇨병의 유전자를 가지고 있다는 것을 알 수 있다면 칼로리

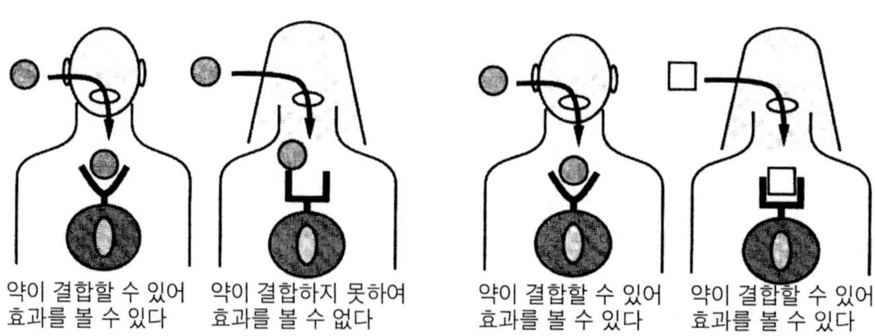

(a) 종래의 의료 (b) 게놈의료(개인에 맞춘 처방전)

그림 9-23. 게놈(genom) 창약

에 조심하고 운동도 해야 한다고 명심해야 된다. 또한 폐암으로 진전되는 유전자가 담배에 의한 것이라면 담배를 피우지 않게 될 것이다.

그러나 좋은 면만이 있는 것은 아니다. 유전자 정보는 개인의 프라이버시이며, 그 정보에서 일어나는 보험이나 고용 차별도 문제화된다. 또한 의료 이외에도 유전자를 재편성한 작물이나 식육, 어패류의 원산지 검사 등 농림수산 분야에서도 이용되기 시작하고 있다는 데에서 DNA 칩의 응용은 무궁무진할 것으로 미래 산업의 주축으로 쓰일 수 있을 것이라고 생각한다.

제 10 장

바이오테크놀로지를 지탱하는 전자공학

1. 바이오테크놀로지를 지탱하는 전자공학

바이오센서는 생체물질(분자식별소자)과 전자장치(신호변환소자)의 조합으로 이루어진다는 것은 이미 설명하였다. 이 장에서는 바이오센서를 넓게 해석하여 전자공학 기술과 바이오테크놀로지의 이용에 대해서 소개한다.

2. 전기에 의한 세포융합과 유전자 도입

유전자 자체는 생명의 설계도라고도 말할 수 있다. 세포를 이용하여 유전자를 도입하고 그 유전자를 인체의 생화학적 반응에 정상적으로 기능시키지 않으면 안 된다. 종류가 다른 2개의 세포를 하나로 하는 세포융합이나 세포별로 유전자를 도입하는 기술은 현대 바이오테크놀로지 시대에 중요한 기초기술로 되어 있다. 여기에서 전자공학기술은 바이오테크놀로지 기술적 측면에서 기초적 기술로 이용되고 있다. 세포융합 또는 유전자 도입법은 폴리에틸렌 글루코오스 등의 약품처리, 바이러스 벡터에 의한 방법, 마이크로인젝션 등의 방법이 있지만, 전자기술에 의한 유전자 도입방법은 기기는 조금 비싸지만 간편하며, 무독성으로 재현성이 좋으므로 많이 보급되고 있다.

2.1 전기에 의한 세포융합

세포융합을 행하기 위해서는 우선 세포끼리 접합하지 않으면 안 된다. 세포는 1㎛ 정도의 크기이기 때문에 수작업은 힘들다. 이 세포조작도 전기에 의하여 행한다. 이

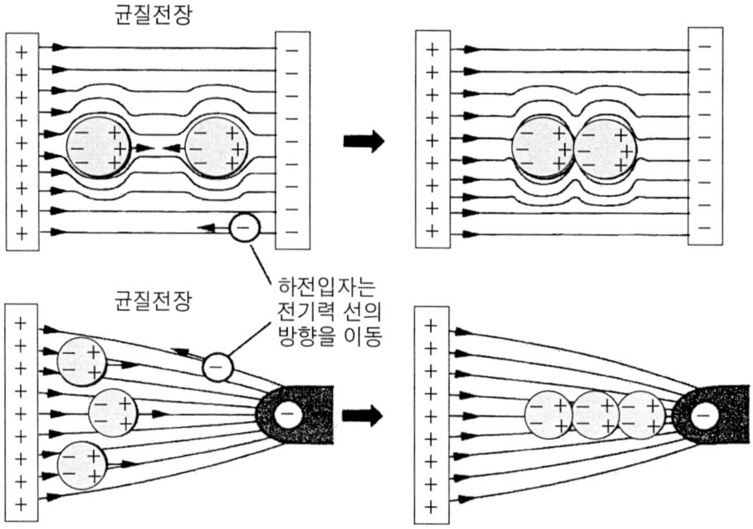

그림 10-1. 세포의 교류전장에 의한 유전영동

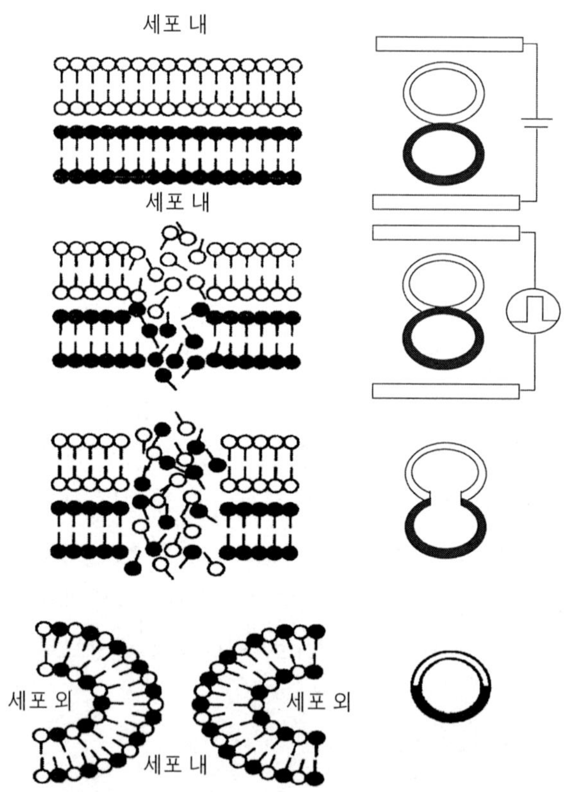

그림 10-2. 전기펄스에 의한 세포융합의 원리

방법은 그림 10-1에 나타낸 것처럼 교류전장 중에서 세포를 들어 올림으로써 조작이 가능하게 될 것이다. 세포 자신은 거시적으로는 중성이지만 교류전장(1 MHz, 400 V/cm 정도) 중에서는 분극 한다. 전장이 불균일질이라면 보다 강한 전장으로 이동한다. 이것은 유전영동이라 하여 전장의 제곱근에 비례하므로 전장이 극성에서는 일어나지 않는다(제9장에서 설명한 것처럼 직류전장에서 가전분자가 이동하는 전기영동과는 다르다). 2개 이상의 세포가 근방에 존재하면 그들은 전장방향에 따라 접착한다. 균일한 전장이라도 2개 이상의 세포가 주변에 존재한다면 세포 자신에 의하여 만들어진 전장의 약간의 비틀림현상에 의하여 상호 유전영동 되어 접착된다. 그 결과 세포가 몇 알씩 연결된 상태가 된다.

그림 10-2에 나타낸 바와 같이 세포끼리 접착한 후 몇 kV/cm, 50 μs 정도의 펄스 전압을 가하면 세포의 접촉점에서 세포막의 1차 파괴가 일어나 이것이 복원될 때 근접하는 세포 간에서 융합이 일어난다. 이 펄스에 의하여 세포막이 일시적으로 파괴되어 복원을 일으키는 현상은 막의 가역파괴라고 한다. 이것이 전기펄스에 의한 세포융합이다.

2.2 전기에 의한 유전자 도입

그림 10-3에서와 같이 고립된 세포에 펄스전압을 가하여 그것에 의하여 생긴 소공

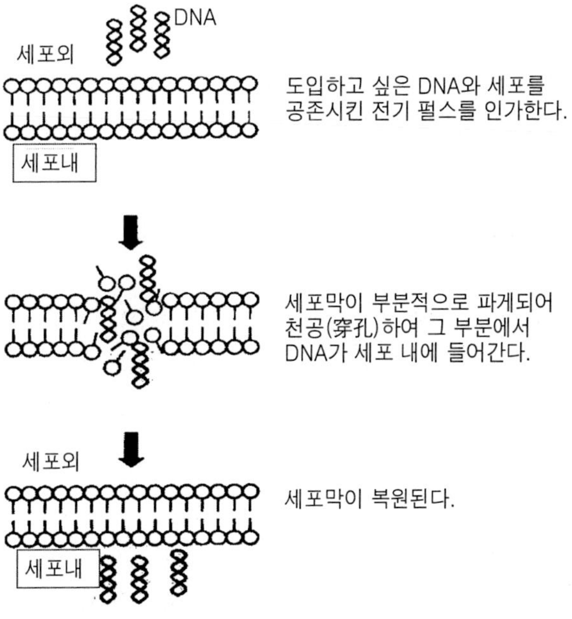

그림 10-3. 일렉트로폴레이션에 의한 세포내로 유전자 도입

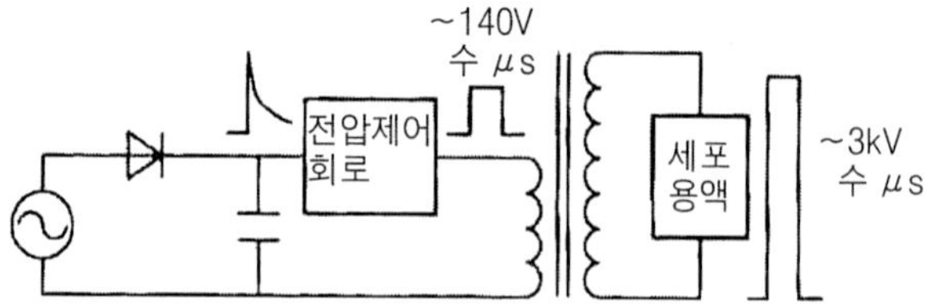

그림 10-4. 전기 펄스 장치의 개략도

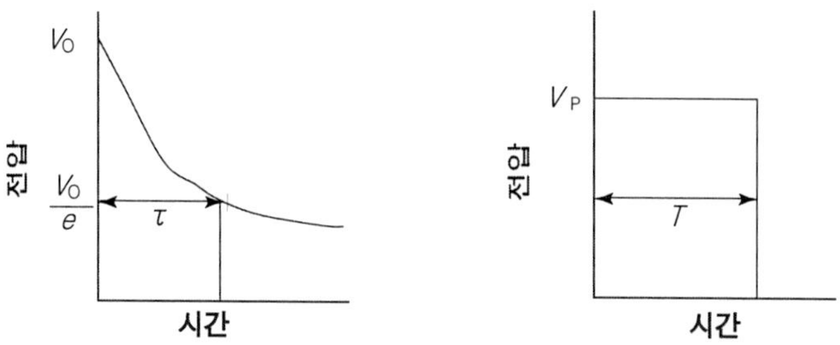

(a) 지수감쇠파 (b) 방형파

그림 10-5. 전기펄스의 파형

(小孔)이 복원할 때 주위에 액체가 소량 사용되는 것으로 알려져 있다. 따라서 세포는 도입하고 싶은 유전자의 현탁액과 함께 전기펄스를 가하는 것으로서 세포 내에 유전자를 도입할 수 있다.

이 방법은 일렉트로폴레이션(전기천공법)이라고 한다. 그림 10-4에 전기펄스장치의 개략도를 나타내었다. 전압제어회로에서 펄스형상을 제어하고 트랜스에 의하여 고전압을 발생한다. 전기펄스파형은 그림 10-5에서와 같이 지수감쇠파와 방형파가 이용된다. 전자는 초기전압 V_O와 감쇠시정수 τ 가, 후자는 펄스전압 V_P와 폭 T가 제어파라미터로 된다.

감쇠펄스는 제어회로가 값싸지만 시정수가 현탁액의 종류, 용량, 온도, 세포밀도, DNA 농도 등에 의하여 변동하므로 감쇠파의 제어회로보다도 비싸지만 현탁액의 상태에 따라 펄스파형에 영향을 받지 않는다는 장점이 있다. 그럼에도 불구하고 정량적으로 전기량을 공급할 수 있어 재현성이 좋은 일련의 방법이라고 말할 수 있다.

2.3 체세포 복제생물

이와 같은 방법으로 식물의 형질전환에도 성공하고 있지만 무엇보다도 큰 것은 포유동물의 배양세포에 적용이 가능하다는 점이다. 특히 이 기술에 의하여 체세포 복제생물이 만들어지게 되었다. 복제생물과 똑같은 유전자를 갖는 생물로 매우 알기 쉬운 예로서는 일란성 쌍생아이다. 쌍생아(쌍둥이)의 경우 수정란 상태에서 같은 유전자를 가져 생물고체로서 성장했다. 그러나 이미 성장한 어른의 복제를 만들기에는 자신의 유전자를 수정란에 도입시켜 그것이 성장하지 않으면 안 된다.

인류 최초 복제생물은 영국의 J. B. 가아돈에 의하여 1960년에 보고된 아프리카 쯔메개구리이다. 그림 10-6과 같이 미수정란에 자외선을 투과시켜 핵을 파괴한다. 그리고 다른 올챙이의 장세포의 핵을 피펫으로 빼낸 다음 미수정란에 주입한다. 그러면 이 미수정란은 성공률이 약 2.5%로 낮지만 생물의 고체로 성장했다. 그러나 다른 세포의 핵을 이식해도 성장하지 않았다. 부화 직전의 미배아(尾胚芽)의 장벽핵을 이식하면 약 40%의 성공률이었다.

이 결과 분화가 진행되면 핵 자체에 변화가 일어나 최초부터 분화를 되풀이 할 수 없다는 것을 나타낸다. 이런 점에서 핵이식에 의한 체세포 크롬의 제작은 어려웠다. 최초 포유동물의 체세포 크롬생물은 1997년에 로스린 연구소의 I. Wilmut들에 의하여 실행된 양 돌리이다. 그림 10-7에서 나타낸 바와 같이 6세의 어미 양의 유선세포를 빼내고 낮은 농도의 혈청으로 처리하는 방법으로서 세포의 활동을 정지시킨다. 한편, 다른 양의 난자(미수정란)를 빼내고 난자의 밖에 있는 투명체로 마이크로 피펫을 꽂아 극체와 염색체를 제거한 다음 투명체의 열린 구멍에서 어미 양의 유선세포를 1개 넣는다. 이 상태에서는 난자와 유선세포는 접하고 있을 뿐이다.

여기서 전기펄스를 가하면 세포융합이 일어나 유선세포의 핵이 난자로 이동한다. 그리고 세포분열이 시작한다.

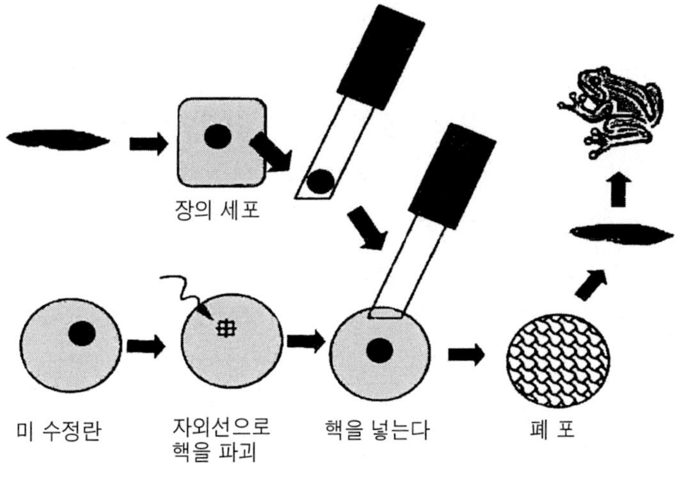

그림 10-6. 핵 이식에 의한 크롬개구리

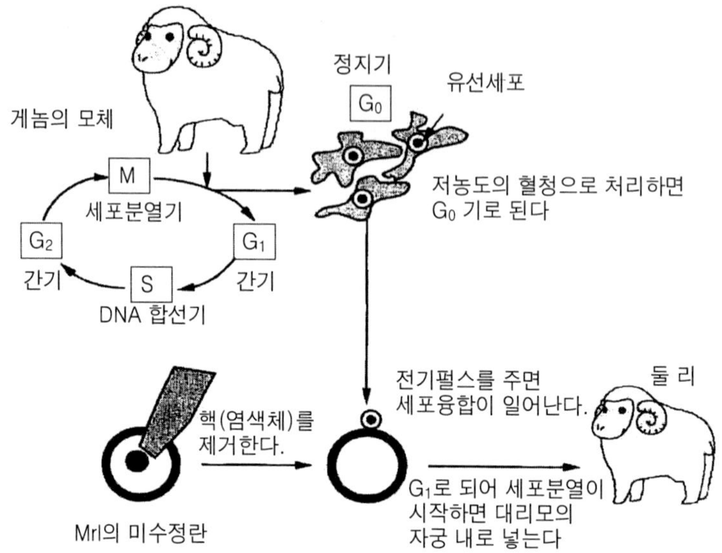

그림 10-7. 세포 융합에 의한 복제 양(둘리)의 탄생

이 난자를 대리모의 자궁에 넣어 150일 지나면 6세 어미 양과 똑같은 유전자를 가진 둘리가 탄생했다. 이 성공을 계기로 여러 가지 포유류 동물의 체세포 크롬이 보고되고 있지만 그 중요한 과정인 핵이식에 전자공학기술이 이용되고 있다는 사실이다.

3. 파티클건에 의한 유전자변환 작물

유전자변환 작물은 유전자변환 기술을 이용하여 인위적으로 조작 개량된 작물을 말한다. 유전자변환 작물의 배경에는 세계적인 식량문제 해결방법의 일환으로 이 기술의 도입에 대한 큰 의의가 있다고 볼 수 있다. 2003년 세계 인구는 약 60억이지만 인구가 계속 늘어나 2050년에는 90억이 된다고 예상하고 있다.

한편, 곡물의 총 생산량은 1년에 약 20억 톤이지만, 1980년 이후는 증가하지 않았다. 인간 한 사람이 1년에 필요한 곡물은 250 kg이므로 이대로 가면 지구가 인간의 식량을 지탱시킬 수 있는 인구는 약 80억이다. 따라서 수십 년 후에는 식량부족이 일어난다고 예상할 수 있다. 또한 식량의 증가 생산을 하기 위해서는 한랭지나 사막과 같은 어려운 환경에서도 생산이 가능하도록 할 수 있는 작물, 해충이나 잡초에 의한 피해를 최소한 억제할 수 있는 기술이 필요하다.

유전자변환 기술은 효율적인 새로운 품종개발 기술로 오늘날 가장 큰 관심사로 대두되고 있다. 유전자변환 작물의 예로서 제초제 내성 유전자를 도입한 대두(콩)를 들 수 있다. 글리호사이트라고 불리는 일반적인 제초제는 식물의 아미노산 합성에 관련되는 효소(5-에놀피루빌시키미산-3-인산합성효소 : EPSPS)의 움직임을 저해한다. 그 결과 식물에 필요한 아미노산(방향족 아미노산)이 결핍되어 식물들은 시들어간다. 이 글리호이사이트 내성 유전자를 대두에 넣어 제초제를 대량으로 살포하여도 시들지 않은 대두를 만들 수 있었다.

종래 대두재배에서는 년 2회 제초제를 살포했지만 유전자변환 대두에서는 고농도의 제초제를 년 1회 살포하면 된다. 이것에 의하여 작물의 생산단가를 낮출 수 있었다. 또한 사람은 원래 방향족 아미노산(필수 아미노산)을 체내에서 생산할 수 없기 때문에 유전자변환 작물은 인체에 안전하다. 또 하나는 해충에 내성을 갖는 유전자변환 옥수수이다. 아와노메이가라고 하는 나방은 옥수수의 해충으로 알려져 있다. 지금까지는 살충제를 살포하여 구제했지만 아와노메이가의 유충은 옥수수대와 열매의 사이에 들어가 숨으면 살충제로서는 구제가 쉽지 않았다.

그래서 토양에 사는 미생물 *Bacillus thuringensis*(Bt)가 만드는 살충성 단백질의 유전자를 옥수수로 도입한 Bt 옥수수가 탄생했다. 이 Bt 옥수수는 잎, 줄기 및 근 등 식물체의 모든 세포에서 살충성분을 내기 때문에 아와노메이가의 유충이 사이에 들어있어도 살충효과를 나타낼 수 있다. 또한 살충성 단백질은 인체에서는 무해하지만 체내로 들어가면 신속하게 분해되어 생체 내에서도 어느 정도 안전성도 확보되고 있는 실정이다.

그렇다면 유전자변환 작물은 어떻게 만드는가. 당초 널리 사용되었던 방법은 식물병원세균 아그로박테리움(*Agrobacterium tunefaciens*)을 벡터로 하여 이용하는 방법이다. 이 방법에 의하여 앞서 설명한 제초제 내성 대두는 만들어졌다. 그러나 대부분의 단자엽식물 예를 들어 벼, 옥수수, 밀과 같은 곡물은 아그로박테리움의 숙주식물이 아니기 때문에 사용하지 못한다. 그것을 대처하는 방법으로서 식물의 세포벽을 셀룰라아제로 제거하여 플로토플로스트로 한 다음 DNA를 도입시킨다. 플로토플로스트는 동물세포와 같으므로 10.2절에서 설명한 일렉트로폴레이션법에 의하여 세포막에 구멍을 뚫어 DNA을 세포 내로 주입시키는 방법이다. 그러나 단리한 플로토플로스트에서 식물체로 재생시키는 것은 일반적으로 그렇게 쉽지 않은데, 곡물은 특히 어려우며 재생을 해도 불염성으로 된다.

따라서 세포벽을 갖는 건전한 식물체에 DNA를 직접 도입시키는 방법을 생각할 필요가 있었다. 매우 단순한 방법은 세포벽에 직접 주사기를 찔러 주입시키는 마이크로인젝션법이다. 그러나 이것도 몇 가지 이유로 별로 유효하지 않다. 주입용 예리한 주사바늘은 부러지기 쉽고 막히기 쉽다. 1회의 조작으로 주입이 가능한 것은 1개의 세

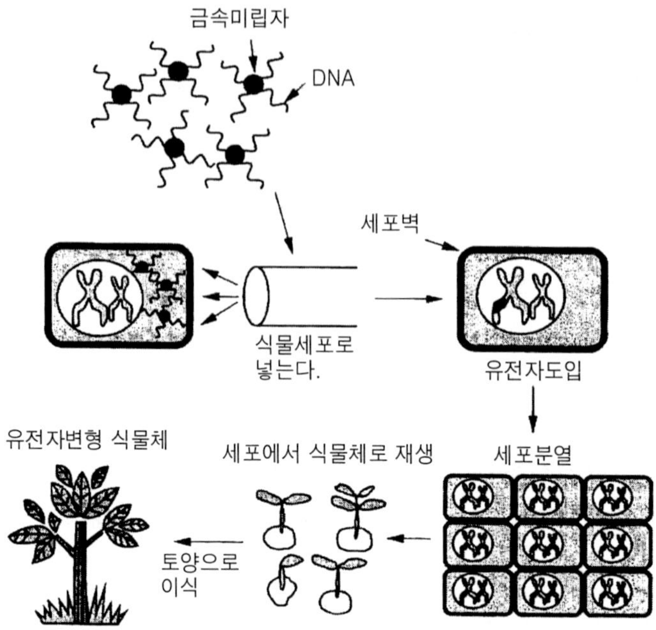

그림 10-8. 파티클건에 의한 유전자 변형작물 제조법

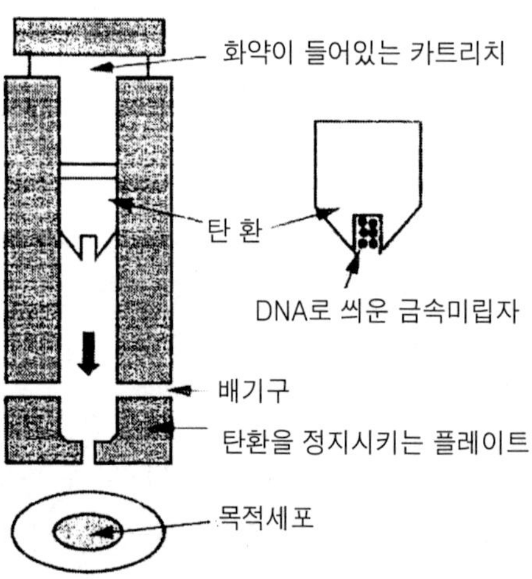

그림 10-9. 파티클건의 장치

포박에 안 되기 때문에 매우 시간이 걸린다고 할 수 있다. 숙련된 기술이 요구되므로 상업적으로는 성립되지 않는다. 한번 DNA가 세포 내로 도입된다 하여도 게놈에 그것이 직접 도입된다는 확실한 보장은 없다.

새로운 유전자를 확실하게 염색체로 도입하기 위해서는 적어도 1만 개의 세포에

DNA를 주입할 필요가 있다. 그래서 유전자의 도입 효과를 높이기 위해서 유전물질을 한번에 많은 세포에 도입시키는 새로운 파티클건법이라는 방법이 1987년 코넬대학의 J. C. Sanford들에 의하여 개발되었다.

이 방법은 그림 10-8에 나타낸 바와 같이 DNA로 씌운 직경 1～2 ㎛의 금속구를 충분히 가속시켜 세포벽에 통과시켜 DNA를 세포내로 주입하는 방법이다. 이때 세포벽과 세포막의 파손부분은 당장 복원된다. 금속구는 세포질에 남지만 충분히 작은 텅스텐입자를 탄환에 담아 탄환도 함께 화약으로 가속하여 식물세포나 잎에 쏜다. 탄도에는 탄환을 멈춰 속에 입자만을 쏘는 플레이트를 설치한다. 배기구는 화약의 폭발에 의한 폭풍을 해소시킨다. 현재로서는 장치 개량도 되어 많은 식물의 형질변환으로 이용되고 있다. 또한 장치의 조작이 간단한 점에서 보급효과가 매우 크다고 볼 수 있다.

4. 생체 전기현상의 계측

사람 체내에서의 정보전달은 정보처리와 전기신호에 의하여 이루어지고 있다. 이것을 맡아서 하는 것이 신경세포이며, 전기신호는 이 신경세포를 거치게 된다. 그러면 신경세포는 어떻게 하여 전기신호를 만들고 있는가, 그것은 이온의 농도분포에 의하여 만들어진다. 즉 세포 내부에서는 K^+의 농도가 높고, 외부에서는 Na^+의 농도가 높다. 이것은 세포막 내에 매몰되고 있는 이온펌프가 ATP라는 에너지를 사용하여 농도구배를 거역한 능동수송을 하고 있기 때문이다.

살아있는 세포에서는 막의 바깥쪽에 대해서 안쪽이 마이너스로 되어 있다. 이것을 정지막전위라 하며, 보통 50～100 mV 정도이다. 그렇다면 어떻게 하여 신경세포에 전기가 전달되는가. 그 개념을 그림 10-10에 나타내었다. 보통상태(흥분하지 않은)에서는 막의 안쪽 전위가 상승한다. 이것을 탈분극이라고 한다. 전위는 점점 높아지며 약 +40 mV로 되어 전위가 막 안쪽과 바깥쪽으로 역전한다.

표 10-1. 세포내외의 이온농도

이 온	세포내 [mmol/ℓ]	세포외 [mmol/ℓ]
K^+	160	4.5
Na^+	7	144.0
Cl^-	7	114.0
HCO_3^-	10	28.0

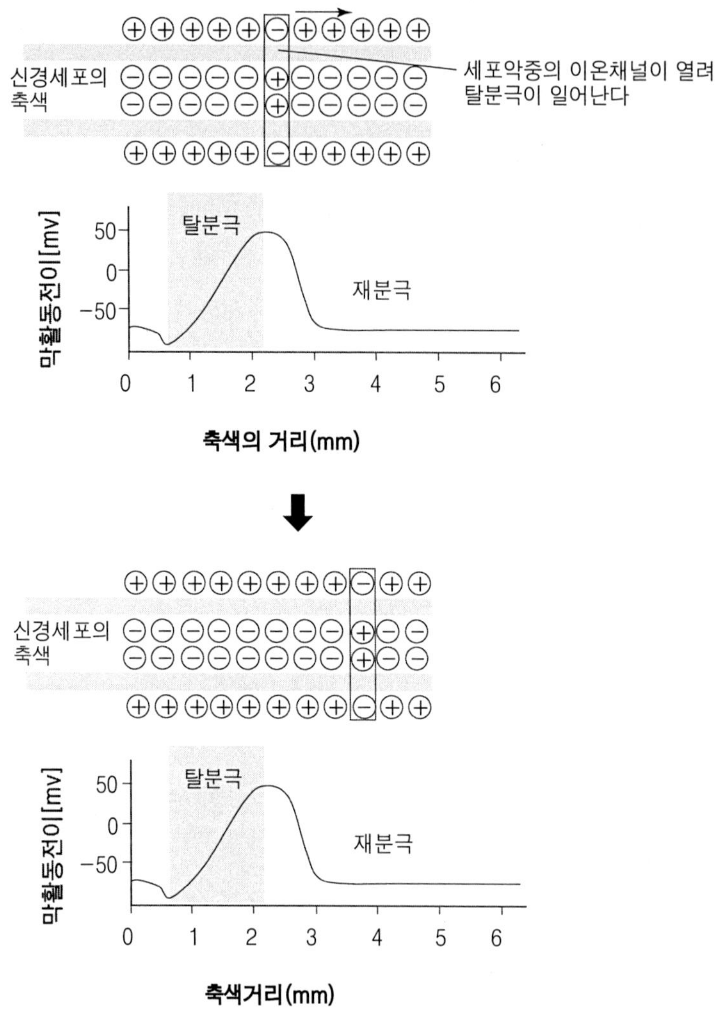

그림 10-10. 신경세포의 전기신호의 전달모양

이것이 신경의 흥분이다. 정지상태와 흥분상태의 전위차는 100 mV 이상 된다. 신경세포 막에 발생한 전위역전은 언제까지나 계속되지 않는다. 시간이 지나면서 막에 열려 있던 구멍은 닫히게 되고, 막 안쪽은 원래 마이너스로 되돌아간다. 이것이 탈분극이다.

전기가 전달되기 위해서는 전기가 흘렀던 부분의 바로 옆 구멍을 열리게 된다. 그리고 열린 구멍이 닫힘으로써 막 안쪽은 원래 마이너스로 되돌아간다. 흥분이 일어나 바로 옆에 구멍이 열려 전기가 흐르는 사이클을 되풀이 하여 전기가 신경세포 중에 전달된다. 이 흥분상태에 의하여 생기는 전위는 일정하며, 그것보다 강약은 없다. 자극의 강약은 활동전위의 크기가 아니라 회수에 따라 결정된다. 이것은 디지털 통신과 마찬가지인 원리이다.

생물은 탄생할 때부터 그 체내에 디지털 통신을 행하고 있었다. 사람의 신경계는 신경세포가 그물코와 같이 구성되어 있다. 그림 10-11에서와 같이 신경세포와 신경세포 사이에 시냅스라는 틈(공간)이 있다. 그러나 전기신호는 이 틈 사이를 통과하지 못하며, 시냅스까지 전달된 전기신호는 화학물질로 모습을 바꾼다. 즉 신경전달물질이라고 불리는 화학물질이 시냅스에서 방출된 한쪽 세포의 표면에 있는 리셉터에 결합하여 다시 전기신호로 변환되어 전달된다. 이 신호는 역방향에는 전달되지 않기 때문에 잡음에 강한 통신시스템이라고 할 수 있다.

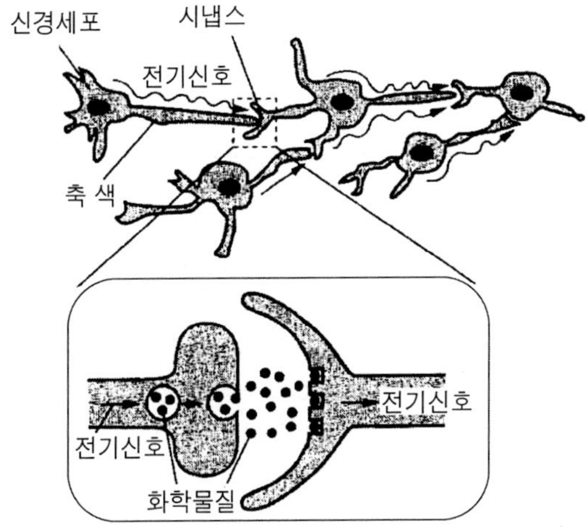

그림 10-11. 신경세포막과 시냅스

표 10-2. 생체 전기신호의 크기와 주파수 범위 및 도출전극과 측정부위

생체 전기량	전위의 크기 [mV]	주파수 범위 [Hz]	도출전극	유도부위
심전도	0.5～4	0.01～250	표면전극	사지・흉부
뇌 파	0.001～0.1	DC～150	표면전극	두피상
표면근전도	-	DC～10,000	표면전극	근육상
안구전도	0.005～0.2	DC～50	표면전극	내외양안각부
망막전도	～0.6	DC～50	표면전극	안구
근활동전위	0.01～10	5～5,000	피하전극	근육 내
피질・심부뇌파	0.1～5	DC～150	미소전극	뇌 내
신경세포막 전위	10～100	DC～10,000	미소전극	세포 내

살아 있다는 것은 항상 생체가 전기를 발생하고 있다는 것이다. 생체의 심장, 근육, 뇌를 구성하는 세포집단에 발생하는 활동전위를 체내의 피부 표면에서 관측한 것이 각각 심전도, 근전도, 뇌파이다. 이런 전압의 크기는 주로 피부로 전달되기 때문에 작아진다. 표 10-2에는 여러 생체 전기신호의 크기, 주파수 범위, 도출전극과 유도부위를 표시한다.

4.1 뇌 파

뇌는 신경세포의 집단이며 100억 개 이상의 신경세포가 시냅스 결합에 의하여 복잡한 네트워크를 구축하고 있다. 뇌가 활동한다는 것은 이 신경세포가 흥분을 일으킨다는 것이며, 이때 활동에 관여하는 대부분의 신경세포의 하나하나가 활동전위를 나타내고 있다. 이 활동전위가 합쳐진 전기신호를 두개(頭蓋)의 피부 표면에서 전극으로 기록된 것이 뇌파이다.

뇌파계의 주로 되는 구성요소는 그림 10-12에서 표시하는 전압을 증폭시키는 증폭회로, 외부에서의 잡음혼입을 배제하여 목적으로 하는 주파수 성분을 추출해내는 필터, 기록한 뇌파를 출력하는 출력부분이다. 신호변환 방식은 디지털이다. 즉 연속된 전압신호를 시간적으로 이산적(離散的)인 수직신호로 변환하여 기록하고 있다. 일반적으로 증폭과 필터처리는 아날로그로 하며, 그 후 A-D로 변환하여 디스플레이 표시나 메모리로 기록된다.

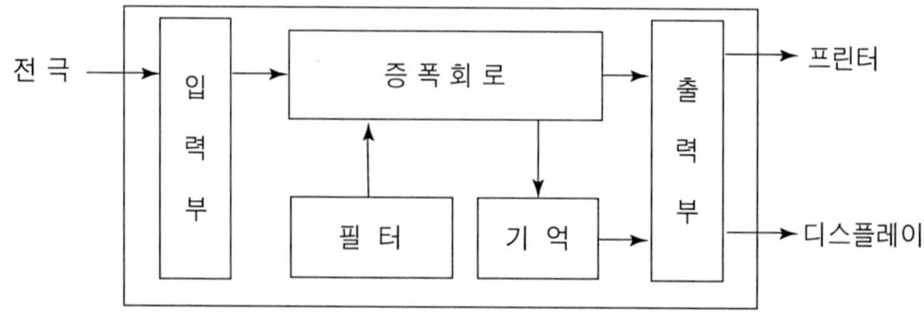

그림 10-12. 뇌파계의 구성요소

표 10-3. 뇌파의 분류

종 류	주파수 범위	종 류	주파수 범위
δ 파	0.5～4	β 파	14～30
θ 파	4～8	γ 파	30～
α 파	8～14		

뇌파는 사람의 활동상태(사고, 안정, 수면 등)에 의하여 그 주파수가 다르며, 주파수대에 따라 표 10-3과 같이 분류된다. 안정을 취하여 눈을 감은 상태에서는 α파, 일어나고 활동 중에는 β파, 또한 수면 시에는 θ파, 더욱 깊은 잠에 들었을 때는 δ파가 정상성인의 수면파로서 관측된다. 정상 뇌파에서 크게 달라지는 뇌파를 병적 뇌파로서 뇌 장해 등의 진단으로 이용할 수 있지만 뇌파의 메커니즘에 대해서는 아직 미지의 영역이 많아 절대적인 것은 아니다.

4.2 심전도

심장세포는 고유심근과 특수심근의 두 가지로 나눌 수 있다. 고유심근은 흥분하면 수축하며, 이때 심방실은 수축하여 혈액을 방출한다. 심방과 심실을 형성하고 있는 고유심근이 흥분하면 각 고유심근은 하나의 세포처럼 동시에 흥분, 수축한다. 심전도는 심장의 활동에 의하여 발생하는 전위를 사지체간에 전극을 대어서 관측한다. 그림 10-13에 일반적인 심전도를 나타내었다.

심방은 고유심근이 흥분하는 것으로서 P파가 이어서 심실근의 흥분에 의하여 QRS파가 나타난다. 또한 심실의 고유심근의 흥분이 끝날 때 T파가 관측된다. 심전계의 장치 구성은 뇌파계와 거의 같다. 심전도는 부정파, 협심증, 심근경색의 진단에는 없어서는 안 되는 검사법이다.

4.3 근전도

근세포가 흥분하면 그 막 전위는 일관적으로 변화한다. 이 활동전위를 세포 외에서 측정한 것이 근전도이다. 근전도는 근세포에 전극을 꽂거나 근육 피부상에 붙인 전극을 증폭기나 필터에 접속하여 계측한다.

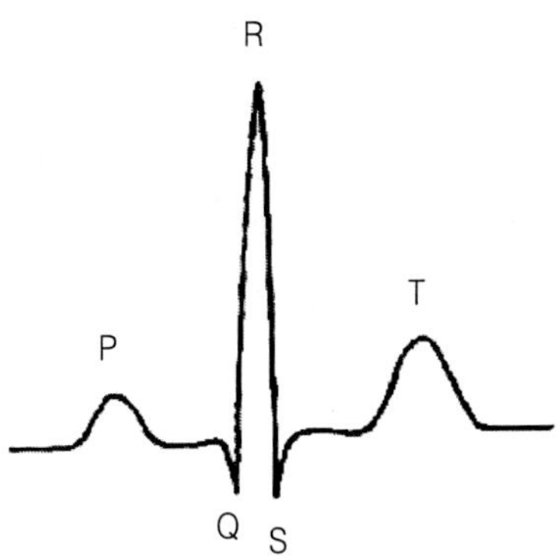

그림 10-13. 일반적인 심전도

계측이 쉬운 이유는 후자이며, **표면 근전도**라고 부른다. 이 표면 근전도에 관에서는 많은 연구를 한 결과 정적인 운동 시에는 근전도 해석에서 얻어지는 종종의 평가지표가 어떤 생리학적 요인과 관계가 있는가를 알게 되었다. 그러나 동적인 운동에서는 아직 충분한 생리학적인 요인과의 관련성이 해명되지 않고 있다. 한 가지 응용으로서 이것을 이용하여 의수, 의족의 제어에도 이용되고 있다.

4.4 패치크램프법

뇌파나 심전도 등은 생체 외에서 측정하는데 비하여 신경세포에 직접 전극을 꽂아 세포의 활동을 측정하는 패치크램프법은 세포 내외의 전위차나 이온채널을 검출하는 방법으로서 1976년에 E. Neher와 B. Sakmann에 의하여 개발되었으며, 그 공적에 의하여 1991년에 노벨 의학생리학상을 수상하였다.

우선 앞 끝부분이 1 ㎛ 각의 미세한 유리관을 제작한다. 그 다음에 이 유리관으로 세포막을 흡인하여 세포막 내외의 전위차나 유리관에 둘러싸인 부분의 세포막(팩치라고 부른다)에 존재하는 이온채널의 개폐를 관측한다(그림 10-14). 이 방법의 특징은 유리관 속을 조금 음압으로 설정하면 팩차가 생겨 반구상태로 유리관으로 흡인되어 유리관과 세포막 사이의 실이 좋아져 전류 누출이 크게 감소할 수 있다. 이 조건하에서 누출에 대한 저항은 10GΩ 이상으로 되어 잡음이 크게 감소하며, 전극전압을 자유롭게 설정할 수 있어 기계적인 측면에서도 좋아지고 보급이 쉬어지게 되었다. 그림 10-15에서와 같이 패치크램프법은 여러 종류가 있다.

세포에 유리관 미소전극을 붙여 그대로 전류를 측정하는 방법으로 cell-attached 패

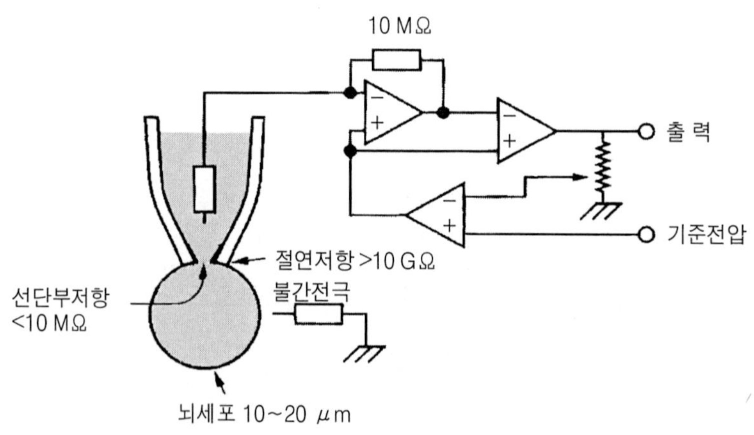

그림 10-14. 패치크램프법이 원리도

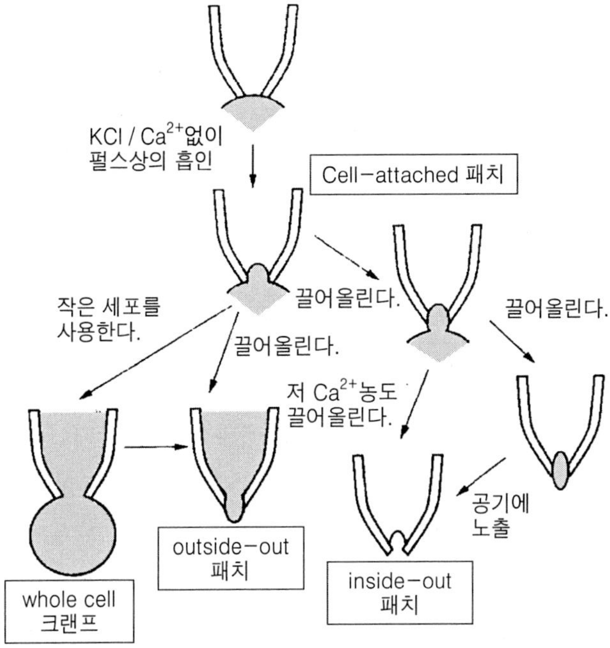

그림 10–15. 여러 가지 패치크랜프법

치라고도 한다. 패치의 한쪽은 세포 내에 면하고 있으며, 생리적인 이온환경 및 채널 활성에 영향을 주는 세포인자도 유지되고 있다. 세포내의 종종의 변화에 따른 채널 활성의 변화를 보는데도 적합하다.

Cell–attached 패치를 빼내고 세포를 분리하면 inside–out 패치로 되어 세포내를 향하고 있었던 쪽을 자유롭게 관류 할 수 있는 채널 활성에 필요한 세포인자를 잃게 되어 불활성화 할 경우도 있다. Cell–attached 패치에서 더욱 음압을 가하여 패치를 파괴시키면 whole–cell 크랜프로 된다.

단일 채널의 활성을 볼 수는 없지만 이것에 의하여 지금까지 유리 모세관을 꽂을 수 없어 세포내로의 유도와 취급이 어려웠던 작은 세포도 쉽게 관찰할 수 있게 되었다. Whole–cell 크랜프의 상태에서 유리관 전극을 빼면 유리관에 부착된 세포막 단편이 재 실하여 outside–out 패치를 얻을 수 있다. 세포 외에 면하고 있는 쪽이 밖으로 노출하고 있어서 세포 외에서 효과를 보이는 리간도를 주는데 적합하다.

패치크랜프법에 의하여 1분자의 채널 단백질이 열린 상태와 닫힌 상태 사이를 왕복하는 모습을 실시간으로 관측할 수 있게 되어 어떤 이온에 대한 투과성이라는 하나의 파라미터로 나타난 것이 채널의 질(개당 크기)과 양(열리고 있는 수)으로 분해할 수 있게 되었다.

하나의 채널을 통과하는 전류는 옴의 법칙에 따르는 것이 확인되어 그 1분자당의 콘덕턴스가 채널 크기를 나타낸다. 이것은 저항의 역수인 지멘스(S)로 나타낸다. 채널 종류에 따라서 수 ps에서 수백 ps까지 여러 가지이며, 같은 채널이라도 이온 종류와 농도에 따라 변화하며, 채널의 이온 선택성은 이 차이점에 유래한다는 것이 알려지고 있다.

5. 질량분석에 의한 생체 고분자의 분석

질량분석법은 분자의 질량을 측정하는 장치이다. 분자의 질량은 화학분석에 있어서 필요 불가피한 측정 항목이다. 질량분석법은 예로부터 개발되어 왔지만 측정물의 구조를 유지한 채 이온화(이온기화)하는 것이 어렵기 때문에 측정할 수 있는 것은 저분자화합물 만이었다. 그렇지만 최근 단백질과 같은 생체 고분자도 이온화할 수 있는 기술이 개발되게 되어 생체물질 분석의 한 수법으로서 폭넓게 사용되고 있다. 단백질 분석이 가능한 질량분석법은 종래의 단백질 분석법의 웨스턴 블롯법(제10장)에 비해서 약간의 시료량으로 단시간에 측정할 수 있다는 장점이 있다.

예를 들어 의료사업에 있어서 단백질의 이상구조의 원인으로 유발되는 유전병 등의 판단을 신속, 간편, 정확하게 할 수 있다. 의약품의 개발에도 빼놓을 수 없다. 5절에서는 생체 고분자의 질량분석법에 대해서 설명하기로 한다. 질량분석법은 종래의 방법으로 이온화한 화합물을 질량/전하수(m/z)에 의하여 분리한 후 검출 기록했다. 그림 10-16에 장치의 블록도를 나타내었다. 시료 도입부에서 이온화 부분으로 들어간 시료는 각각 이온화법에 의해 이온화된 질량 분리부분으로 향하여 전기적으로 가속되어 뛰어나온다.

질량분리부에서는 질량별(엄밀하게는 m/z)로 분리되어 검출부에 도달한다. 질량분리부는 진공펌프에 의하여 고진공으로 유지되고 있다. 이것은 대기 중에서 이온은 대기에 충돌하는 확률이 높고 정확한 분석을 할 수 없기 때문이다. 장치 전체의 제어

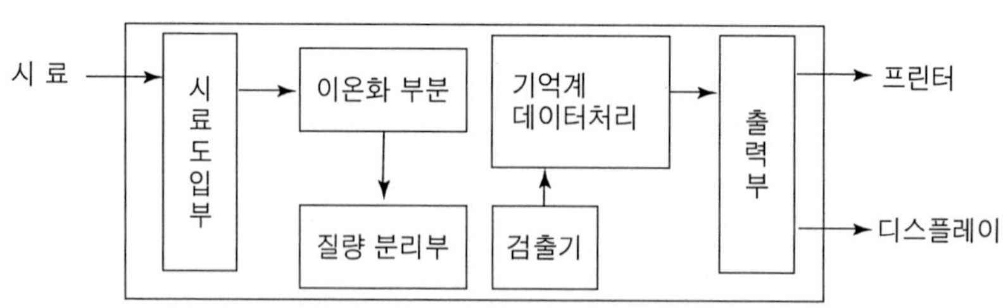

그림 10-16. 질량분석장치 블록도

및 분석기록은 모두 컴퓨터로 한다. 질량분석법의 분류는 주로 이온화법과 질량분리부의 두 가지로 되어 있다.

5.1 이온화법

질량분석은 진공 중에서 행하여지기 때문에 측정시료를 이온기화 시킬 필요가 있었다. 저분자화합물은 상온에서 기체나 액체 등은 이온기화가 쉽다. 그러나 고분자화합물에서는 이온기화 될 때 고에너지를 주기 때문에 분자가 흐트러져(흐라그멘테이션) 분석이 쉽지 않다. 이 때문에 여러 이온기화법이 개발되고 있다.

여기서는 생체 고분자를 파괴하지 않고 이온기화 할 수 있는 방법으로 확립되어 있는 일렉트로스프레이 이온화법과 메트릭스지원 레이저탈이법에 대해서 설명한다.

① 일렉트로스프레이 이온화법

일렉트로스프레이 이온화법(electrospray ionization ; ESI)은 그림 10-17에서와 같이 주사바늘에 시료용액을 넣어 고전압을 가하면 전계에 의하여 대전된 액체가 추출되어 주사바늘 끝에 원추상태의 액주가 형성된다. 원추가 뾰족한 끝부분에서는 그 곡율 반경에 반비례하여 강하게 되는 급격한 전장구배(電場勾配)가 만들어졌다.

강한 전계는 대전된 가느다란 액주를 뚫고 많은 플러스이온을 표면에 놓은 대전액적이 주사바늘의 끝에서 분사된다. 이 강한 전계 중에서 분사프로세스에 의하여 고밀도로 이온을 분사액적의 표면에 얹어질 수 있다.

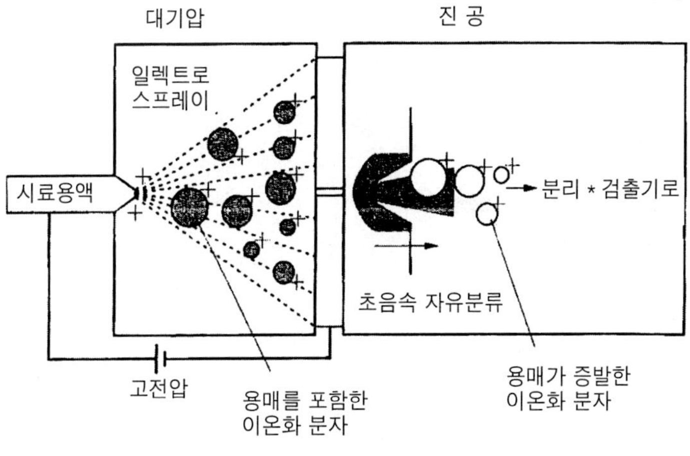

그림 10-17. 일렉트로스프레이 이온화법

시료분자가 액적 중에 포함되면 액적에서 용매분자가 증발한 후 그 분자와 액적 표면에 수많은 이온이 회합하여 다전하 이온이 형성된다. 이온화는 대기압 중에서 이온화된 시료와 작은 구멍에서 진공 중의 질량분리부에 도입된다. 분자량 10만까지의 분자가 파괴되는 일 없이 이온화 할 수 있다. 이 방법은 J.B. Fenn에 의하여 개발되어 그 공적에 의하여 2002년에 노벨화학상을 수상했다.

② 메트릭스 지원 레이저 탈리법

측정시료의 표면에 직접 레이저광을 투과시켜 이온화시키는 레이저 탈리법이다. 그러나 이 방법으로서는 시료분자 자신이 직접 레이저광의 에너지를 흡수하기 때문에 열에 불안정한 단백질 등은 분해되지 않고 이온화 시킨다는 것은 어쩔 수 없다.

한편, 그림 10-18에서와 같이 메트릭스 지원 레이저 탈리법(matrix assisted laser desorption ionization, 약자로 MALDI)은 레이저 에너지를 효율적으로 흡수하는 방법으로 메트릭스라는 대과잉한 시약 중에 시료분자를 균일하게 분산시켜 그 표면에 레이저광을 펄스에 의해 투과한다.

그 결과 메트릭스 분자가 광에너지를 공명 흡수하여 이온화하는 것과 동시에 급속하게 가열되어 기화한다. 이때 레이저 투과에 의한 시료분자의 직접적인 기화는 일어나지 않지만 시료분자를 둘러싸고 있던 메트릭스제가 순식간에 기화하는 것에 따라 시료분자도 거의 동시에 기상으로 방출되어 이온화한 메트릭스제 분자도 일부의 시료분자 사이에서 플로톤이나 전자 등에 의하여 시료분자가 이온화된다. 이 수법도 난휘발성이며, 열에 의해 불안정한 단백질 등의 고분자를 쉽게 이온화할 수 있다. 이

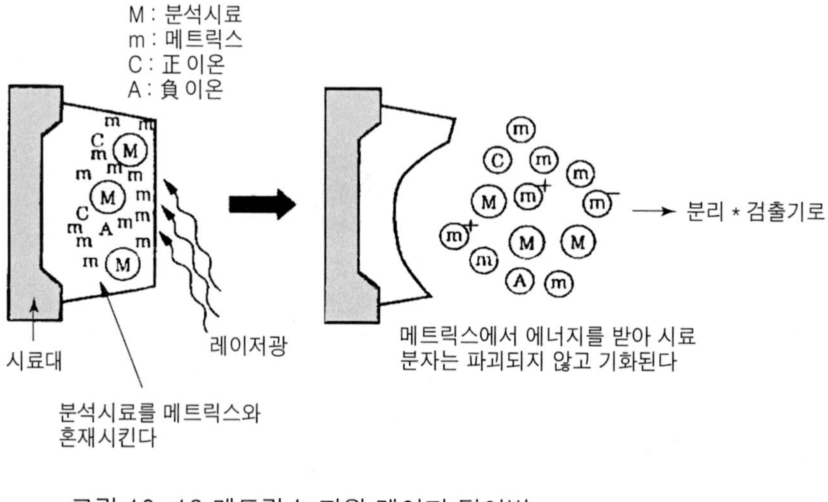

그림 10-18.메트릭스 지원 레이저 탈이법

수법은 K. Tanaka들에 의하여 개발되어 그 공적에 의하여 2002년에 노벨화학상을 수상했다.

5.2 질량분리부

질량분리부도 여러 가지가 있다. 그림 10-19에 이중 수속자장형 질량분석기(Nier-Johnson형)를 나타내었다. 이온화한 분자는 자장(磁場)에도 꺾이게 된다.

전장에서는 식 (10.1)과 같은 힘 Fe를 받는다.

$$Fe = eE \tag{10.1}$$

자장에서는 식 (10.2)와 같은 힘 Fe를 받는다.

$$Fm = eB\upsilon \tag{10.2}$$

한편, 질량을 갖는 물체는 감성에 따라 곧장 진행하려고 하기 때문에 운동방향이 꺾기는 것으로서 이온에 원심력 Fe가 움직여 식 (10.3)으로 나타낸다.

$$F_C = \frac{mv^2}{\gamma} \tag{10.3}$$

다만 m은 이온질량, r은 운동반경이다. 따라서 전장 중에서는 운동반경 r_e는 식 (10.1)과 식 (10.3)에서 식 (10.4)와 같이 나타낸다.

$$r_e = \frac{mv^2}{eE} \tag{10.4}$$

자장 중에서는 식 (10.2)와 식 (10.3)에서 식 (10.5)와 같이 나타낸다.

$$r_{\mathrm{m}} = \frac{mv^2}{eE} \tag{10.5}$$

따라서 전장이나 자장을 변화시킴으로써 운동반경을 측정하는 것으로서 분자의 질량을 측정할 수 있다. 실제로 곡율이 일정한 관을 통과하여 특정한 곡율을 갖는 이온을 포착할 수 있다.

그림 10-19의 장치에서는 전장에서 운동에너지가 일정한 분자를 빼내고 자장을 변화시켜 벡터를 얻는 것으로서 고분해 능력을 가진 측정이 가능하다. 분자량이 1만 이

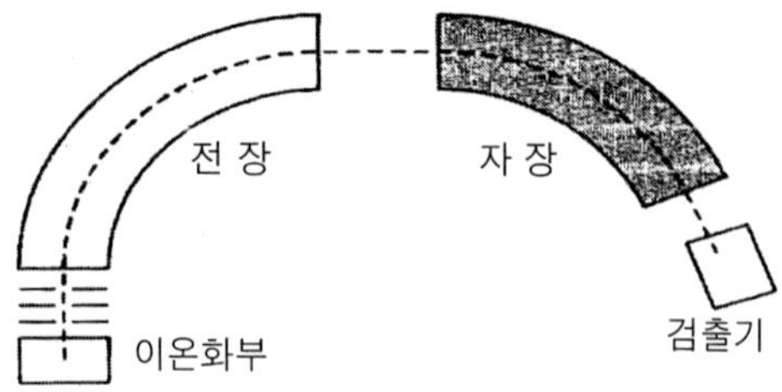

그림 10-19. 이중 수속자장형 질량분석기

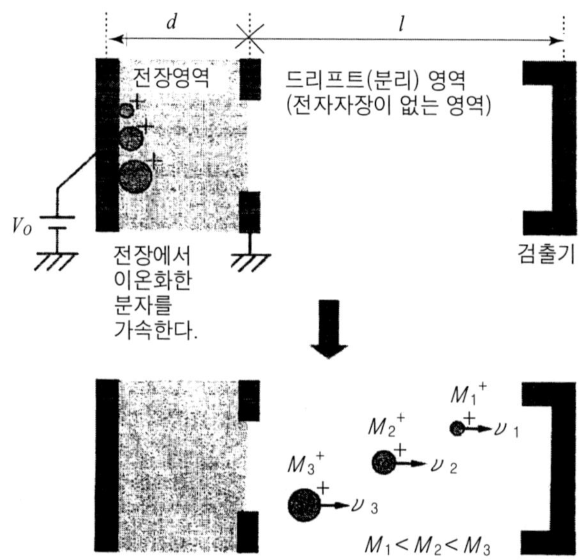

그림 10-20. 시간 비행형 질량분석기

상의 물질을 측정할 경우 식 (10.1)이나 식 (10.2)에서 알 수 있는 바와 같이 r이 크게 되어 장치설계가 어렵다. 이런 단점을 극복한 것이 그림 10-20과 같이 시간 비행형(time of flight ; TOF) 질량분석기이다. 일정한 전압을 가하여 이온을 가속하면 전압 V에 대응한 운동속도 υ가 모든 이온에 대해서 식 (10.6)과 같이 주어진다.

$$\upsilon = \sqrt{\frac{2eV}{m}} \tag{10.6}$$

이러한 식은 질량이 클수록 이온의 속도는 늦고, 질량이 작을수록 이온의 속도는 빠르다. 따라서 일정거리의 전장도 자장도 없는 공간을 검출기를 향하여 비행시키면 이온은 질량이 작은 순서로 검출기에 도달한다. 이온을 가속시켜서 도달할 때까지의 시간을 측정하면 그 이온의 질량을 측정할 수 있다. 그 관계는 식 (10.7)과 같다.

$$t = \frac{l}{v} \tag{10.7}$$

여기서는 t는 비행시간, l 은 비행거리이다.

5.3 검출부

① 사진 검출

자장강도를 일정하게 하여 사진 건판상에 궤도반경이 다른 모든 이온이 동시에 검출된다. 그러나 1회 분석마다 사진을 현상해야 한다.

② 2차 전자배증관

이 방법은 대부분의 장치에서 이용되고 있다. 이온이 금속 표면에 충돌하면 복수의 2차 전자가 방출되는 성질을 이용한다. 순수 고전압을 가한 복수의 전극(벨리리윰과 동합금)을 대항시키면서 나란히 하면 방출된 전자는 다음 전극에서 더욱 많은 전자를 방출시킨다. 따라서 최종 단계에서는 큰 신호를 얻을 수 있다. 전극 총수는 12～20단이며, 1단당 200 V 정도의 전위차가 생긴다. 이것에 의하여 이온전류를 10^7배로 증폭시킬 수 있다.

③ 터널트론

그림 10-21에 나타낸 것처럼 만곡(彎曲)된 유리관의 내면을 반도체로 피복하여 그 표면에 2 kV 정도의 전압을 가한다. 전자는 내벽과 충돌을 반복할 때마다 2차 전자를 방출하여 증폭된다.

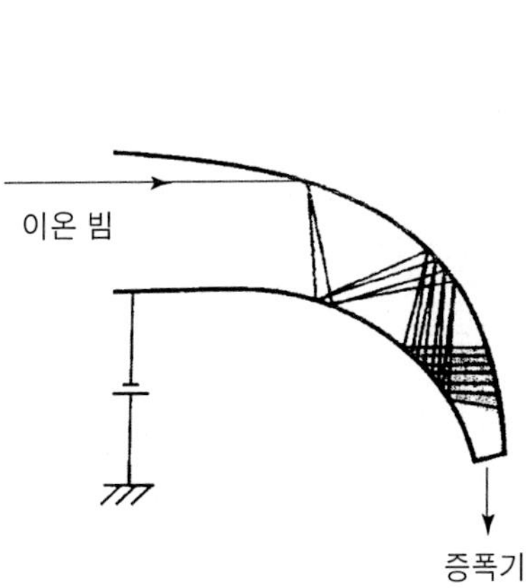

그림 10-21. 터널트론

④ 광전자 배증관

분리된 이온을 변환 다이노우드로 가속, 충돌시켜 생성된 2차 전자를 형광판에 충돌시켜 발생하는 광자를 광전자 배증관으로 증폭시킨다. 광전자 배증관의 원리는 제5장에서 설명하였다.

제 11 장

바이오센서의 신전개

1. 바이오센서의 신전개

본문에서는 실용화 바이오센서를 중심으로 서술했다. 이때까지 많은 바이오센서가 제안, 실험, 제작되어 왔지만 실용화 된 것은 극소수에 불과하다. 실용화에 이르기까지는 첫째 측정해야 할 필요성이 있어야 하고, 둘째 기존의 방법으로는 조작이 복잡하고, 고가의 장치가 필요하며, 또한 종래의 방법으로는 측정이 불가능하며, 셋째 제조 판매하여 충분한 이익을 올릴 수 있어야 한다는 점이다. 다음과 같은 경위를 거쳐 이 장에서는 미래에 실용화 된다고 예상되는 바이오센서를 전망하고, 화학적 원리에 대해 깊이 있게 알아보기로 한다.

2. 미소화학 분석 시스템

바이오센서의 미소화에 대해서는 많은 연구가 현재에도 계속되고 있다. 예를 들어 반도체 기술을 이용한 ISFET가 전형적이다. 현재는 MEMS(micro electro mechanical system) 또는 μTAS(micro-totalanalytical system)라는 기술이 주목을 받고 있다. 이 기술은 그림 11-1에 개념도로 나타낸 바와 같이 바이오센서의 측정계 모두를 $1cm^2$ 정도의 크기인 실리콘기판이나 유리기판에 집적화한 것이다.

측정계는 센서헤드, 플로우셀, 분리컬럼 등이 있으며, 이들을 마이크로 센싱의 기술을 이용하여 하나의 칩에 집적시킨다. 특히 실리콘기판 등에 미소유로(流路)를 제작한다. 샘플의 주입은 모세관현상이나 전기침투를 이용하는 구조로 되어 있다. 이 기술은 부속시스템을 미소화 함으로써 측정시료가 적게 든다. 특히 DNA 검체는 그 자체가 미량이기 때문에 이와 같은 분석칩은 유효할 것이다.

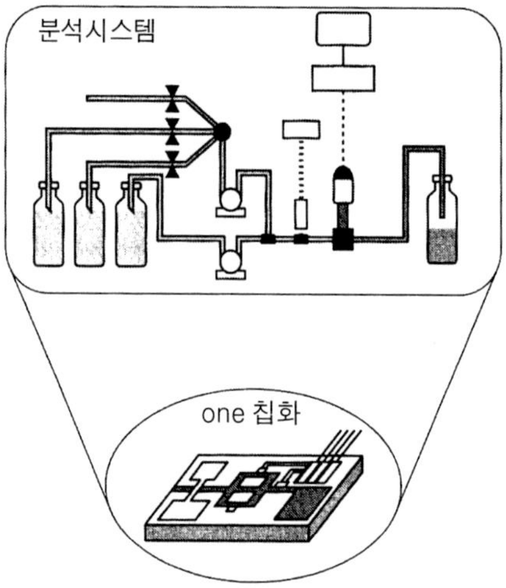

그림 11-1. μTAS의 개념도

또 마크로의 플로우계와 달리 용매의 소비나 분석에너지도 각별히 적은 양으로 되어 환경을 배려한 기술이라고 할 수 있다. 현재 건강진단 칩의 개발 등이 정력적으로 진행되고 있다. 간편하고 소형의 시스템이기 때문에 이것이 실현할 수 있게 되면 만인이 어디서나 휴대하고 사용할 수 있을 것이다. 또한 무선통신을 이용하는 것으로서 언제 어디서나 건강상태를 관리하는 것이 가능하게 된다(제 4장 참조).

3. 화학증폭형 바이오센서

세포 표면에는 여러 가지 수용체(receptor)가 있으며, 호르몬이나 신경전달물질 등의 분자정보를 인식하여 세포내에 정보를 전달하고 있다. 수용체도 효소나 항체 및 DNA와 마찬가지로 특정한 물질을 엄밀하게 식별하고 있다. 예를 든다면 체내의 글루코오스 농도의 조절기구도 호르몬에 의하여 제어되고 있다. 그림 11-2에는 호르몬에 의한 글루코오스 농도의 상승구조를 나타내었다.

혈액 중의 글루코오스 농도가 저하하면 췌장의 랑게르한스섬에서 글루카곤이라는 호르몬이 혈액 중으로 방출된다. 글루카곤이 수용체에 결합하면 G단백질을 거쳐서 아데니레이트 시크라아제를 활성화하는 (Gs)와 제어하는 (Gi)가 작용한다. 아데니레이트 시크라아제는 ATP에서 사이크릭 AMP(cAMP)를 합성하는 효소이다. cAMP 의존성 proteinkinase와 phosphorylase kinasse라는 효소를 인산화 하여 활성화 또는 활성화된 phosphorylase kinasse는 phosphorylase(b, 부활성형)을 인산화 하여 활성화(phosphorylase, a)시킨다.

이렇게 하여 생성된 활성형의 phosphorylase(a)는 글리코겐을 분해시켜 글루코오

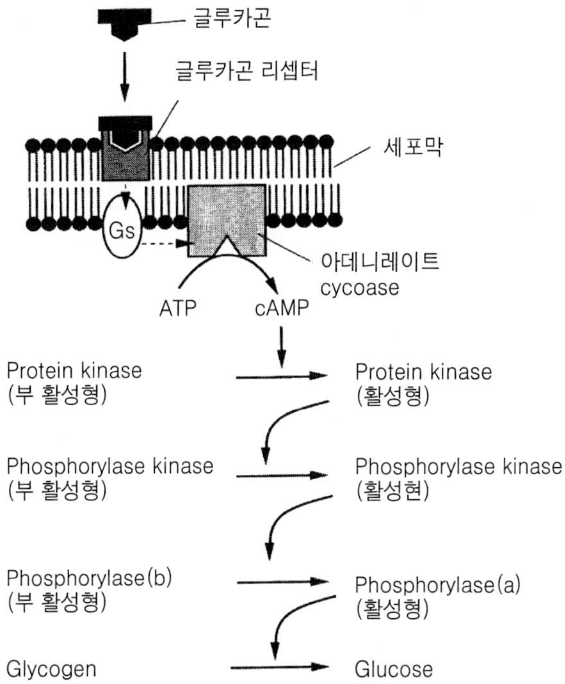

그림 11-2. 혈당치 상승구조

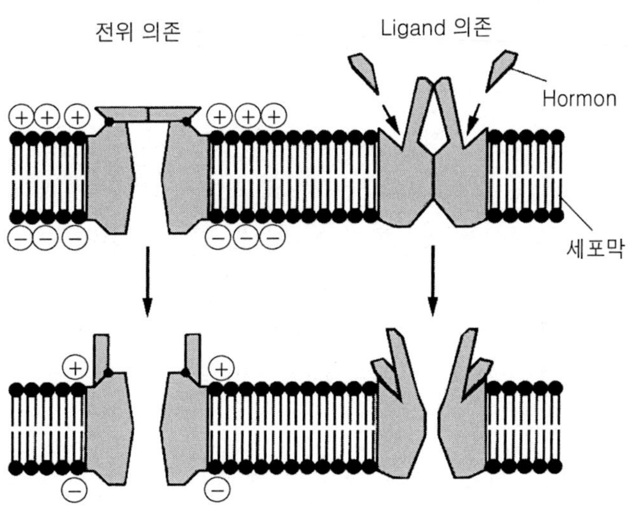

그림 11-3. 이온채널

스 1인산을 생산하여 인산제거 효소에 의하여 글루코오스가 대량으로 생산된다. 일반적으로는 10^{-9} mol/l 정도의 호르몬에 의하여10^{-3} mol/l 정도의 글루코오스가 제어된다. 또한 신경세포 내로 전달되는 전기신호는 이온의 농도 차이에 의하여 생긴 전위를 이용하고 있다. 이 역할을 맡아서 하는 것이 이온채널이다. 이온채널은 단백질이며, 분자 내에 이온이 통할 수 있는 통로를 가지고 있다. 채널은 보통 닫혀 있지만 막전위가 변화하거나 호르몬 등이 결합하는 자극을 주면 열리고 세포 밖의 이온이 세포의 안으로 흐른다(그림 11-3).

채널은 1개의 분자와 결합하면 열리고, 1초 동안에 수만 개의 이온을 세포 외에서 세포내로 유입시킨다. 이와 같이 1개의 분자로 수천에서 수만 개의 분자가 제어되는데 이것을 **화학증폭작용**이라고 한다. 이런 생물기능을 모방한 바이오센서가 제안되기 시작하고 있다. 특히 저자가 개발한 ATPase 바이오센서, Na^{+}채널 바이오센서 등의 원리도 이온 분자의 이동과 조직 내의 채널 작용을 이용한 센서로 초 고감도 센서로 각광을 받고 있다.

4. 생체 모방소자

생체분자나 생물은 살아있는 것이며, 장기 안정성이 빠져 이것이 공업화 및 실용화를 막는 요인이 되고 있다. 그 때문에 생체분자가 가지는 뛰어난 식별능력을 인공적으로 실현하는 시험, 즉 생체모방소자의 개발이 필요하게 되었다. 대표적인 예는 제2장에서 설명한 이오노포어이다. 이 이오노포어 외에도 목적분자를 식별하는 분자의 합성이 시행되고 있다(그림 11-4).

이와 같은 분야를 호스트게스트화학이라고 한다. 그러나 이들 화학물질의 합성에는 다단계의 화학반응을 필요로 하며, 수율이 낮을 경우에는 재료를 수백 kg 사용하여 얻어진 화합물이 수 mg 밖에 안 되는 경우도 자주 있어 재료의 경제효과 측면에서 불합리한 형태를 취하기도 한다. 재료만이 아니라 반응을 위한 용매도 많이 소비한다. 따라서 저 비용의 바이오센서를 실현하기 위해서는 아직 시간이 걸린다고 말할 수 있다. 이것을 대용하는 방법 등으로 분자 인프린트법(주형 중합법)이 주목되고 있다. 그림 11-5에서 나타낸 기질과 유사한 모양의 화합물인 주형분자(인식시키고 싶은 물질)를 그 주형분자와 상호 작용할 만한 화합물(기능성 모노머)과 함께 중합시켜 그 후 주형분자만을 제거한다.

여기서 얻어진 폴리머는 주형분자의 형상과 화학적 성질을 기억하므로 그 구조 유사체인 주형분자와 특이적으로 상호 작용한다. 이 수법은 복잡한 분자설계나 합성 프로세스 없이 목적소자로 합성할 수 있다. 게다가 폴리머가 소재로 사용되기 때문에 센서 재료로서 바로 사용될 수 있을 것으로 추측하고 있다. 이것에 비해서 이오노포어 등은 저분자이므로 액막형성 등의 센서로서 사용하기에는 많은 연구가 필요할 것이다. 이 방법 등으로 여러 가지 분자를 인식하는 폴리머가 보고되고 있다. 이 소자는 인공적으로 싼 가격으로 실현이 가능하고 그 외에 유기용매 중에서 기능을 발휘하는 특징이 있다. 이에 대해서 생체분자는 수용액 중에서만 기능을 발휘하며, 유기용매 중에서는 실활 되어 기능을 발휘할 수 없다. 대부분의 토양이나 작물의 잔류농약

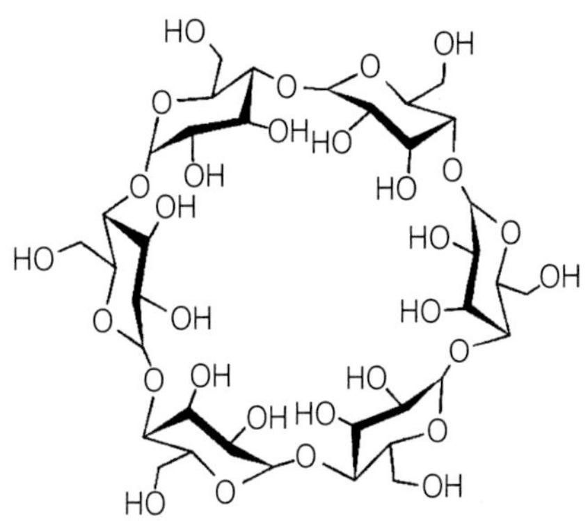

(a) Cyclodextrin

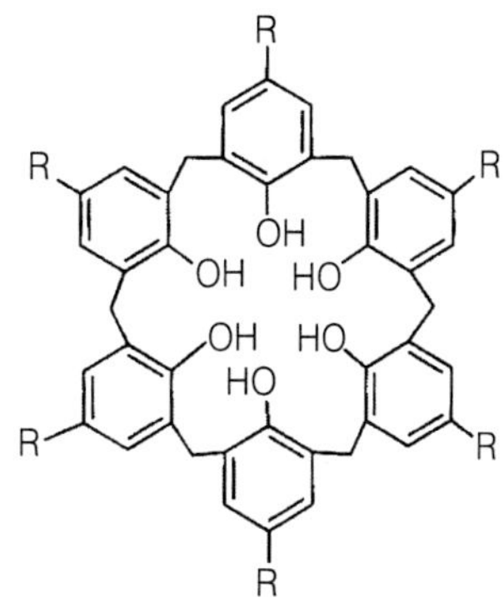

(b) Calixarene

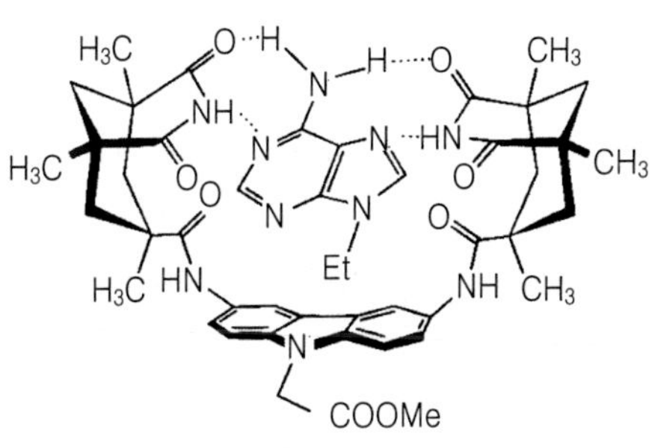

(c) 크래프트분자

그림 11-4. 여러 가지 초분자

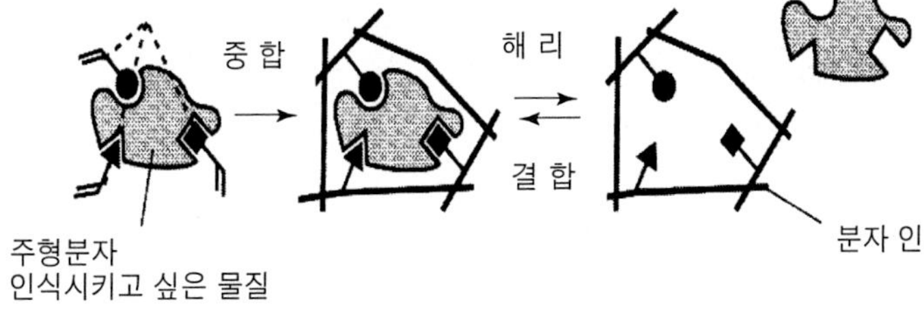

그림 11-5. 분자 인프린트법의 개념도

의 분석에서는 검체를 유기용매로 처리할 경우가 많다. 이 때문에 분자 인프린트 폴리머는 새로운 분석법으로서 주목되고 있다. 또한 분자 인프린트 폴리머를 이용한 센서도 보고되고 있다.

5. 단백질 칩(Protein chip)

유전자 칩은 유전자의 발현 해석이나 1염기 변이를 신속, 간편하게 검출하는 수단으로서 개발되었다. 이것은 종래의 서든 블롯법의 연장선상 위에 있다. 한편 사람 게놈 해독이 종료된 현 시점에서 게놈정보에 따라 발현되는 단백질군, 즉 프로테옴(proteome) 해석에서는 세포나 혈액 등에 어느 정도의 질량 단백질이 존재한가, 또는 단백질에 어떤 단백질이 결합하는가를 알아보는 것이 초점이다. 전자는 발현 해석, 후자는 상호작용 해석이다.

종래의 발현 해석은 그림 11-6에서 나타낸 Western blot technique(웨스턴 블롯법)이나 제10장에서 설명한 질량분석이 이용되고 있다. 또한 상호작용 해석에는 제6장에서 설명한 표면 플라즈마 공명바이오센서가 이용되고 있다. 이들의 수법은 복잡한 방법과 대형 장치, 숙련된 기술훈련을 필요로 하는 장치가 필요하기 때문에 한 번에 최대 수 종류의 계(항원과 항체) 밖에 적용시킬 수 없다. 그 때문에 해석에도 시간이 걸린다.

단백질 칩이란 프로테옴 해석을 신속, 간편하게 할 수 있는 장치라고 할 수 있다. 단백질 칩은 여러 가지 사양이나 형상인 것이 여러 가지 측면에서 연구개발이 진행되고 있다. 개발은 군웅할거의 상태이지만 가까운 미래에는 DNA 칩과 같은 개념으로

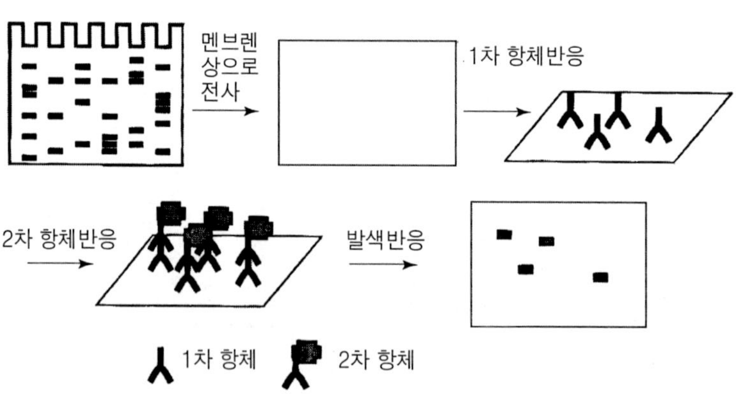

그림 11-6. 웨스턴 블롯법(Western blot technique)

확립되어 구체적인 모양으로 나타날 것으로 기대되고 있는 선진 센서이다.

6. 생물 연료전지

연료전지는 그림 11-7에서 나타낸 것처럼 수소와 산소를 화학반응시켜 에너지를 얻는 전지를 말한다. 폐기물은 물 만이며, 지구 온난화로 만들어지는 이산화탄소나 대기오염의 원인으로 되는 질소 및 유황산화물을 일체 배출하지 않은 그린에너지로서 주목받고 있다. 특히 자동차용이나 가전 설치용 자가 발전기 등의 용도로 개발 연구가 진행되고 있다. 그러나 수소는 상온, 상압에서는 기체이므로 생산과 저장에 큰

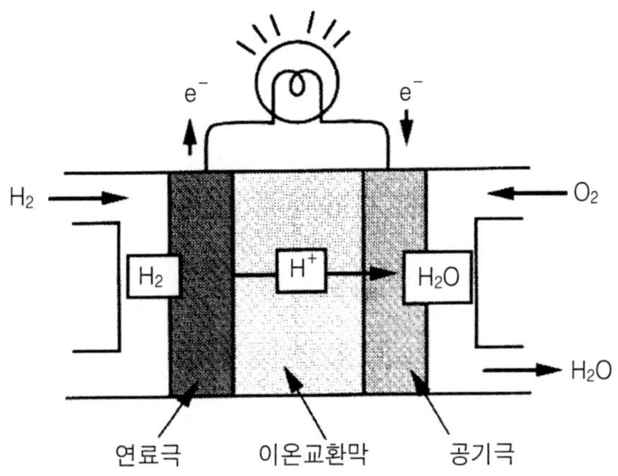

그림 11-7. 연료전지의 개념도

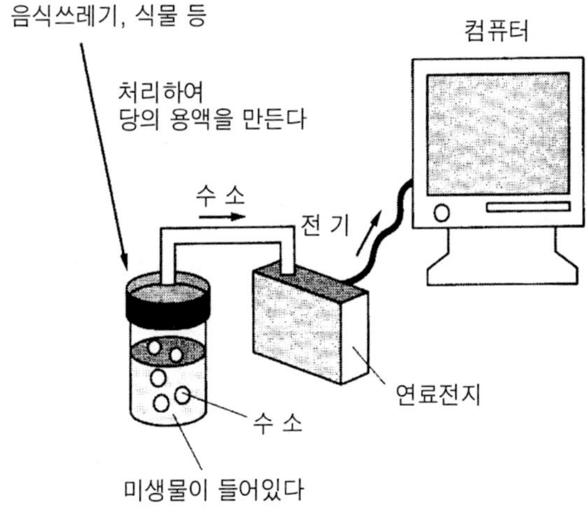

그림 11-8. 생물 연료전지의 개념도

문제를 안고 있다.

특히 수소 생산균이나 광합성균은 수소를 생산하므로 이것을 이용한 생물 연료전지의 개발도 진행되고 있다. 이미지는 그림 11-8에 나타낸 바와 같이 유기물 쓰레기를 이용해 정제하여 당의 수용액을 만든다. 이것을 수소 생산균 등이 들은 배양기에 넣으면 미생물은 당을 자화하여 대량의 수소를 생산한다.

이 수소를 연료전지에 보내고 발전한다. 용도는 휴대전화나 노트북(PC) 등의 전원으로 기대할 수 있다. 제6장에서 설명한 미생물센서와 구조가 거의 같으며, 전원을 주고 전류를 측정하는 것이 센서이며 전류를 사용하지 않고 에너지를 얻는 것이 전지이다. 따라서 바이오센서의 기술을 그대로 이용할 수 있다. 생물 연료전지는 미래 지구 온난화와 탄소가스를 제어하는 친환경적 그린에너지로 큰 관심이 기대되고 있다.

제 12 장

전자와 반도체의 센서응용

1. 전자와 반도체의 센서응용

바이오센서는 생물기능과 일렉트로닉스의 조합이라는 것은 여러 번 설명하였으나, 본문 내에서는 일렉트로닉스에 관한 설명이 불충분하기 때문에 바이오센서를 이해하는 데 있어서 필요한 기초를 정리하였다. 즉, 반도체의 이론에 대해서 알아보기로 하자.

2. 반도체

일렉트로닉스의 중심인 물질은 반도체 실리콘이다. 실리콘은 주기표의 Ⅳ족에 속한다. 반도체는 이름 그대로 금속보다 전기가 흐르지 않지만 절연체보다는 전기가 흐르는 물질이다. 저항률이 $10^{-2} \sim 10^{4}\ \Omega\mathrm{m}$ 정도가 반도체이다. 반도체에서도 순도가 높은 물질을 첨가하는 것으로서 전기저항이 낮아져 첨가하는 불순물량을 조정하는 것으로서 저항을 어느 범위 내에서 자유롭게 바꿀 수 있는데 이 반도체를 **불순물 반도체**라고 부른다.

실리콘은 최외각 궤도에 4개의 원자가 들어있다. 이 4개의 전자는 가전자라고 불리며, 이 전자는 원자끼리 연결시키는 작용을 한다. 1개의 원자가 고립하고 있을 때 그 원자에 속하는 전자는 띄엄띄엄 값(양자상태라고 함)을 가지고 있다. 같은 원자가 많이 모여서 규칙적으로 나란히 되어 있는 결정체 중에서의 전자 궤도는 원자 간의 상호거리가 가까워짐에 따라 영향을 받게 된다. 따라서 에너지 준위에도 영향을 끼친다. 원자 간격이 충분히 크면 그 준위는 단독원자와 같다. 그러나 가까워짐에 따라 원자의 외각원자는 이 원자군이라고 하는 하나의 계로 흡수된다.

파울리의 베타율에서 모든 전자는 같은 에너지를 취할 수 없기 때문에 원자끼리 가까워짐에 따라 1의 준위 또는 2개의 준위로 나누어진다. 이 계는 단독인 경우보다도 낮은 준위가 된다. 많은 원자가 모인 경우에는 많은 에너지 준위가 생긴다(그림 12-1). 다만 에너지대에서 최고준위와 최저준위의 차는 원자 간격으로 결정되므로 에너지 준위는 이 범위에서는 연속적으로 작용한다. 이 연속적인 에너지 준위가 집합하는 것을 **에너지대**(띠)라고 한다.

결정의 전기적 성질은 이 에너지대의 분포가 어떻게 되고 있는가에 따라 결정된다. Ⅳ족 원소에서 결정의 최외각 전자는 절대영도에서는 모두 원자 끼리를 연결하는 움직임을 하고 있다. 즉, 공유결합의 손 역할을 하고 있다. 이 에너지대를 **가전자대**라고 부른다. 이 가전자대의 바로 위에는 전자가 존재할 수 없는 에너지대가 있으며, 이것을 금지대라고 한다. 또한 에너지가 높은 곳에 전자가 존재할 수 있는 에너지대가 있어서 이것에 전자가 있다고 가정하면 전기전도성을 생기게 하므로 **전도대**라고도 한다.

온도를 올리면 원자의 열진동이 격심하게 되어 공유결합의 손 역할을 하고 있었던 가전자에 열에너지가 작용하여 전도대로 올라가 원자핵의 속박부터 떨어져 자유롭게 움직일 수 있게 된다. 원자가 전도대로 올라가면 가전자대에는 전자가 빠져나간 구멍이 생긴다. 이 구멍은 공유결합의 손이 없는 부분으로서 밖에서 전계를 가하면 전자가 쉽게 이 구멍으로 들어가서 구멍을 막는다. 그 대신에 이동해온 전자의 원래 장소에서는 공유결합의 손이 없어지므로 구멍이 생긴다. 이때 구멍이 생긴 부분에 전자가 이동하여 반대 방향 즉 이동에 대해서 알아보면 전자의 이동이 반대방향, 즉 전계 방향으로 구멍이 움직이게 되며, 마치 정전하를 가진 입자와 비슷해진다. 그래서 이 구멍을 **정공**(正孔)이라고 한다(그림 12-2).

진성반도체에서는 전도대로 올라가서 자유롭게 움직일 수 있는 전도전자와 같은 수의 가전자대의 정공이 전류를 담당(캐리어라고 함)하게 된다. 절대영도에서는 모든

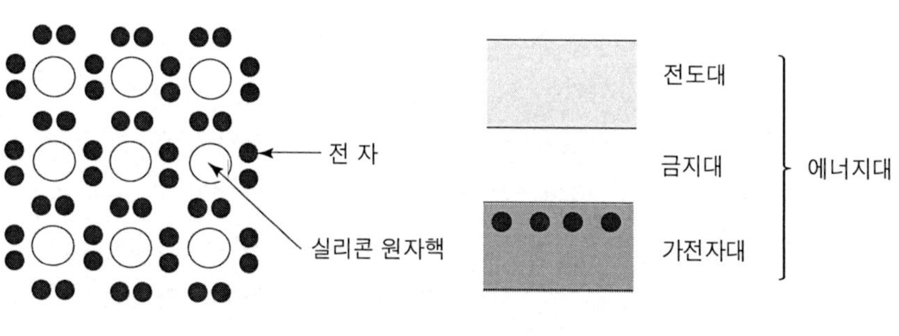

그림 12-1. 가전자와 에너지대

최외각 전자가 가전자대에 있었던 것이 온도를 높게 하면 열에너지에 의하여 전도대로 올라가는 것으로서 전자가 생기며, 전도전자는 그것과 짝으로 되는 정공이 생겨 전기전도가 된다. 금지대의 폭은 물질의 종류에 따라 다르다. 그림 12-3에 나타낸 바와 같이 반도체와 절연체의 전자구조는 같으며 금지대의 크기로 결정된다. 금지대의 폭이 크면 상온 부근에서의 열에너지의 가전자는 결합의 손을 뿌리칠 수 없다. 즉, 가전자대의 전자가 금지대를 넘어서 전도대로 이동할 수 없다. 그 때문에 캐리어의 양이 적고, 전기가 흐르기 어려워서 절연체로 된다. 다만 온도를 높게 하면 전도전자 등이 증가하여 전기전도가 생긴다.

실제로 사용되고 있는 반도체에서는 불순물을 넣어 캐리어 농도를 높이고 있다. 불순물로서 인, 비소 등의 Ⅴ족 원소를 미량으로 가한다. 그러면 그림 12-4에 나타낸 것처럼 불순물은 결정격자를 흐트러지지 않게 반도체 원자의 규칙한 위치로 들어간다. Ⅴ족 원자는 5개의 가전자를 가지며, 그 중 4개의 가전자는 주변의 Ⅳ족 원소인 반도체 원자와 결합하지만, 나머지 1개의 전자는 남아 있는 상태로 된다. Ⅴ족의 원

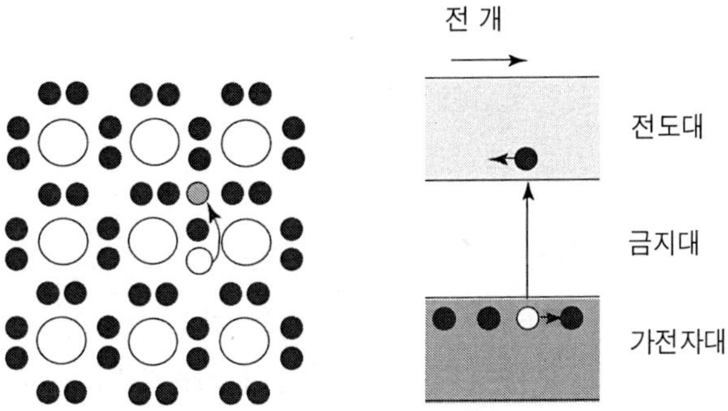

그림 12-2. 전도전자와 정공

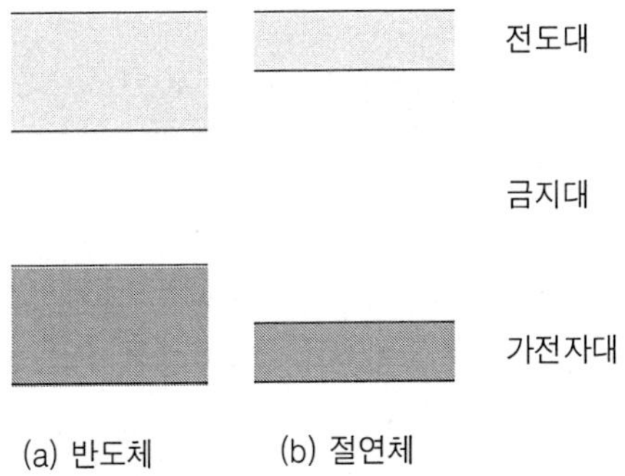

그림 12-3. 반도체와 절연체의 에너지대

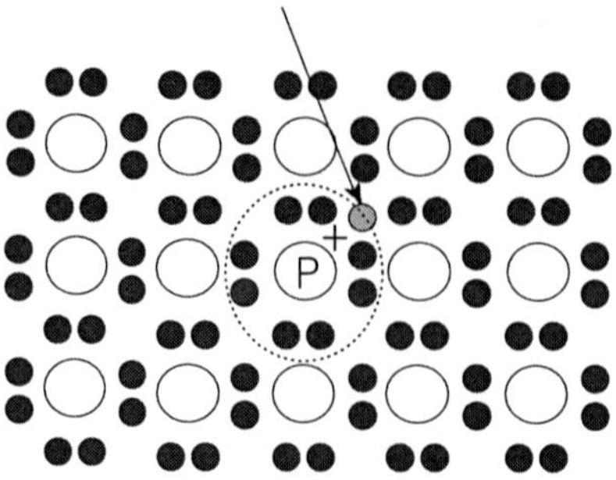

그림 12-4. n형 반도체의 전도전자

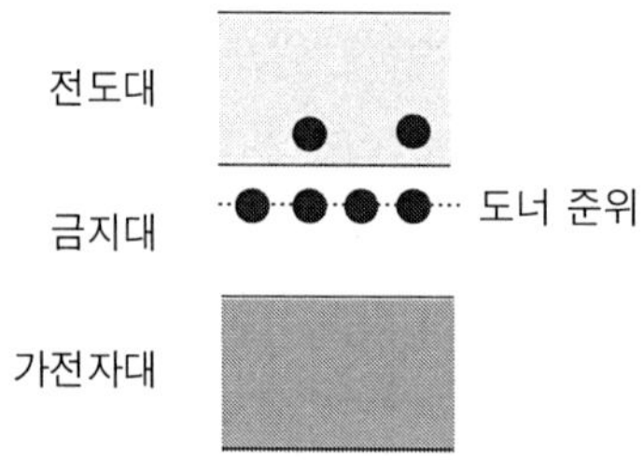

그림 12-5. n형 반도체의 에너지대

자는 전기적으로는 5개의 가전자를 가지고 있을 때 중성이므로 결정 중에서는 이 불순물 원자는 정이온으로 되어 있다. 결정 중에서는 남은 전자와 불순물 원자와는 약한 힘으로 거래하게 된다. 그 때문에 밖에서 전압이 가해지면 남아 있던 전자는 간단하게 불순물 원자의 속박에서 벗어나 결정체 내에서 자유롭게 움직일 수 있게 된다. 이와 같이 V족의 원소를 미량 가하면 불순물 반도체에서는 캐리어가 남아 있는 전자가 되며 이것을 **n형 반도체**라고 부른다. n형 반도체의 에너지대는 그림 12-5에서 나타낸 바와 같다.

불순물 원자의 양은 반도체 원자의 양에 비해서 매우 조금이다. 따라서 공유결합하고 있는 전자의 에너지대는 거의 변화하지 않고 그것에 남아 있는 전자의 에너지 준위가 가해지게 된다. 남아 있는 전자는 불순물과의 결합이 약하기 때문에 불안정하며, 에너지 준위가 높은 것을 의미한다. 따라서 그 준위는 전도대의 바로 밑에 위치한다. 전도대와의 에너지 차가 금지대보다도 작기 때문에 이 준위의 전자는 상온에서 간단하게 전도대로 옮겨져 전류 캐리어로 된다. 이렇게 남은 전자는 에너지 준위를 캐리어에 공급한다는 의미로 **도너준위**라고 한다.

전도대의 밑부분과 도너준위의 에너지 차는 상온에서의 열에너지보다도 작으며, 남

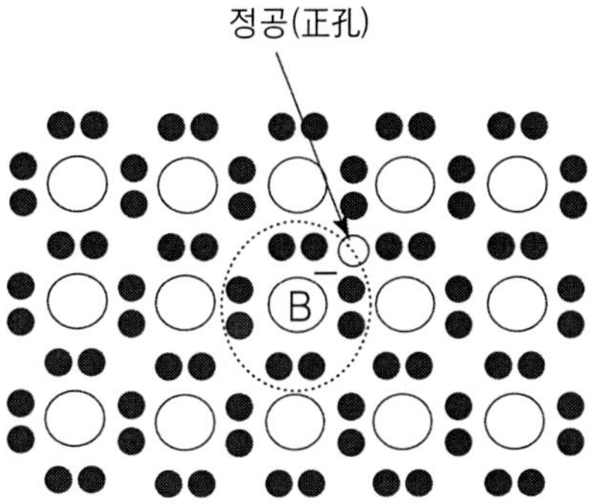

그림 12-6. n형 반도체의 전도전자

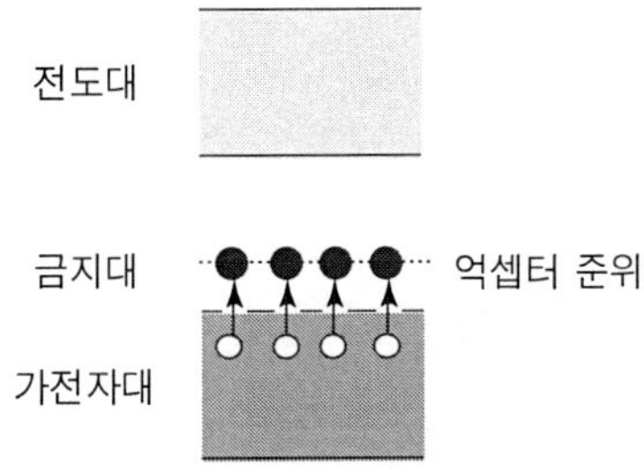

그림 12-7. P형 반도체의 에너지대

은 전자의 대부분은 전도대로 올라간다. 이 결과 진성반도체에 비해서 저항률이 작아지며 전류가 흐르기 쉬워진다. 또한 남은 전자는 첨가하는 불순물 양과 같기 때문에 불순물을 제어하는 것으로서 전기저항을 자유롭게 설정할 수 있다. 한편, 불순물로서 알루미늄, 붕소 등의 Ⅲ족 원소를 가한다. Ⅲ족 원소는 최외각 궤도에 3개의 전자를 가지고 있다.

이것이 결정으로 들어가면 그림 12-6에 나타낸 바와 같이 어딘가에 전자 1개를 잡아 Ⅳ족의 반도체 원자와 4개의 손으로 결합한다. 그 결과 불순물 원자의 주변 어딘가에 가전자가 빠진 부분, 즉 정공이 존재하게 된다. 이 불순물 원자가 1개 많아지면 부이온으로 된다. 이 정공은 음전자와 마찬가지로 불순물 원자의 속박에서 간단하게 떨어져 움직일 수 있게 되므로 전류 캐리어로 된다. 이 반도체를 p형 반도체라고 한다.

p형 반도체의 에너지대는 그림 12-7에 나타낸 바와 같이 정공의 존재에 의해서 가전자대의 조금 위쪽에 새로운 에너지 준위가 생긴다. 이 에너지 준위는 가전자를 간단하게 끌어 가전자대에 정공을 남긴다. 이 준위는 전자를 받아들인다는 의미로 억셉터준위라고 한다. 가전자대의 정점과 억셉터준위의 에너지 차는 상온에서의 열에너지

보다도 작고, 거의 억셉터 준위는 가전자대에서의 전자를 받아들이고 있다. 따라서 p형 반도체도 진성반도체에 비해서 전기저항이 낮다.

3. 다이오드

반도체 결정의 한쪽 영역에 Ⅲ족 원소, 다른 영역에 Ⅴ족 원소를 주입하여 p형 반도체와 n형 반도체의 경계를 접하게 만든 것을 **pn접합**이라고 부르며, 이것이 대표적인 전자소자인 다이오드이다. 그림 12-8에서와 같이 pn접합의 경계영역에서는 p형층의 정공과 n형층의 남은 전자가 서로 확산, 결합하여 함께 소멸한다. 이 영역을 공필층이라고 부른다. 경계영역에 생긴 공필층은 p형 및 n형의 전 영역으로 확산하는 것이 아니라 매우 좁은 영역에 한정되어 있다. 다이오드에 직류전압을 가하면 어떻게 되는가 생각해보자.

그림 12-9에 나타낸 바와 같이 p형층을 정(正), n형층을 부(負)로 하여 전압을 가할 경우 밖에서의 전계의 방향은 공필층의 공간전하에 의한 전계와 역방향이므로 p형층의 정공도 n형층의 남은 전자도 접합부의 방향으로 힘을 받게 된다. 이 힘에 의하여 p형층의 정공은 n형층으로 흐르며, 거기에 있는 정공과 결합하여 소멸한다. 이 경우에는 전류가 흐르게 된다. 이 방향의 전압을 **순방향 전압**이라고 한다. 이것과 반대로 p형층을 부(負), n형층을 정(正)으로 하여 전압을 가하면 그림 12-9 (b)와 같이 p형층의 정공은 부극으로, n형층의 전자는 정극으로 서로 접합부에서 멀리 떨어지는 방향으로 이동한다. 그 때문에 공필층은 더욱 더 확산되어 공간 전하가 증가하여 공필층의 전위차가 높아진다.

이 경우 p형의 정공도 n형의 전자도 접합면과 반대 측으로 기울러질 뿐이며 정상

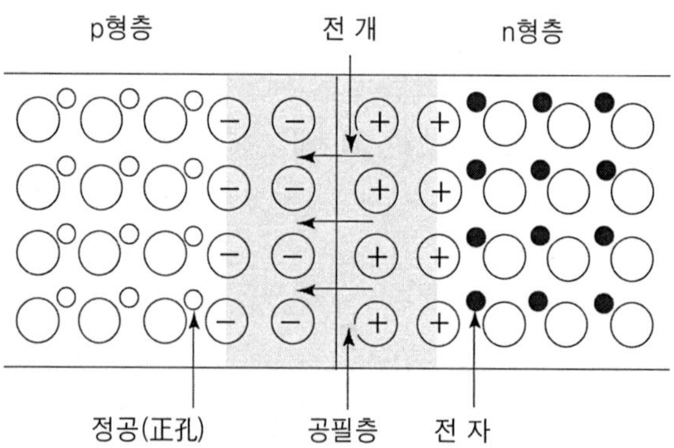

그림 12-8. 다이오드구조와 전하분포

적인 전류는 흐르지 않게 된다. 이 방향의 전압을 **역방향 전압**이라고 한다. 따라서 다이오드는 그림 12-10에서와 같이 전류와 전압 특성으로 되며, 한쪽 방향 밖에 전류를 흐르지 않은 소자이다. 다이오드의 응용회로에는 그림 12-11에서 나타낸 바와 같이 교류전류를 직류전류로 변환하는 정류회로가 있다.

다이오드에 빛을 비치면 기전력(起電力)이 생긴다. 이 효과를 이용하여 빛을 전기로 변환하는 다이오드가 있다. 그림 12-12에 포토다이오드의 구조를 나타내었다. 이것은 반도체의 p^+, I, n^+의 3영역에서 일어나며 p측에서는 부(負)의 전위, n측에서는 정(正)전위의 역디바이스를 가한다. i는 진성반도체의 영역에서 공필층을 확산하는 역할이 있다. 반도체의 에너지 간격에 해당하는 간격파장보다 짧은 파장의 광파가 입사되면 광파는 흡수되어 광전류를 발생한다. 즉 회로를 형성하는 것으로서 이 광전류는 저항으로 흘러 출력전압을 발생한다.

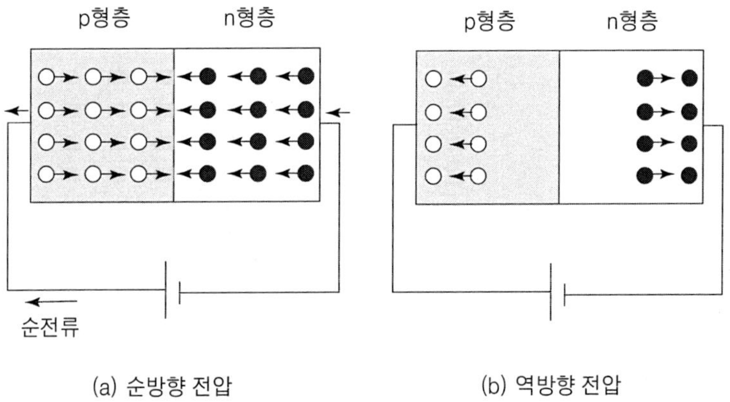

그림 12-9. 다이오드에 가하는 전압과 캐리어의 거동

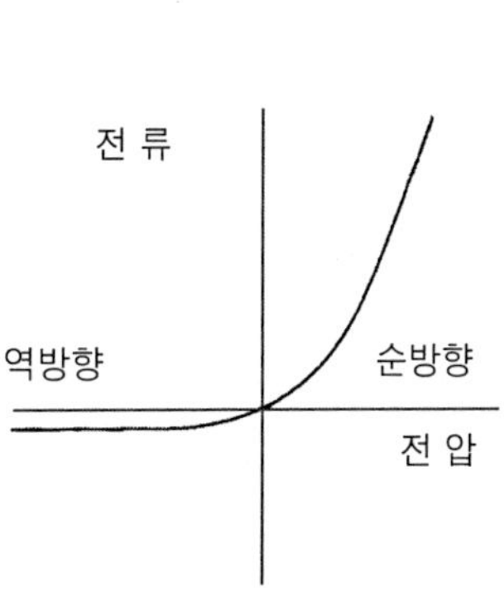

그림 12-10. 다이오드의 전류와 전압 특성

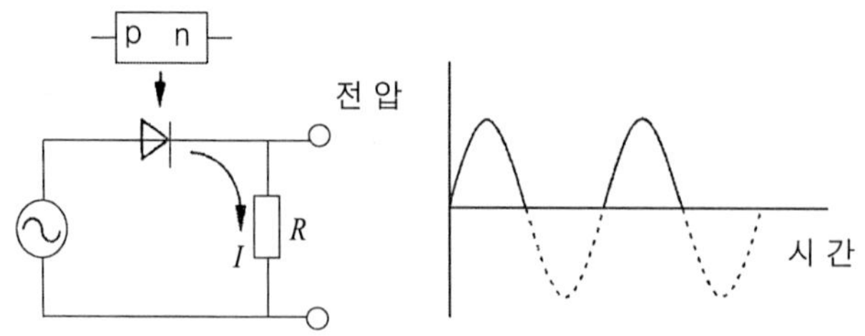

(a) 다이오드에 의한 반파정류 회로

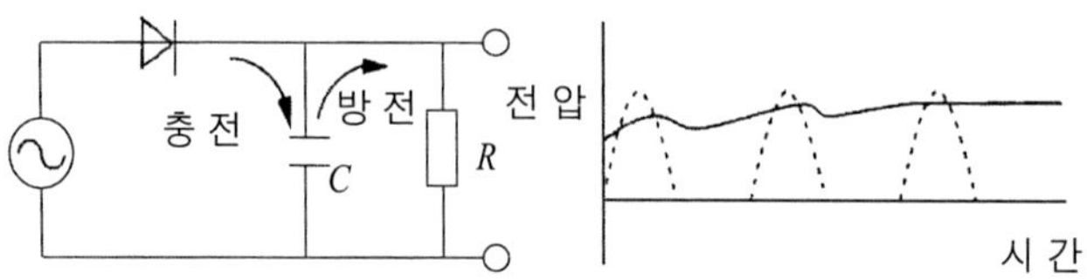

(b) 다이오드에 의한 평활회로

그림 12-11. 다이오드의 응용회로

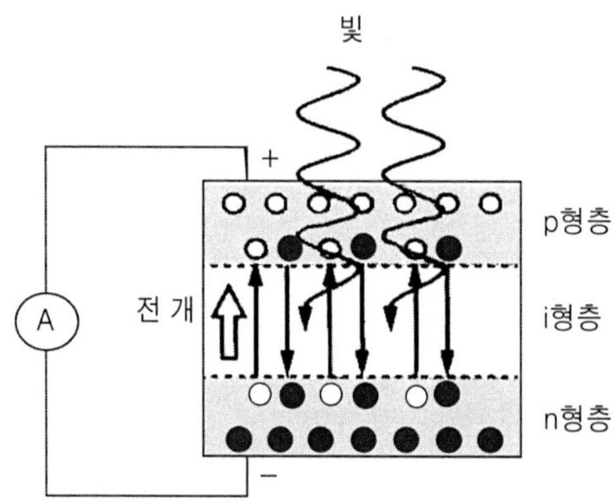

그림 12-12. 포토다이오드의 구조와 동작원리

광기전력은 입사광의 강약에 비례한다. 태양전지도 마찬가지 원리이다. 그림 12-13에 포토다이오드의 전류와 전압 특성을 나타내었다. 또한 pn접합 다이오드에 높은 역디바이스 전압을 가하면 이 전압은 공핍층에 걸려 빛으로 생성된 캐리어가 공핍층을 통과할 때 높은 에너지를 얻은 상태로 격자와 충돌하여 전자 정공대를 새로 생성한다. 이 과정을 연속적으로 일으켜 눈사태 현상의 상태로 하면 광신호의 증폭이 생긴다. 이것이 아벨런쉐포토다이오드(APD)이며 고감도와 고속응답을 나타낸다.

실리콘-APD는 광전류의 200배 이상, 응답속도 0.5 ns 이하인 것을 얻을 수 있다. 또한 APD는 내부 증폭작용을 가지는 점에서 미약신호를 암프열잡음 이상으로 높여

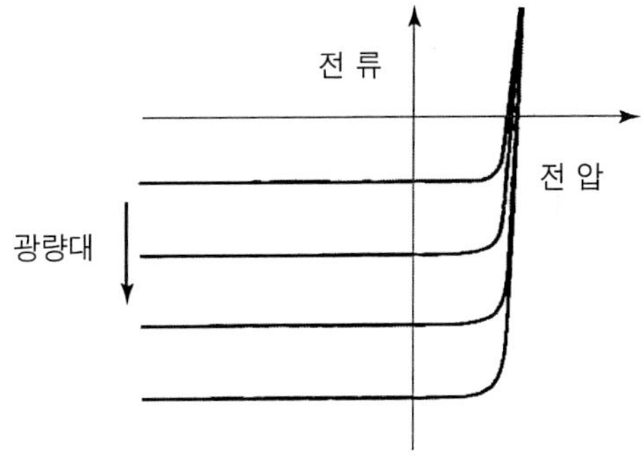

그림 12-13. 포토다이오드의 전류와 전압 특성

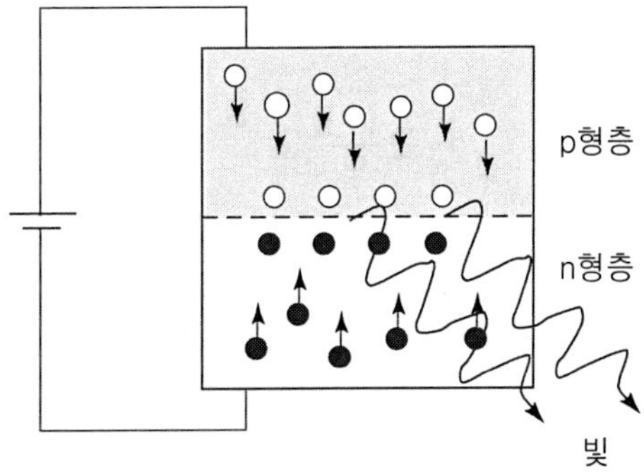

그림 12-14. 발광다이오드

증배된 전류에 의한 숏트 잡음 근방까지 고주파에서의 검출한계가 낮아지는 특징이 있다. 포토다이오드와 반대로 전류를 흐르게 하여 빛을 발광하는 발광다이오드도 있다. 발광다이오드는 실리콘이 아니라 가륨비소(GaAs)나 인듐린(InP) 등의 Ⅲ-V족 반도체의 pn접합에서 만들어지며, 순방향으로 전류를 가하면 발광한다. 순방향으로 전압을 가하면 n형층의 전자와 p형층의 정공이 pn접합면에서 결합하는 것으로서 전도대에 있는 높은 에너지를 가지고 있던 전자가 낮은 에너지의 가전자로 된다. 이때 에너지 차의 일부가 광에너지로 되어 방출, 발광한다(그림 12-14). 발광다이오드는 표시 데바이스나 디스플레이 등으로 이용된다.

4. 트랜지스터

p형과 n형의 반도체를 pnp 또는 npn과 같이 조합하여 중간층의 반도체를 매우 얇

게 만든 것을 접합형 트랜지스터라고 한다. 그림 12-15에는 트랜지스터의 구조를 나타낸 것이며, 각 부분에서 인출된 전극 중에서 E는 에미터, B는 베이스, C를 코랙터라고 한다. 그림에는 트랜지스터의 회로기호를 나타낸다. 이 트랜지스터의 작동에 대해서 에미터 접지회로를 이용하여 설명하기로 한다.

에미터 접지는 그림 12-16에 나타낸 바와 같이 에미터를 베이스 및 코랙터와 연결하여 공통 단자(端子)로 한 회로이다. 그림과 같이 pnp형 트랜지스터에 대해서 코랙터 및 베이스를 부(負)로 하여 에미터와의 사이에 각각 VcE, VBE의 전압을 가한다. 이와 같이 하면 에미터와 베이스 사이에는 순방향전압이 가해지게 되므로 에미터의 캐리어인 정공은 베이스 방향으로 흐른다. 이것을 **에미터 전류 IE**라고 한다.

베이스로 흘러들어간 정공의 일부분은 베이스의 캐리어인 남아 있는 전자와 결합

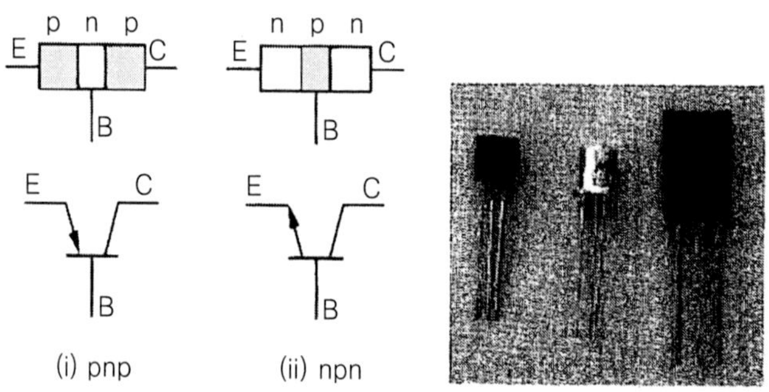

(a) 구조와 회로기호 (b) 여러 가지 트랜지스터 사진

그림 12-15. 접합형 트랜지스터

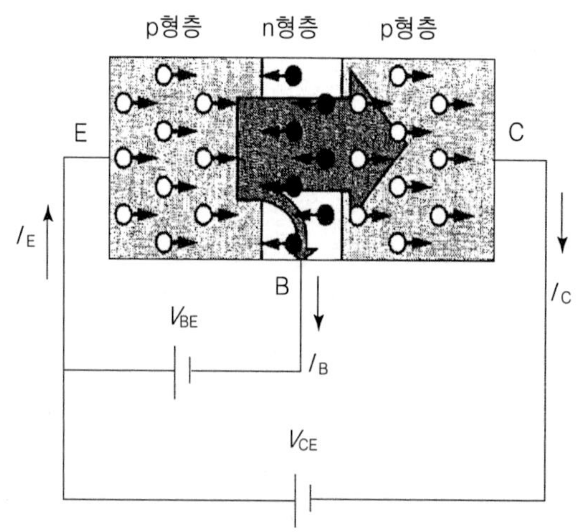

그림 12-16. 접합형 트랜지스터의 동작 원리(에미터접지 경우)

하여 소멸하며, 그 만큼 순전류로서 에미터와 베이스 간을 흐른다. 이 전류를 **베이스 전류 IB**라고 한다. 다이오드에서는 p형층과 n형층의 캐리어 수는 같으며, 각각 캐리어는 서로 결합 소멸하여 큰 전류가 흐른다. 그러나 트랜지스터에서는 베이스 부분이 매우 얇으며 캐리어 수는 매우 적다. 그 때문에 에미터에서 온 정공 중 베이스와 남아 있는 전자와 결합할 수 있을 확률은 아주 적으며, 베이스 전류는 매우 작다. 정공의 대부분은 베이스 전자와 결합하지 못하고 그대로 코랙터와의 접합부에 도달한다.

코랙터 접합부에서는 원래 공간전하, 외부에서의 역전압에 의해서 강한 전계가 움직이고 있으며, 여기에 도달한 정공은 이 전계에 끌려서 한결같이 코랙터로 흐르게 된다. 이것을 전류 Ic라고 한다. I_B, Ic, I_E의 관계는 식 (12.1)과 같다.

$$I_C = I_E - I_B \tag{12.1}$$

한편, 에미터에서 코렉터로 흘러들어가는 정공의 비율 α로 한다면

$$\alpha = \frac{I_C}{I_E} \tag{12.2}$$

식 (12.1), 식 (12.2)에서 I_C와 I_B의 관계는

$$\alpha = \frac{I_C}{I_B} = \frac{\alpha}{1-\alpha} \tag{12.3}$$

와 같이 된다. α는 트랜지스터의 구조와 관계된다. 베이스 부분이 얇은 트랜지스터일수록 코랙터로 흘러가는 캐리어가 많기 때문에 α는 1에 가깝다. 실제로 $\alpha = 0.9 \sim 0.99$ 정도이다. 이 경우 미소한 I_B를 제어하는 것으로서 큰 전류 Ic를 제어할 수 있

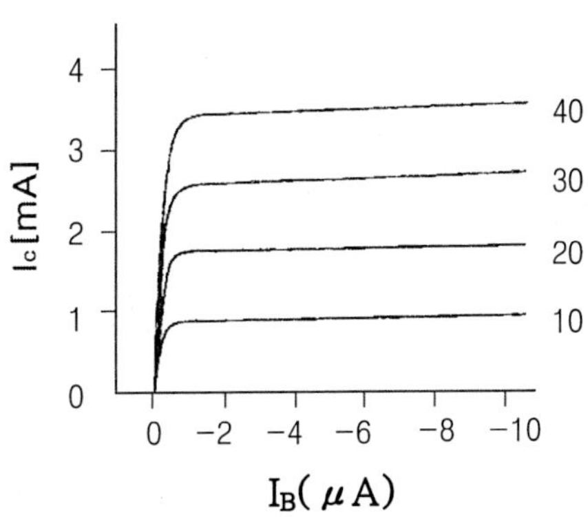

그림 12-17. $V_{CE} - I_C$ 특성 I_B에 의한 의존성

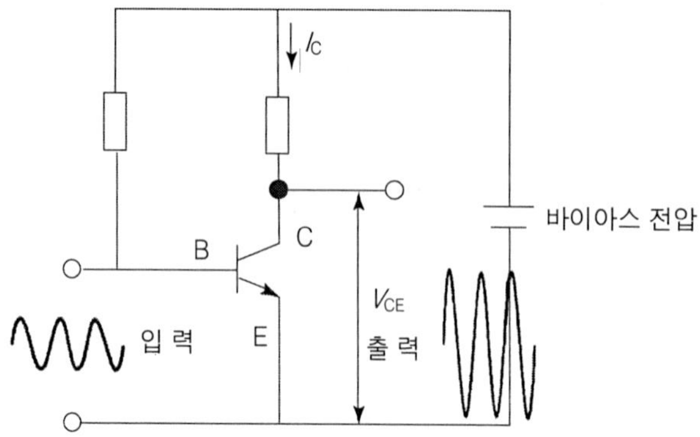

그림 12-18. 트랜지스터를 이용한 증폭회로 예

게 된다. α = 0.99의 경우 I_C/I_B는 약 100으로 된다. 이것이 트랜지스터의 증폭률로 된다. 이 모양을 표시한 것이 그림 12-17에 나타낸 $V_{CE}-I_C$ 특성의 I_B에 의한 의존성이다. 그림 12-18은 트랜지스터를 이용한 증폭회로의 예이다. 예를 들어 입력 측에 마이크, 출력 측에 스피커를 설치하여 작은 소리를 큰소리로 증폭할 수 있다.

5. 전계효과 트랜지스터

전계효과 트랜지스터(field effect transistor; FET)는 접합형 트랜지스터와 같은 증폭작용을 한다. 그림 12-19에 단체의 FET의 구조를 나타내었다. P형 실리콘 기판상에 2군데 극소적인 도핑에 의한 n형으로 한다. 이 부분에 전극을 형성하지만 각각 드렌(D), 서스(S)라고 한다. p형 부분은 산화(절연)막을 형성하여 그 위에 전극을 형성한다. 이 전극을 게이트(G)라고 한다. 반도체(semiconductor) 가판상의 절연체인 산

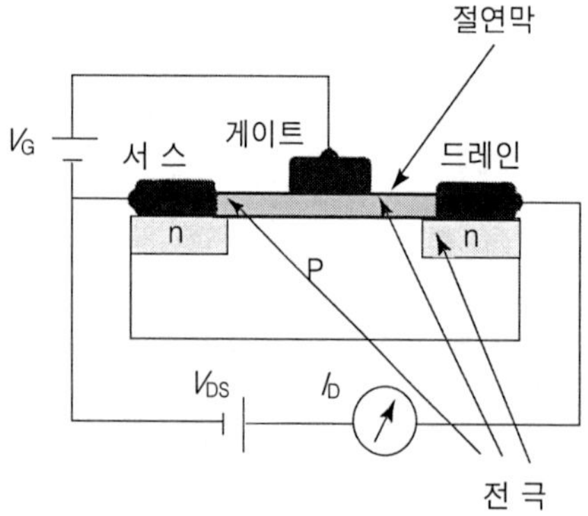

그림 12-19. FET 회로도

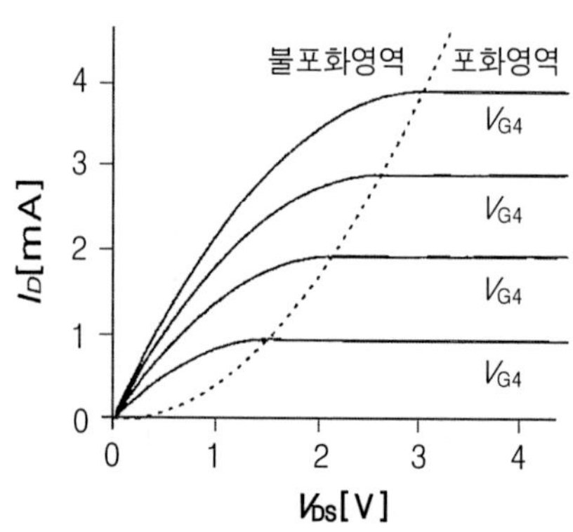

그림 12-20. FET의 원리

화막(oxide), 금속전극(metal)을 겹친 3층 구조이므로 그 머리글을 합쳐서 MOSFET 라고 한다. 게이트 전압(V_G)을 제어하는(입력신호) 것으로서 드렌(D)-서스(S) 간의 전류(I_D)을 제어할 수 있다(출력신호, 그림 12-20).

게이트에 전압을 가하면 p형 반도체가 n형으로 되어 그 결과 서스(S)-드렌(D) 간에 전류가 흐르는 길(채널이라고 함)이 생긴다. 이 게이트 전압을 제어하는 것으로서 크기를 제어할 수 있다. 약간의 전압으로서 전류값을 제어할 수 있어 이것을 증폭작용이라고 한다. 접합형 트랜지스터에서는 전류에 따라 출력을 제어하고 있는 것에 비해서 FET에서는 전압에 따라서 제어하고 있다. 입력 인피던스를 크게 잡을 수 있다는 장점이 있다.

MOSFET의 경우에는 플레너 기술이라고 하는 대량 생산기술로 제작된다. 이 기술로 수cm 각의 기판에 FET, 콘덴서, 다이오드 등이 수백만 개 이상 형성된 집적회로(integrated circuit ; IC)가 제작되고 있다. 집적회로는 프로세서나 메모리 등의 일렉트로닉스의 중심적 역할을 하고 있다.

6. 오페암프

오페암프는 연산증폭기라고 하여 이름 그대로 원래 아날로그 전자회로의 연산회로로서 표준화되었다. 이것이 만능 증폭기로서의 요건을 거의 만족시켰기 때문에 집적회로로서 양산시키는데 저가격화에 성공하여 1개의 트랜지스터와 마찬가지로 취급되고 있다. 오페암프는 그림 12-21에 나타낸 바와 같이 8개 다리의 전자소자이며 차동(差動)입력, 싱글엔드 출력의 형태를 취한다. 그림 12-22는 기본 증폭회로인 반전증폭기이다. 이 경우 장점 G는 식 (12.4)와 같이 나타낸다.

$$G = \frac{V_2}{V_1} = -\frac{Z_2}{Z_1} \qquad (12.4)$$

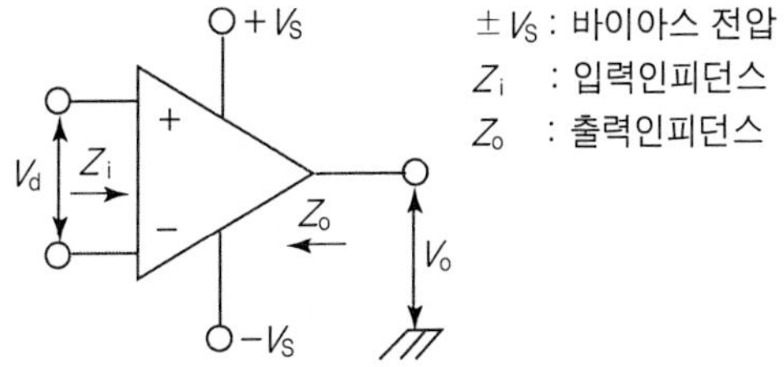

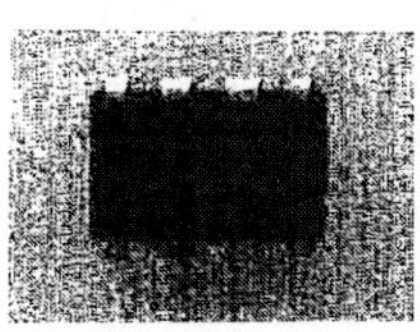
오페암프 사진

그림 12-21. 오페암프

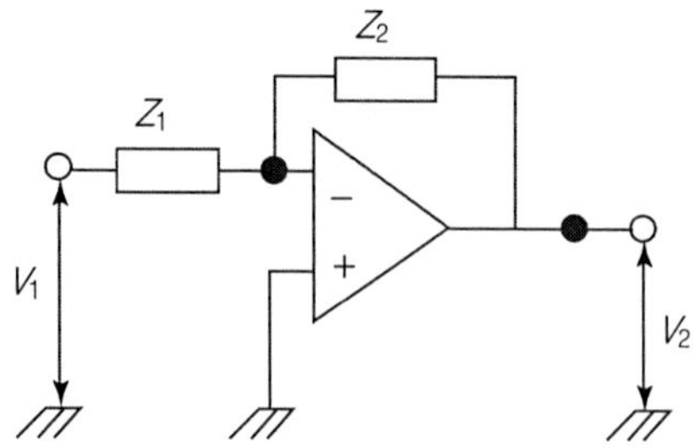

그림 12-22. 반전증폭회로

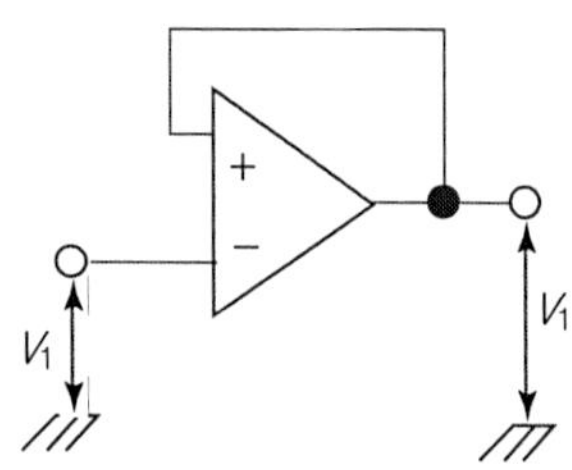

그림 12-23. 볼테지퍼로와 회로

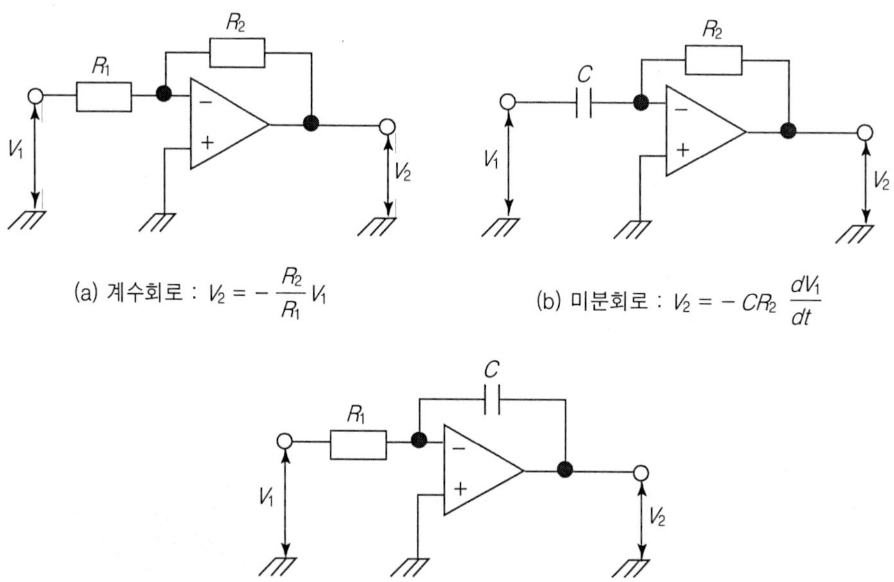

(a) 계수회로 : $V_2 = -\frac{R_2}{R_1} V_1$

(b) 미분회로 : $V_2 = -CR_2 \frac{dV_1}{dt}$

(b) 적분회로 : $V_2 = -\frac{1}{CR_1} \int V_1 dt$

그림 12-24. 오페암프의 여러 가지 응용 회로

이것에 의하여 외부에 접속하는 소자에 따라 이득을 조정할 수 있다는 사실을 알 수 있다. 그림 12-23은 볼테이지포로와라고 불리는 회로이다. 이것은 고입력 인피던스가 필요할 때 이용된다. 다만 이득은 1이다. 그 외 오페암프를 이용한 응용회로로서는 계수회로, 미분회로나 적분회로 등이 있다(그림 12-24).

7. 아날로그-디지털 변환

주변에 있는 물리량에 온도, 습도, 속도, 압력, 시간 등은 연속적인 변화량, 즉 아날로그 양이다. 이것에 대해서 물건 값이나 인구는 불연속한 수치, 즉 디지털 양과 같을 것이다. 센서의 대상으로 되는 물리량이나 화학량의 대부분은 아날로그이며, 그 전기신호의 처리도 아날로그로서 실행되므로 간단하며 일반적이다. 그러나 오늘의 정보기술은 디지털이다. 디지털의 경우 회로설계가 복잡하지만 잡음에 강하다는 것이 특징이다. 여기서는 아날로그-디지털 변환에 대해서 설명하기로 한다.

연속변화의 아날로그 양을 디지털화하기 위해서는 우선 신호를 적당한 시간 간격으로 꺼낼 수 있어야 한다. 이것을 **표본화**라고 한다. 표본점의 간격을 **표본화 간격**이라고 한다. 표본 값은 원래 함수를 정확하게 표현하기 위해서는 표본화 간격을 충분히 작게 해야만 한다. 그러나 표본점을 너무 밀접하게 취하면 취하기 어려워지며 정보량이 너무 많아지므로 메모리 용량이 부족하게 되는 우려가 있다.

최대 주파수의 2배 주파수로 표본화하면 원래 신호를 정확하게 재현할 수 있다는 표본화 정리가 있다. 합리적인 표본화 간격은 이 정리가 기준으로 된다. 또한 연속적인 수치로 디지털화하기 위해서는 유한한 자릿수로 정해야 한다. 이것을 양자화라고 부른다. 이때 생기는 오차를 **양자화 오차**라고 부른다. 양자화 오차를 작게 하기 위해서는 양자화의 간격을 가능한 한 작게 하면 된다.

아날로그를 디지털로 변환(A-D 변환)하는 방식은 여러 가지가 있지만 2중 적분방식 A-D 변환기로 표시되고 있다. 회로는 입력전압 V_{in}, 기준 전압을 V_{ref}을 적분하는 밀러 적분기, 기준 전원, 비교기, 크로펄스, 카운터에서 된다. 우선 리세트 기간은 S_3을 ON으로 하여 적분용 콘덴서 C의 전하를 방전하여 적분회로의 출력이 0으로 되게 한다. 다음에 V_{in}의 적분기간은 S_1을 ON으로 하여 V_{in}는 적분된다. 이 시간은 크록주기 T의 크록펄스 계측 N, 지정한 시간 t_1이 경과하면 멈춘다. 이때 적분기의 출력은 V_1으로 되어 식 (12.5)와 같이 나타낸다.

$$V_1 = -\frac{1}{RC}\int_0^{t1} V_{in}dt = -\frac{1}{RC}\ t1 = -\frac{1}{RC}\ NT \qquad (12.5)$$

V_{ref}의 적분기간은 S_2을 ON으로 하여 V_{in}와 역극성의 V_{ref}을 입력하여 $V_2 = 0$로 될 때까지 적분한다. 이때 계측은 n로 한다. V_2은 식 (12.6)과 같이 된다.

$$\begin{aligned} V_2 = V_1 &= -\frac{1}{RC}\int_0^{t2}(-V_{ref})dt = V_1 - \frac{1}{RC}t_1 \\ &= V_1 - \left(\frac{1}{RC} - V_{ref}\right)nT \end{aligned} \tag{12.6}$$

식 (12.5), 식 (12.6)에서

$$n = \frac{V_{in}}{V_{ref}}N \tag{12.7}$$

여기에서 아날로그 입력 전압 V_{in}은 디지털의 n으로 되어 변환되었다. 디지털에서 아날로그로 변환(D-A 변환)하는 방식도 여러 가지가 있지만 그림 12-25에서는 사다리형 R-2R D-A변환기를 표시한다.

이 기본형은 저항 R과 2R에 의한 저항망과 아날로그 스위치의 조합에 의한 전압 가산회로로 구성되어 있다. 이 스위치 S_1, S_2,…, S_n이 디지털 입력신호에 의하여 제어되어 V_{out}가 아날로그 신호이다. 스위치 S에서는 접속된 저항 2R은 S=1일 때 일정 기준 전압원 V_{ref}에 접속되어 S=0 일 때 접지된다. 스위치 S만이 1이며, 그 외는 0이라고 한다.

그림에서 1-1', 2-2', …, -', …, n-n'에서 왼쪽을 가정한 저항은 항상 R이므로 출력 측에서 본 등가(等價)회로는 그림과 같이 저항 R과 기전력 $VR/2n^{-1}$와 직접 접

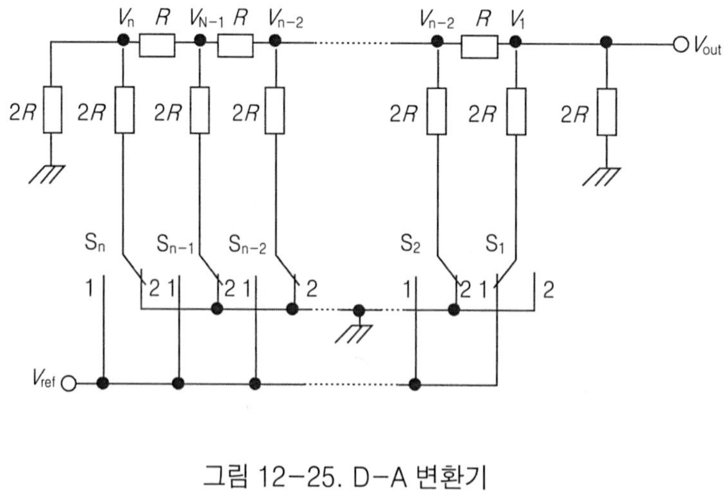

그림 12-25. D-A 변환기

속한 회로로 된다. 따라서 중합에 의하여 일반 출력전압 V_0은 식 (12.8)로 주어진다.

$$V_{out} = \frac{V_{ref}}{2n}(S_n 2^n + S_{n-1} 2^{n-1} + \cdots + S_1 2^1) \tag{12.8}$$

이것에 의하여 2진수 S_n S_{n-1} $\cdots S_1$에 비례한 출력을 얻을 수 있으며 변환이 가능하게 된다.

제 13 장

실용화 된 각종 센서

1. 생물 분석

1.1 세균 수

1) 식품의 세균 수

식품 중의 세균 수는 보통, 한천평판법으로 호칭되고 있다. 시료 중의 1개의 세균은 직접 육안으로 볼 수 없으나 배지에 섞어 놓으면 증식하여 1개의 점(콜로니)으로 눈에 보이게 된다. 미생물의 증식, 영양조건은 다양하지만 이 방법에서 죽은 균은 증식이 안 되고 살아 있는 균만 콜로니로 알 수 있다.

식품 중의 세균 수는 식품의 제조, 유통과정에 있어서 품질관리와 위생 대책 상 중요한 지표로 종래에는 식품제조 라인의 일상적 검사항목에 넣고 있다. 냉동식품의 동결 전・후의 품질을 평가하는 데도 기준이 되고 있다. 냉동생선은 5×10^6/g 이하, 생식용 냉동어패류는 1×10^5/g 이하, 축육, 어육 생선식품은 $10^7\sim10^8$/g에 달하면 부패로 인정된다. 세균수 측정은 시간이 걸리기 때문에 일상적인 HACCP 시스템 감시항목에는 부적당하고 물리적, 화학적, 관능적 방법이 이용되고 있다.

2) 일반 세균 수 측정

식품위생법을 토대로 식품, 첨가물 등의 규격기준과 유제품의 성분규격에 관해서는 세균수 측정조건이 정해져 있다.

(1) 한천평판법에 의한 일반 세균수 측정법

① 배지(정제수 1 ℓ 당)

효모액 5 g, 펩톤 5 g, 글루코오스 1 g, 한천 15 g, pH7.1 ± 0.1℃, 121℃에서 15분간 고압 멸균한다.

② 희석수(정제수 1 ℓ 당)

- 펩톤과 생리식염수 : 펩톤 1 g, NaCl 8.5 g, 121℃에서 15분간 고압 멸균한다.
- 인산완충액 생리식염수 : KH_2PO_4 34 g을 정제수 500 mℓ에 용해한 후 1 N NaOH 용액 약 175 mℓ를 가하고 pH 7.2에 수정하고 정제수에서 1000 mℓ로 만든다. 완충액 1.25 mℓ를 생리식염수 1000 mℓ에 가하고 121℃에서 15분간 고압 멸균한다.
- 생리식염수 : NaCl 8.5 g, 121℃에서 15분간 고압 멸균한다.

(2) 한천배지 혼화법

표 13-1. 식품위생법을 기준으로 생균 수 측정을 위한 시료 량, 희석수의 종류와 그 액량, 배양온도와 시간

식 품 명	시 료 량	희 석 수		배양온도	배양시간
		종 류	양		
우유 또한 유제품	원액 10 g	멸균 생리식염수	전량 100 mℓ	32～35℃	48±3시간
아이스크림류	10 g	멸균 생리식염수	90 mℓ	32～35℃	48±3시간
분말 청량음료	10 g	멸균 인산완충희석수	전량 100 mℓ	35±1℃	24±2시간
빙설	축해수	규정 없음	–	35±1℃	24±2시간
빙과	10 mℓ	멸균 생리식염수	90 mℓ	35±1℃	48±3시간
냉동 삶은 문어	25 g	멸균 인산완충희석수	225 mℓ	35±1℃	24±2시간
생식용 냉동선어패류	25 g	멸균 인산완충희석수	225 mℓ	35±1℃	24±2시간
냉동식품	25 g	멸균 인산완충희석수	225 mℓ	35±1℃	24±2시간
생식용 굴	200 g 이상	멸균 인산완충희석수	시료와 동량	35±1℃	24±2시간
식육제품(a)	25 g	멸균펩톤가생리식염수	225 mℓ	35±1℃	24±2시간
미네랄워터류(b)	100 mℓ	규정 없음	–	35±1℃	24±2시간
용기포장 캔	25 g	멸균인산완충희석수	225 mℓ	35±1℃	48±3시간
가압가열 살균식품(c)					
사탕, 전분, 향신료(d)	5 g	멸균펩톤가생리식염수	전량 100 mℓ	35±1℃	48±3시간

a) 유통, 판매되는 가열제품 또한 특정 가열제품의 지도기준　b) 멤브란필터법
c) 무균시험 : 티오글리콜산염 배지 사용　d) 식육제품, 포장육제품

(3) 대장균군 검사법

액체배지에 의한 최적수(MPN)를 구하는 방법과 평판배지법이 있다. MPN법으로는 lactose broth, LB와 brilliant green lactose broth(BGLB)를 이용하는 방법이 행해지고, 식품위생법에서는 MPN법이, 수질환경법에서는 LB에 의한 MPN법이 채용된다.

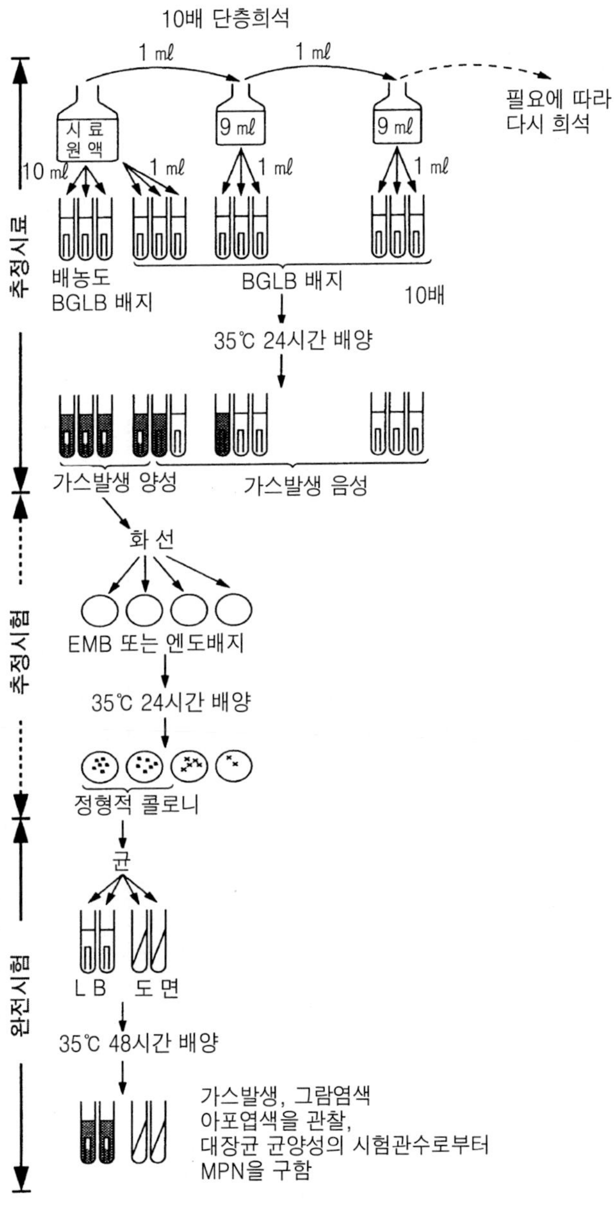

그림 13-1. BGLB 배지접종법에 의한 대장균군의 정량시험

표 13-2. 각 계층 5개씩 3단 희석에 의한 시료 100 ㎖ 상당의 MPN의 그 95% 신뢰한계

양성관수			MPN	95% 신뢰한계		양성관수			MPN	95% 신뢰한계	
10 ㎖	1 ㎖	0.1 ㎖		하한	상한	10 ㎖	1 ㎖	0.1 ㎖		하한	상한
0	0	0	<2	<1	7	4	1	1	21	7	41
0	0	1	2	<1	7	4	1	2	26	10	66
0	1	0	2	<1	7	4	1	3	31	10	66
0	1	1	4	1	10	4	2	0	22	7	48
0	2	0	4	1	10	4	2	1	26	10	66
0	2	1	6	2	14	4	2	2	32	10	66
0	3	0	6	2	14	4	2	3	38	13	100
1	0	0	2	<1	10	4	3	0	27	10	66
1	0	1	4	<1	10	4	3	1	33	10	66
1	0	2	6	2	14	4	3	2	39	13	100
1	1	0	4	<1	11	4	4	0	34	13	100
1	1	1	6	2	14	4	4	1	40	13	100
1	1	2	8	3	22	4	4	2	47	14	110
1	2	0	6	2	14	4	5	0	41	13	100
1	2	1	8	3	22	4	5	1	48	14	110
1	3	0	8	3	22	5	0	0	23	7	66
1	3	1	10	3	22	5	0	1	31	10	66
1	4	0	11	3	22	5	0	2	43	3	100
2	0	0	5	1	14	5	0	3	58	21	150
2	0	1	7	1	15	5	1	0	33	10	100
2	0	2	9	3	22	5	1	1	46	14	110
2	1	0	7	2	17	5	1	2	63	21	150
2	1	1	9	3	22	5	1	3	84	34	110
2	1	2	12	4	25	5	2	0	49	15	150
2	2	0	9	3	22	5	2	1	70	22	170
2	2	1	12	4	25	5	2	2	94	34	220
2	2	2	14	6	34	5	2	3	120	30	240
2	3	0	12	4	25	5	2	4	150	60	350
2	3	1	14	6	34	5	3	0	79	23	220
2	4	0	15	6	34	5	3	1	110	30	240
3	0	0	8	2	22	5	3	2	140	50	350
3	0	1	11	4	22	5	3	3	170	70	390
3	0	2	13	6	34	5	3	4	210	70	390
3	1	0	11	4	25	5	4	0	130	30	350
3	1	1	14	6	34	5	4	1	170	60	390

(계속)

양성관수			MPN	95% 신뢰한계		양성관수			MPN	95% 신뢰한계	
10 ㎖	1 ㎖	0.1 ㎖		하한	상한	10 ㎖	1 ㎖	0.1 ㎖		하한	상한
3	1	2	17	6	34	5	4	2	220	70	440
3	2	0	14	6	34	5	4	3	280	100	700
3	2	1	17	7	39	5	4	4	350	100	700
3	2	2	20	7	39	5	4	5	430	150	1,100
3	3	0	17	7	39	5	5	0	240	70	700
3	3	1	21	7	39	5	5	1	350	100	1,100
3	3	2	24	10	66	5	5	2	540	150	1,700
3	4	0	21	7	40	5	5	3	920	230	2,500
3	4	1	24	10	66	5	5	4	1,600	400	4,600
3	5	0	25	10	66	5	5	5	>1,600		
4	0	0	13	4	34						
4	0	1	17	6	34						
4	0	2	21	7	39						
4	0	3	25	10	66						
4	1	0	17	6	39						

2. 검출기술(PCR법)

1) PCR법과 그 기본 원리

PCR(polymerase chain reaction)법은 생물의 특정 유전자를 플라스틱제의 작은 튜브 안에서 증폭시키는 기술로 검출하고자 하는 DNA 영역을 특이적 유전자 판별 시스템과 그 성질을 이용한 DNA 폴리머라아제의 특이 화학반응을 반복해서 이용하는 것이다. DNA가 존재한다면 목적의 DNA 영역만을 단시간에 10만 배로부터 100만 배까지 증폭할 수 있다.

① DNA의 가열에 의한 열성화, 프라이머의 접착, DNA 폴리머라아제에 의한 신장반응의 3스텝을 1사이클로 한다.

② DNA를 열변성시킨다(2중선 DNA 1중선으로, 90～95℃ 약 60초 반응).

③ 2장의 프라이머를 1중나선 구조로 된 DNA 표적 영역에 접착(아닐링, 40～60℃, 약 60초)

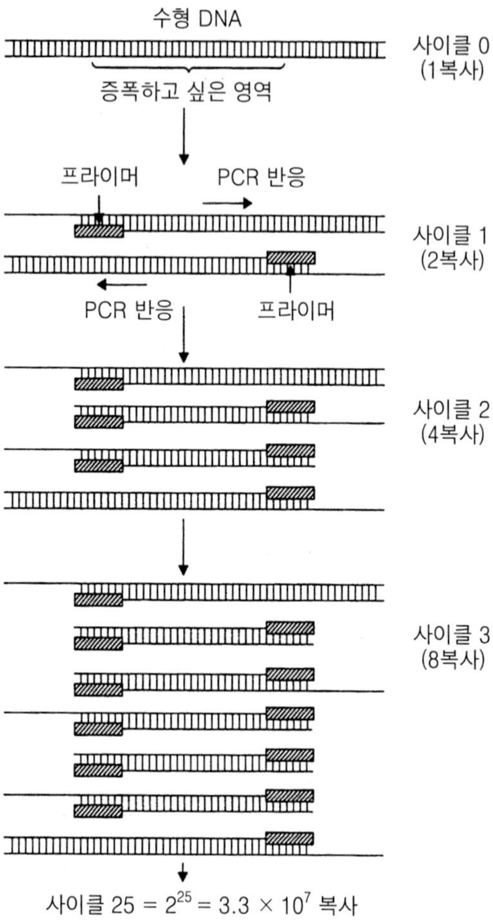

그림 13-2. PCR법의 원리

① DNA의 가열에 의한 1층 선화
② 프라이머의 접착
③ DNA 프리머라아제에 의한 신장반응의 3스텝을 1사이클로 한다.
1사이클 때마다 표적 DNA의 증폭하고 싶은 영역은 2배가 된다.

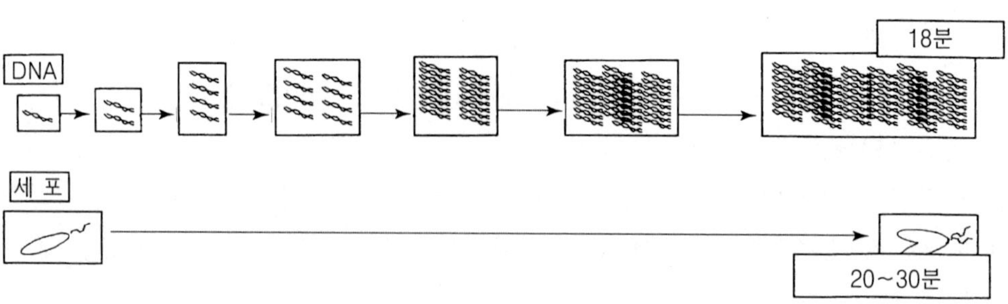

그림 13-3.의 세포의 분열속도의 PCR법에 의한 목적 DNA의 증폭속도의 비교

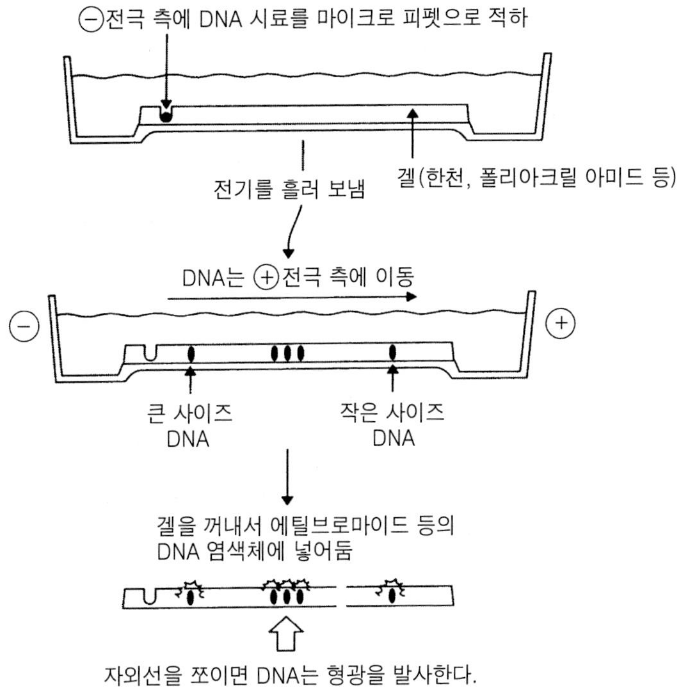

그림 13-4. 전기영동에 의한 서로 다른 사이즈의 DNA의 분리 또는 검출원리

④ Taq DNA 폴리머라아제를 이용, DNA 염기배열에 따라 신장반응을 행한다(70 ~75℃, 약 60초).

②~④의 일련의 반응 사이클에 대응하는 3가지의 온도차를(조건에 따라 온도는 차이 있음) 수십 초 단위로 반복해서 급속적으로 변화시켜 목적의 DNA 단편을 지수함수적으로 증폭시킬 수 있다.

PCR 반응에서 DNA 열변성, 아닐링, 신장의 1사이클이 진행되는 3분 동안에 목적 유전자(통상 수백 정도의 염기수)의 양은 갑절이 된다. PCR법에서는 2~3시간에 증폭 유전자의 검출이 가능하게 된다. 증폭 단편을 아가로스겔을 통해 전기영동하고 에틸브롬으로 염색하면 UV에 의해 형광을 발한다. DNA는 분자가 작은 것은 빨리, 큰 것은 천천히 이동하므로 일정시간 동안 영동시키면 DNA 분자 크기에 따라 다른 이동거리를 나타내게 된다.

2) 형광프로브 PCR법(TaqMan™ PCR법)과 그 원리

일반적으로 PCR 산물의 검출법으로 전기영동법이 이용되고 있다. 전기영동은 겔의

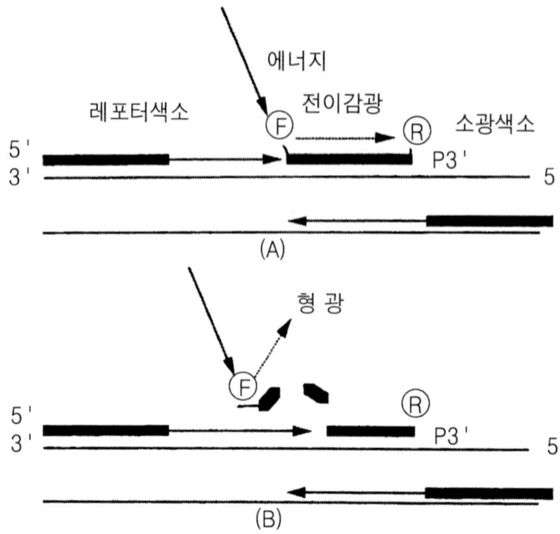

그림 13-5. TaqMan PCR법의 원리

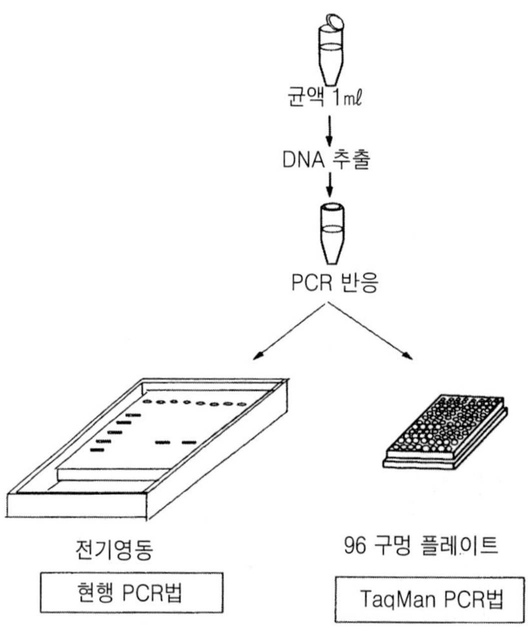

그림 13-6. 종래의 PCR법과 TaqMan PCR법의 틀림

종래의 PCR법에서는 PCR반영 후 반응액을 전기영동겔에 피펫팅하고, 영동 후 브로마이드로 염색하고 UV램프상에서 관찰한다. TaqMan PCR법에서는 PCR반응 종료 후 치프에 따라 96 구멍 플레이트 형광광도계에 장착하고 그래도 해석하고 있어서 좋다.

조절과 영동에 시간이 다소 걸리므로 진속, 간편성으로 볼 때는 적합한 방법은 아니다. 최근에는 전기영동 대신 직접 PCR 튜브 안의 형광량의 증가에 의해 PCR 증폭의 유무를 감지하는 형광 프로브 PCR법을 이용해서 식중독균과 식품유해균을 진속하게 검출하는 방법이 이용되고 있다.

3) PCR법이 종래의 배양법에 비해 뛰어난 점

(1) 진속성

*Salmonella*를 이용한 배양법으로는 4일 이상 소요되는 것이 PCR법에 의해 10시간 이내로 시간이 단축되었다.

(2) 간편성

분석 결과에 개인차는 있었으나 PCR법을 이용하면 차이가 없이 똑같은 결과를 얻을 수 있다는 점에서 발암물질 등의 체크에 크게 이용되고 있다.

4) PCR법의 문제점과 이후의 전망

(1) PCR 산물의 샘플 사이에 오염에 의한 위해 가능성

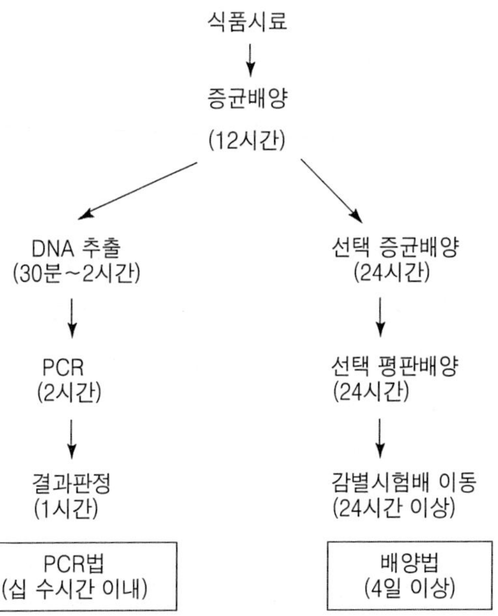

그림 13-7. PCR법과 배양법의 순서비교(*Salmonella*의 경우)

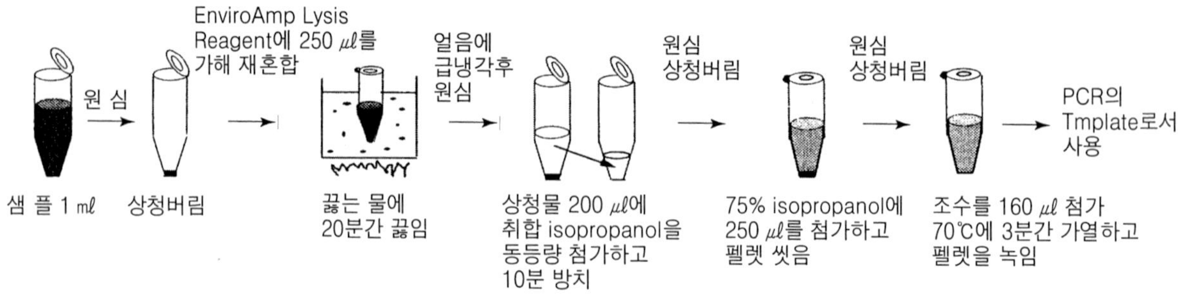

(A) EnviroAmp 추출법(EnviroAmp Lysis Reagent™)

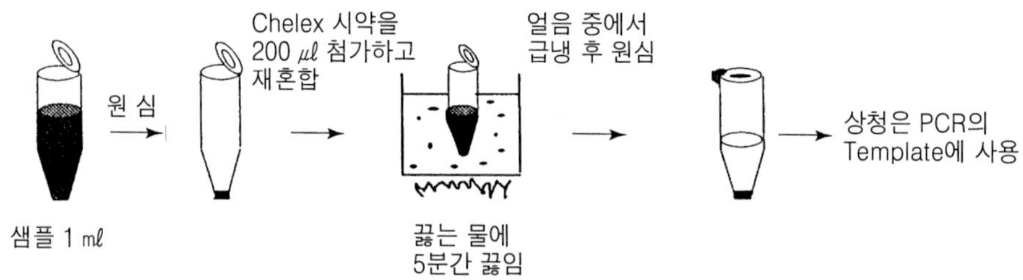

(B) Chelex100 추출법(DNA Extraction Reagent)

그림 13-8. PCR 샘플 추출과정

사용 페럿, 칩 등의 오염과 PCR 증폭 산물의 구성염기 중 T(티민)이 U(우라실)로 치환될 수 있는 위험이 있다. 따라서 PCR 반응을 시작할 때 uracil-N-glycosylase에 의한 전의 PCR 반응산물을 제거해야 안전하다.

(2) 식물 등의 시료에서 DNA를 추출할 때의 효율과 PCR 반응 저해물질의 제거

DNA를 생물세포로부터 추출하기 위해서는 ① 세균세포를 리소자임(세포벽 분해효소)과 계면활성제(SDS)에서 용균시키고, ② 비특이적인 단백질을 분해하는 프로테아제에 의해 단백질을 분해하고, ③ 페놀과 클로로포름 등의 유기용매에 의해 단백질 지질을 제거 조작해야 한다. 그러나 식품의 생산현장에서는 복잡한 DNA 추출조작 도입은 간편성, 진속성인 관점에서 적당하지 못하다.

(3) 정량성

전기영동에 의존한 현행 PCR법에서는 정량성을 기대하기 어렵다. 식중독균 등 부패, 변패균의 진속 정량과 새로운 기술의 개발이 기대된다.

3. 초고속 동정 기술

1) 종의 동정

(1) 16sr DNA 배열에 의한 방법

식품에서 분리된 세균의 동정은 그람염색성, 형태, 운동성, 당의 이용 등 그 외 생화학성상의 종합적 판단으로 행해진다. 미생물종의 동정을 위해서 필요한 유전자 배열의 조건으로, 모든 미생물이 그 유전자를 보유하고 있어 유전자 배열상종 레벨의 분별이 가능할 정도로 변이되어 있어야 된다.

16SrDNA의 염기배열 방법은 모든 세포단백질 합성 장치에 있는 리포솜의 rRNA는 전 생물에 공통으로 존재하고, 기능상 이것을 코드한 유전자의 변이는 그 생물에

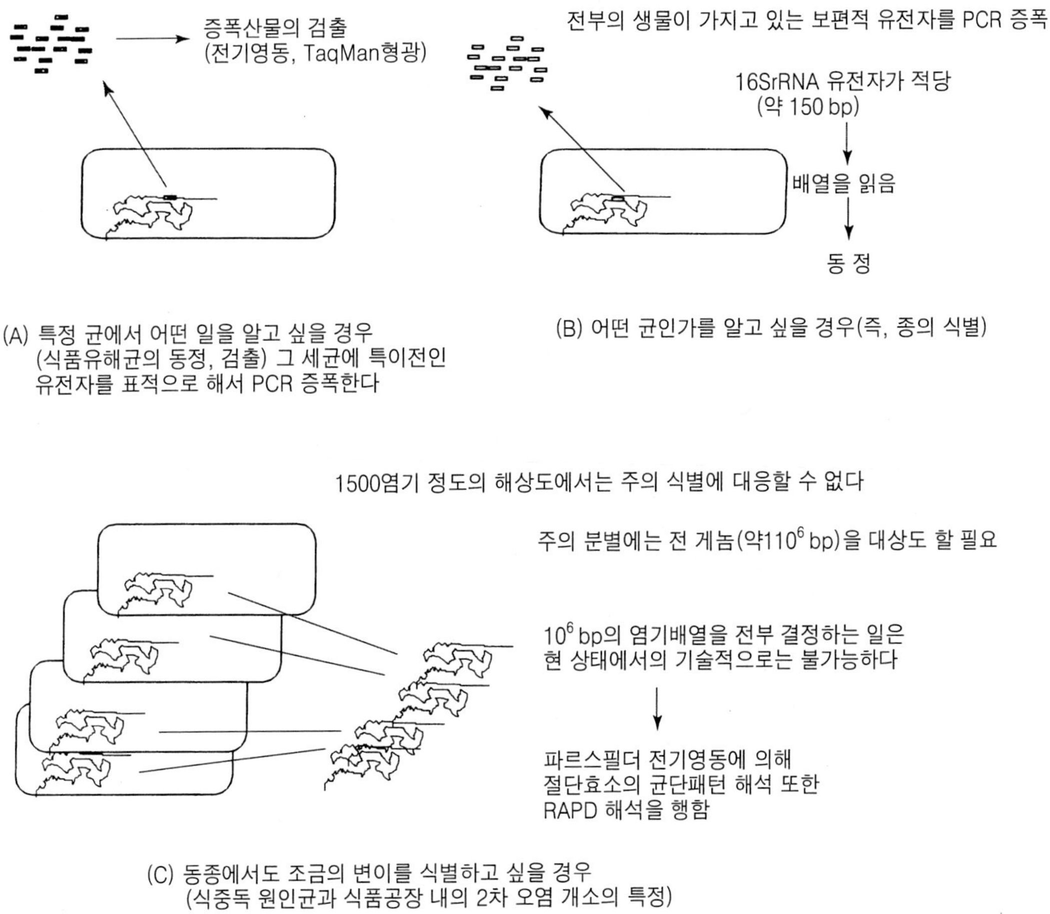

그림 13-9. 유전자 수법을 이용한 세균의 동정, 검출

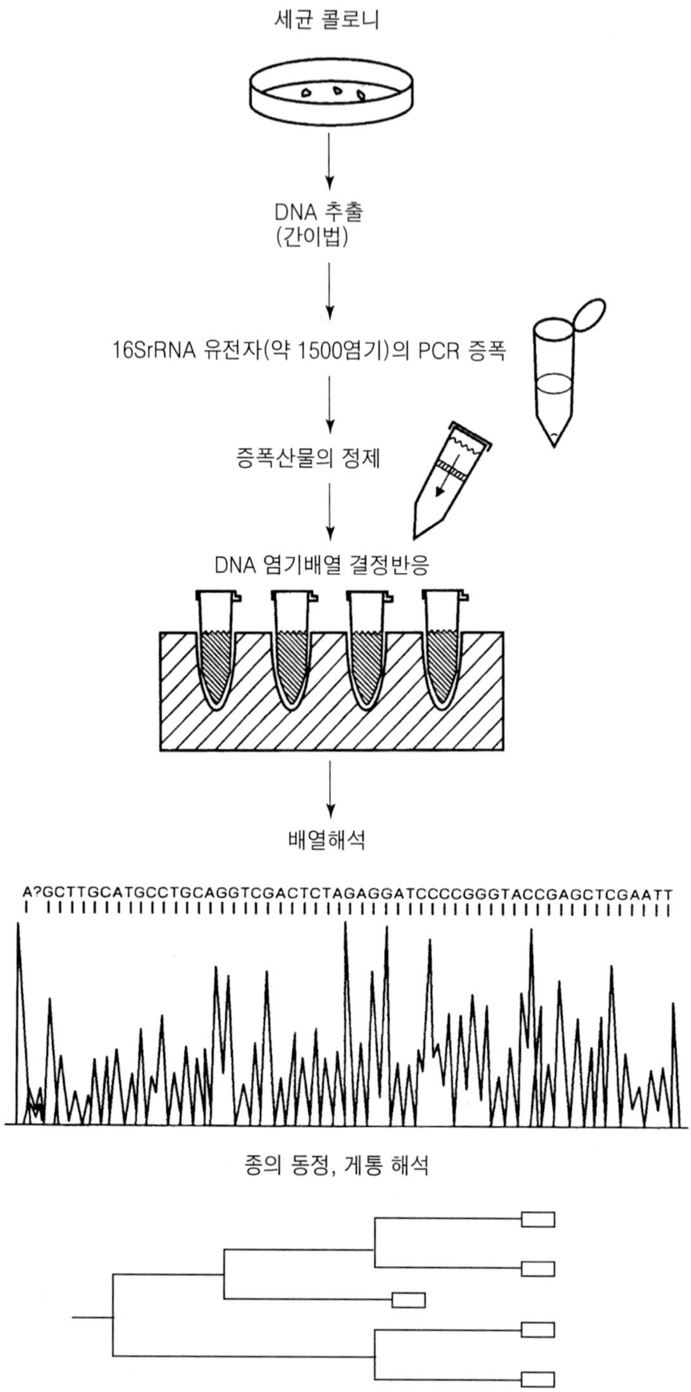

그림 13-10. 16SrRNA 유전자 배열해석에 의한
식품유해균 종의 동점 흐름도

의해 치명적 변이율이 높기 때문에 다른 유전자에 비해 변이율이 적다.

(2) 하이브리다이제이션에 의한 방법

DNA는 상보적 염기대(아데닌과 티민, 구아닌과 시토신)에 의해 결합된 이중 나선 구조이다. 이중 나선구조는 열(95℃), 알칼리(pH 12.0)에서 수소결합이 절단되어 단일 나선구조로 변한다. 절단된 단일 나선구조를 다시 이중 나선구조로 만든다(온도를 낮게, pH를 중성으로). 식품생산의 현장에서도 특정의 식중독균의 신속 동정에는 표적유전자(수백 염기)를 이용하여 하이브리다이제이션을 행할 때가 많다.

2) 주의 동정

식품의 미생물 검사와 연구에 있어서는 족과 종을 알기 위함뿐만 아니라 동일 주

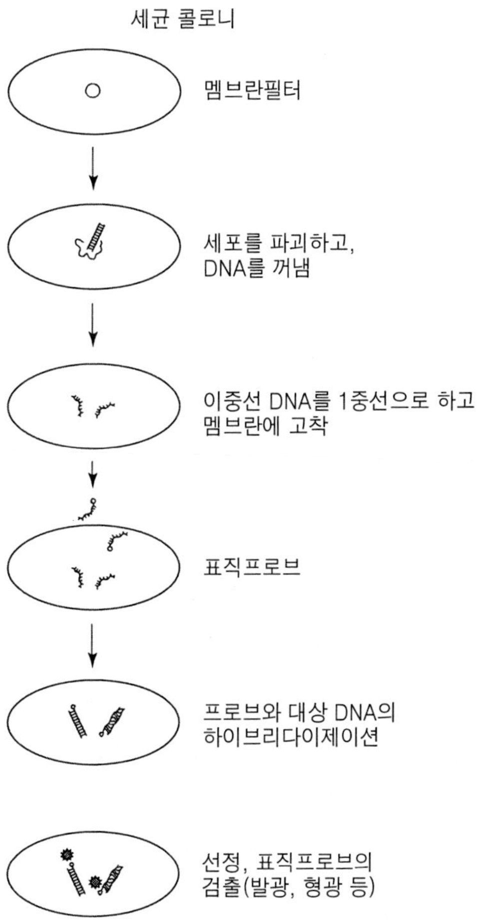

그림 13-11. DNA 프로브를 이용한 하이브리다이제이션의 원리

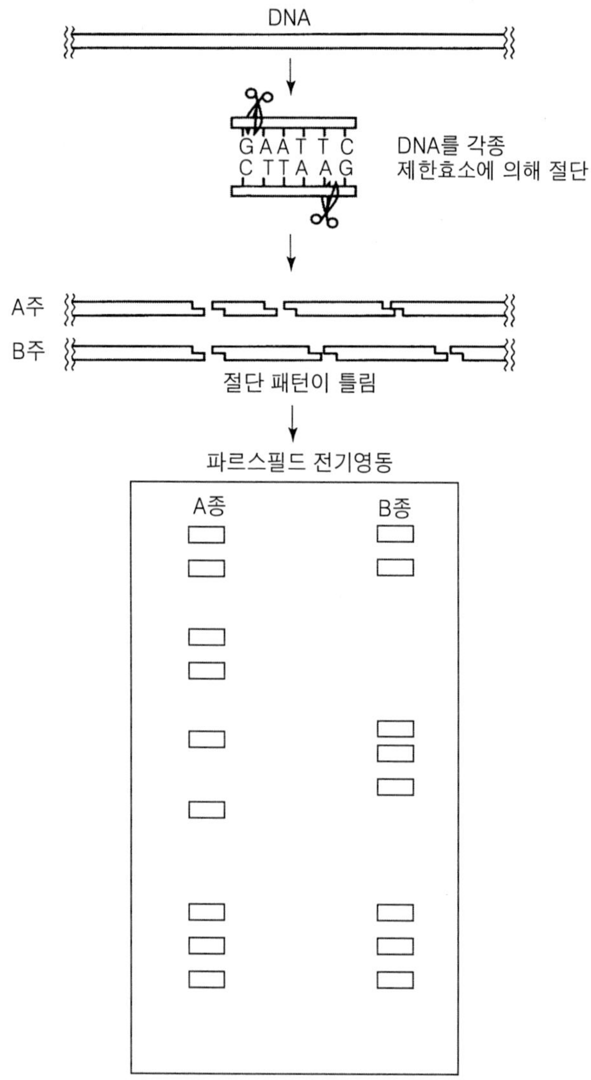

그림 13-12. 파르스필드 전기영동법에 의한 식품유해균의 핑거프린트

레벨에서 식별할 필요가 있다. 예를 들어 식중독 원인 식품의 규명, 복수의 식품과 식재료로부터 동일 종의 식중독균이 검출될 경우, 미생물을 종의 분별 이상의 해상도에서 식별할 필요가 있다. 종의 분별에는 전 게놈의 파르스필드 전기영동 분석과 RAPD(random amplification polymorphic DNA) 해석이 행해지고 있다.

(1) 파르스필드 전기영동 해석

세균이 가진 유전자(약 10^6염기)의 전 염기배열을 읽을 수가 있으나 종의 분별은 1

클론 분열할 경우 돌연변이를 식별 가능하다. 현재의 염기배열 결정기술(한 연구실에서 수백~수천 염기 정도)로 이 방법은 별 효과가 없다.

(2) RAPD 해석

전 게놈을 대상으로 세균의 식별수단이기는 하지만 게놈을 제한효소로 절단하지 않고 10~15 염기수의 짧은 프라이머에서 아닐링 온도를 낮추어 PCR 증폭을 하여 증폭된 DNA 단편의 수와 크기에 따른 종을 식별한다.

제 14 장

바이오센서에 의한 성분분석

식품산업계에서는 HACCP의 도입 등에 의해 식품의 품질기준, 품질검사의 중요성을 증가시키고 있으며, 따라서 지금까지 보다 더 제품의 위생성과 안전성에 주위를 기울여야 한다. 상품 보존기간(품질 보증기간)을 정하는 것도 생산 공정과 유통과정의 실태를 토대로 각 공정검사 체제를 정비하기 위해서였다.

종래에는 일반적으로 성분분석에 분광적 방법과 액체크로마토그래피, 가스크로마토그래피법 등이 이용되었지만 분광방법을 맞추기 위해 시료 전 처리가 필요하고 숙련된 조작 등이 필요하게 되었다. 품질관리로 사용할 경우 초고속성, 간편성, 경제성 등에 문제가 있었다.

이러한 점으로 미루어 볼 때 바이오센서법은 시료 전 처리가 거의 필요 없으며, 분석 정도도 일반 분석법과 동일하므로 각 산업분야에 응용이 기대되고 있다. 여기에서는 실제 사용되고 있는 바이오센서를 소개하고 실용적으로 응용되어 온 센서 등을 소개하고 측정방법을 알아보기로 한다.

1. 바이오센서의 원리

바이오센서는 생체물질이 가진 뛰어난 분자 식별기능을 이용한 것이다. 여기에서 발생되는 생화학적 신호를 정량 가능한 전기신호로 교환하여 목적물질을 검출하려고 하는 것이다. 생체물질로는 효소, 미생물, 항원, 항체 등이 있다. 이것들을 불용성 단체에 고정화시키고, 전기화학적 또는 물리화학적 디바이스와 조합하여 센서를 구성한다.

여기에서는 바이오센서 중에 실용화되어 가장 많이 이용되고 있는 효소센서를 중심으로 소개한다.

표 14-1. 시판의 식품분석용 바이오센서

판매원	형 식	검출방법	측정 대상
(주)신일본무선	바이오프레시 (NJZ1219)	효소칼럼 산소전극	생선・축육선도(K값), 글루코오스, 에탄올, L-젖산, 비타민 C, 글루타민산
	바이오프레시 (NJZ1240)	효소칼럼 산소전극	글루코오스, 에탄올, L-젖산, 비타민 C, 글루타민산
(주)왕자계측기기	바이오플로 (BF-4)	효소막 과산화수소 전극	글루코오스, 수크로오스, 말토올리고당, 젖당, 말토오스, 프락토오스, L-젖산, 에탄올, 피르브산, 글루타민산, 리진, 콜린, 글리세롤, 콜레스테롤, 과산화수소, 전분 측정키트, 소르비톨 측정키트, D/L-젖산 측정키트, 만니톨 측정키트
(주)바이오트	온라인 바이오센서 (BF400)	효소막 과산화수소 전극	글루코오스, 수크로오스, 락토오스, 말토오스, 말토올리고당, 프락토오스, 리진, 피르브산, L-글루타민산, 에탄올, L-젖산, 글리세린, 콜린, 글루타민
	Gluco Jr	효소 메디에이터 전극	글루코오스
(주)사쿠라전기	바이오테크 애널라이저 (AS-210/M-110)	효소막 산소전극	글루코오스, 올리고당, 젖당, 에탄올, 글리세린, 아미노산, 리진, 글루타민산, 티라민, 비타민 C
센트럴과학	선도계 (KV-202)	효소 산소전극	어육선, 축육의 선도(K값)
	BOD 계측기 (BOD-300/2000)	미생물막 산소전극	BOD
(주)동아전파	글루코오스 애널라이저 (GLU-11)	효소막 과산화수소 전극	글루코오스
(주)와이에스아이 저팬	YSI-2700	효소막 과산화수소 전극	글루코오스, 락토오스, 올리고당, 맥아당, 에탄올, L-유산, 글루타민산, 콜린
(주)동과전기	바이오센서	효소칼럼 산소전극	생선・축육선도(K값). 에탄올, 글루타민산, L-젖산, 아스코르빈산

1) 효소센서의 원리 및 특징

(1) 효소센서의 원리

효소를 물에 불용성인 물체에 고정화하여 분자식별 소자를 구성한다. 효소는 선택적인 시료 중의 목적물질과 반응하여 목적물질의 농도에 대응한 물리적 또는 화학적 변화를 일으킨다. 효소센서에서는 그 변화량을 전기신호로 교환하여 트랜스듀서를 이용하여 목적물질의 농도를 검출할 수 있다. 효소로서 산화효소, 트랜스듀서로서 효소전극을 사용하면 효소반응에 의해 소비되는 효소량으로 부터 목적물질의 농도를 검출하는 효소센서를 구축할 수가 있다. 글루코오스 센서가 그 예이다.

$$\text{글루코오스} + O_2 \xrightarrow{\text{글루코오스 옥시다아제}} \text{글루코오스 락톤} + H_2O_2$$

효소반응은 산소 이외의 과산화수소와 암모니아 등을 생성, 소비한다. 이것을 감지하는 트랜스듀서에 의한 센서를 구성할 수가 있다.

(2) 효소센서의 특징

지금까지 액체크로마토그래피 등으로 분석하려고 했던 것은 시료의 전처리 조작을 꼭 해야만 했다. 시료 검체가 많으면 전 처리과정에서 시간이 걸리지만 성분이 변화할 수 있을 가능성이 있으므로 전체 과정은 빼놓을 수 없는 과정이다.

전처리를 위해서 시료도 어느 정도의 양이 필요하다. 효소센서의 특징은

① 시료의 착색 등에 관계없이 측정할 수 있으며 전처리를 단축할 수 있다.
② 간단한 조작으로 누구든지 측정 가능하며, 장치가 용이하고 분석시간도 일반적으로 3분 이내로 단시간에 가능하다.
③ 소량의 시료($\mu\ell$) 단위에서 직접 측정할 수 있다.
④ 비싼 효소를 반복해서 사용하기에 비용이 싸다. 복잡한 분석업무를 간소화하고 검사현장에서 숙련자 부족을 해소할 수 있다.

2. 바이오센서의 사용

효소센서의 형태는 막상에 효소를 고정화시키고, 전극상에 장착하는 전극 장착형과 고정화 효소를 리액터에 충전시키는 시스템으로서 연속식의 플로우시스템과 배지시스템이 있다.

1) 바이오센서 도입 시의 주의사항

① 효소센서는 효소의 기질특이성(분자 식별가능)을 이용하여 분석하기 위해 여러 항목의 분석을 동시에 측정할 수는 없다. 전처리가 복잡하고 특정의 한 성분을 단시간에 분석할 때 위력을 발휘할 수 있다.

② 3개월에서 1년 간 반복해서 동일 센서로 분석할 수 있는 검체수가 수백에서 수천 검체 정도이다.

③ 효소센서에 사용되는 전극은 산소전극 타입과 과산화수소 전극 타입에 의해 분석상 문제가 있을 수도 있다. 검체 중에 산소농도가 극단적으로 적을 경우는 산소전극 타입에서 오차를 나타낸다.

2) 분석 정도를 높이기 위한 방법

효소센서의 특징은 간단히 조작 가능하고 단시간에 분석 가능하다는 데 있다. 그러나 효소의 특성, 센서 시스템의 구성을 이해하지 않으면 메카가 지시한 분석 정도에는 도달하지 않는다.

① 설치에 워밍업 시간이 많이 걸린다. 효소의 활성과 전극 출력은 설치 후 계 내의 온도와 유속에 의존하기에 정상상태로 될 때까지 시간이 필요하다.

② 표준 샘플의 관리 : 표준 샘플의 보관상태가 나빠 오염과 분해가 생길 수도 있다. 표준 샘플 자체가 표준 분석 결과에 오차를 주기도 한다.

③ 식품 샘플에 의해 오염 미생물의 번식이 일어나기 때문에 플로우 계 내의 청소를 정기적으로 해야 된다. 미생물이 검체를 자화하여 오차를 나타내기도 한다.

④ 효소센서부의 보관과 교환시간 : 사용하지 않을 경우 고정화 효소는 냉장 보관한다. 상온에 보관하면 미생물 등의 오염 원인이 되고, 분석결과에 오차를 주기도 한다.

3. 품질관리와 바이오센서

바이오센서는 종래의 화학센서로는 직접 계측하지 못한 미량성분(당질, 아미노산, 핵산관련 화합물, 비타민, 알코올 등)을 상온에서 고감도, 간편, 빠른 속도, 경제적으로 연속 정량할 수 있다는 장점이 있다. 제조공정에서 원재료 관리와 제품의 품질관리, 발효 공정에서의 성분분석에 사용되었다. 최근에는 식품유통 프로세스에도 센서가 사용되고 있다. 특히 생선식품의 유통시스템에 있어서

① 철저한 선도 관리, 기능적인 전달시스템의 구축
② 위생관리(박테리아 조절)를 철저하게 처리 가공
③ 수요를 창조한 스페크의 개발
④ 비용 절약

1) 생선육, 가축육용 선도센서

생선의 선도지표 측정에서는 사후편식도, 세균수, K값 등을 알아야 할 필요가 있다. 초기 선도도 좋은 상관관계를 나타냈다(K값). 생선 사후에 생선육 중 핵산관련 화합물은 요산까지 분해된다. 이 과정에서 ATP, ADP, AMP는 빠르게 분해되어 이노신과 히폭산틴을 축적한다. 이것이 선도 저하와 잘 일치한다. 핵산관련 화합물의 총량에 대한 이노신과 히폭산틴의 배분율을 K값이라고도 부른다.

생선육의 선도지표로서 ATP, ADP, AMP는 단시간 내에 이노신산으로 이행되므로 결과에 큰 차이는 인정되지 않는다. 선도센서에 사용되는 경우 종래에는 2시간 정도 필요로 했지만 분석시간과 관계없이 3분으로 단축된다.

2) 비타민 C 센서

비타민 C(환원형 L-아스코르빈산)와 아스코르빈산 옥시다아제의 작용에 의해 산소를 소비하여 디히드로아스코르빈산을 생성한다.

$$\text{아스코르빈산} + 1/2\ O_2 \xrightarrow{\text{아스코르빈산 옥시다아제}} \text{디히드로아스코르빈산} + H_2O_2$$

표 14-2. 오렌지 100% 음료의 저장조건과 비타민 C의 소장

검사품목	검사일	제조 후 경과일 수	측정값(mg/100 g)			
			10℃ 보존		30℃ 보존	
			미개봉	개 봉	미개봉	개 봉
오렌지 100% 음료 (4/8 제조)	4/9	1	36			
	/12	4	33	32	17	11
	/15	7	32	31	12	8
	/18	10	30	29	9	3
	/20	12	29	27	6	1

아스코르빈산 옥시다아제를 키토산비즈에 고정화하고 산소전극에 조합하여 리액터형 센서를 구축할 수가 있으므로 분석시간 2분간에 연속측정이 가능하다. 고정화 산소는 냉장 보존에서 6개월 이상 안정되게 계측 가능하다.

3) 글루타민산 센서

L-글루타민산은 글루타민산 옥시다아제의 작용에 의한 산소를 소비하고 과산화수소를 생성한다. 고정화한 글루타민산 옥시다아제와 산소전극과 과산화수소전극의 조합에 의해 여러 종의 센서가 실용화되었다.

$$\text{L-글루타민산} + O_2 + H_2O \xrightarrow{\text{글루타민산 옥시다아제}} \alpha\text{-케토글루타르산} + NH_3 + H_2O_2$$

이 방법은 착색, 염분의 영향을 받지 않고 장, 된장(물에 용해)에 포함된 글루타민산을 직접 계측할 수가 있다. 바이오센서에서는 6개월 이상 안정된 계측을 할 수 있어 글루타민산 발효의 공정관리, 양조식품의 숙성상태의 평가, 식육의 맛 평가 등에 널리 이용되고 있다.

4) 알코올 센서

알코올은 알코올 옥시다아제의 작용에 의해 산소를 소비하고 알데히드와 과산화수소를 생성한다. 고정화한 알코올 옥시다아제와 산소전극 또한 과산화수소전극의 조합에 의해 여러 종의 센서가 실용화되었다.

$$\text{알코올} + O_2 \xrightarrow{\text{알코올 옥시다아제}} \text{알데히드} + H_2O_2$$

표 14-3. 맥주, 와인 중의 알코올량(YSI 자판자제)

	YSI(%)	밀도법(%)
맥주 A	3.8	3.82
맥주 B	4.32	4.35
맥주 C	3.48	3.47
와인 A	10.6	10.72
와인 B	5.9	5.83
와인 C	8.47	8.53

술 등을 포함한 장, 된장, 식초 등의 식품이 알코올 측정에 이용되고 있다. 종래 1시간 이상 걸렸던 분석 자료를 2분 정도로 단축하고 현장에의 대응에 부응하여 고품질의 제품을 생산하고 있다. 요즘 알코올은 방부제 등의 목적으로 여러 종의 식품에 첨가되고 있다.

5) 디스포잘형 글루코오스 센서

β-D-글루코오스는 글루코오스 옥시다아제의 작용에 의해 산소를 소비하여 글루코오스락톤과 과산화수소를 생성한다.

$$\text{글루코오스} + O_2 \xrightarrow{\text{글루코오스 옥시다아제}} \text{글루코오스 락톤} + H_2O_2$$

거의 글루코오스 센서는 산소 소비량 또한 과산화수소 생성량을 계측하는 것이 보통이지만 메디에터(전자수용체)형의 바이오센서가 일본 (주)마쯔시다 전기산업에 의해 개발되었다. 당량치 측정용 센서로서 2억 엔 이상의 시장규모를 가지고 있다. 이 센서는 효소와 전극 간에 전자이동이 가능한 메디에이터를 이용한 것으로 산소를 필요로 하지 않는 글루코오스 산화를 할 수 있다.

$$\text{글루코오스} + 2Fe(CN)_6^{3-} + H_2O \xrightarrow{\text{글루코오스 옥시다아제}} \text{글루코오스 락톤} + 2H^+ + 2Fe(CN)_6^{4-}$$

$$2Fe(CN)_6^{4-} \longrightarrow 2Fe(CN)_6^{3-} + 2e^-$$

혈당 측정용 센서를 개량하고 산업계측용으로 일본 (주)에이블에서 판매하였다.

표 14-4. 디스포잘형 센서에서의 글루코오스/수크로오스의 분석결과

과즙 샘플	수크로오스(mM)		글로코오스(mM)	
	바이오센서	HPLC	바이오센서	HPLC
파인애플	251	304	133	157
그레프후르츠	85	106	147	157
온주밀감	135	150	157	146
딸기	41	74	127	127
사과	47	73	147	153

6) 2성분 동시 계측용 바이오센서

옥자 계측기기(주)로부터 2성분을 동시에 계측할 수 있는 바이오센서가 판매되었다. 이 센서는 글루코오스 / 수크로오스, 글루코오스 / 마일드올리고당, 글루코오스 / 락토오스, 글루코오스 / 아르토오스, 글루코오스 / 에탄올, 글루코오스 / L-락토오스, L-락토오스/피르빈산 등의 2성분을 동시에 계측할 수 있다. 글루코오스 센서는 글루코오스 옥시다아제가 고정화되어 글루코오스를 계측한다.

표 14-5. 글루코오스/수크로오스의 2성분 동시 계측

샘 플 명	글루코오스 측정치(%)		수크로오스 측정치(%)	
	F키트	본법	F키트	본법
오렌지	6.100	6.100	0.000	0.148
커 피	1.000	0.960	0.000	0.000
사이다	2.400	2.100	0.000	0.110
콜 라	3.600	3.700	0.000	0.003
칼로리메이트	0.770	0.960	0.000	0.003
NCAA	2.400	2.600	0.007	0.000
야채주스	0.800	0.700	0.040	0.000
우렁차	0.003	0.003	0.070	0.000
벌꿀액	35.300	35.600	0.340	0.400
네슬레밀크	8.900	8.800	1.500	1.200
레 몬	4.900	4.700	1.900	1.900
샌드위치프레트	2.600	3.100	4.200	3.800
샌드위치스타드	2.700	2.900	5.100	4.900
코코아	0.180	0.300	7.800	10.400
오렌지마머레이드	14.600	15.400	10.800	13.400
블루베리잠	14.000	13.900	13.100	12.500
딸기잼	16.000	15.700	15.600	15.300
땅콩크림	8.500	8.500	44.800	43.500
파르스위트	0.006	0.000	48.000	47.600
TOHCUT	0.021	0.009	83.200	84.500
상관계수		0.9996		0.9991
균 배		1.0061		1.0028
절 편		0.0248		0.1272

7) BOD 센서

전 장에서 소개된 센서와 목적이 다른 센서의 이용으로 하천과 공장배수의 수질관리지표 BOD(생물화학적 산소요구량)의 측정에도 바이오센서가 사용되고 있다. 종래에는 측정에 5일을 필요로 했지만 30분 만에 분석이 가능하게 되었다. 고정화 미생물학과 산소전극을 조합한 미생물 센서에서 배수 중의 유기물을 효모균(트리코스포론)이 자화됨으로써 인해 생기는 호흡활성의 변화를 산소전극으로 모니터한다. 효모균을 2장의 다공성막에 싸서 산소전극에 장착하고 센서에 유기물을 포함 배수를 흘러 보낸다. 효모균은 유기물을 섭취하기 위해 호흡이 활발하게 되고 산소를 소비한다. 이 산소소비량의 유기물량에 대응하기 위해 BOD값을 구할 수가 있다. 검수량은 100 ㎖ 정도이다.

4. 리액터형 바이오센서의 제작

효소를 이용함으로써 바이오센서(효소센서)를 만들 수가 있다. 연속적으로 계측할 경우는 전극장착형, 리액터형이 있다. 품질관리로 사용하는 것은 비교적 장기간 안정되고 쓰기 편한 간단한 리액터형이 좋으며, 이 작업방법에 관해 서술한다.

효소는 산화효소를 이용하고 글루코오스를 측정할 경우는 글루코오스 옥시다아제, 알코올을 측정할 경우는 알코올 옥시다아제, 비타민 C를 측정할 경우는 아스코르빈산 옥시다아제를 사용한다. 이것 등은 효소반응에 의해 산소를 소비한다거나 과산화수소를 생성하지만 시판의 산소전극, 과산화수소 전극과 조합된 센서를 제작한다. 측정하고 싶은 화학성분에 대해서는 이것을 특이적인 산화분해하는 효소가 있으면 센서를 제작할 수 있다.

5. 맛, 냄새의 센싱 시스템

먹는 것은 문화이다. 먹는 문화는 인류의 긴 역사 속에서 성장해 왔다. 센서의 재현성은 이것을 넘어설 수 있는 목적으로 사람이 가진 주관적인 감각을 정량화할 수 있는 것을 목표로 하고 있다. 요즘 과학기술의 발전과 같이 센서는 시각, 청각, 촉각(빛, 소리, 압력)이 있다. 또한 미각과 후각을 포함한 종합적 정보를 이용하려는 요구가 고조되고 있다.

5.1 미각센서의 개발

미각센서의 지질 / 고분자 브랜드 막은 맛 물질을 수용하는 부분으로 그 복수의 지질막으로부터 전위출력 응답패턴으로 맛을 식별한다. 혀 세포의 생체막과 지질과 단백질로 되어 있는 것에 착목하여 그 구성성분의 하나인 지질을 실제로 이용할 수 있는 형태로 만드는 것이다. 복수의 지질막을 이용하는 것은 여러 맛 응답 특성이 다른 세포(미신경)를 준비해야 할 것이다.

5.2 식품의 식별과 맛의 인식

스포츠 음료, 맥주, 커피의 식품에 대한 응답 패턴은 수십 mV 이상 틀리지만 식별은 가능하며 미네랄워터, 커피, 우유 등의 맛의 변화도 측정할 수 있다.

제 15 장

변원성 물질측정과 선단센서

공업과 교통의 발달로 대기오염, 수질오염, 산성비, 지구온난화 등 환경이 악화되어 지구보존의 문제가 시급한 실정이다. 암 형성 악화 등에 이르기까지 환경의 악화는 DNA 염기서열 등의 돌연변이를 일으키기도 한다. 생활환경 중에 존재하는 변원성 물질에 의한 발암 가능성이 상관관계를 이루고 있는 실정이다. 여기에서는 식품 중의 변원성 검출, 시험법의 구체적 조작법, 검출원리 등의 문제점을 서술한다.

1. 변원성

변원성은 화학물질 등의 세포의 DNA에 작용하여 염기서열에 변형이 일어난다.

1) 간접 변이원과 직접 변이원

변원성 화합물에는 그 자신의 변원성이 있는 것과 그 화합물 자신의 변원성이 아니라 체내의 약제 대사효소 등에 의해 대사되어 변원성 발현을 가진 물질이 있다. 이것은 많은 사람이 유전적으로나 생존에 중요한 영향을 끼친다.

또한 복어독과 청산가리 등과 같은 급성 독성을 나타낸 독물도 각기 틀려 얼마 정도의 농도에서 안전할 것인가 등의 최대 무용량을 결정하는 데에는 곤란한 물질들이다.

2) 식품 중에 보여지는 주요한 변원성 물질

식품은 다종다양한 성분을 포함하고 있어 식품 중 변원성은 발암성 물질 생성기간에 일정한 관계가 있다.

① 식품성분의 하나로 원료와 부원료로 처음부터 포함된 것, ② 식품의 보장, 가공

과 조리 등의 과정에서 많은 성분을 포함, 식품에 여러 반응이 일어나고 2차적으로 생성되는 것, ③ 제품의 저장 및 유통 중의 오염 등은 변질에서 유래된 것이라고 생

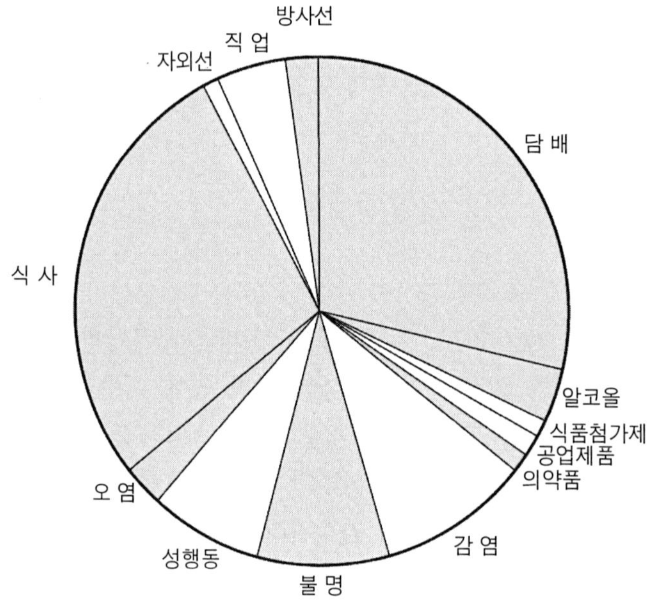

그림 15-1. 암의 원인으로서의 인자

표 15-1. 식품관련의 변원성 물질과 그 내원

약 호	화학명	내 원
Trp-P-1	3-아미노-1, 4-디메틸-5H-피리드인돌	구운 천일건조 조기, 구운 소고기
Trp-P-2	3-아미노, 4-디메틸-5H-피리드인돌	구운 조기
IQ	2-아미노, 3-메틸이미다조키노린	구운 조기, 구운 소고기
MeA α C	2-아미노, 3-메틸-9H-피린[2, 3-b]인돌	구운 고기, 구운 닭
DMNA	디메틸니트로소아민	축육가공제품
AFB1	아후라톡신 B1	낙화생의 곰팡이
BaP	벤조[a]피렌	훈제품, 참치
AF-2	2-(2-프릴)-3-(5-니트로-2-프릴) 아크릴아미드	식품보존료

각된다.

①의 예로는 식품첨가물로 가장 잘 알려진 것은 보존료가 있다. 다용도로 쓰인 2-(2-프릴)-3-(5-니트로-2-프릴)아크릴아미드(AF-2)가 있다. ①과 ② 양방의 예로는 식육가공품의 혐기성 세균증식 방지 또한 발색의 목적에서 첨가된 아소산염, 식품의 상재 성분인 아민류, 산성조건에서 반응하여 생성한 많은 종의 N-니트로소 화합물 등이 있다.

②의 예는 식품 중의 단백질과 지방이 많아서 생긴 것이다. 헤테로사이클릭아민계 변원성 물질이 있다.

③의 예는 낙화생의 곰팡이로부터 검출되어 강력한 발암성도 확인된 아후라톡신류가 있다.

식품의 가공, 저장의 과정에서 2차적으로 생성되는 1군의 N-니크로소 화합물과 헤테르사이클릭아민계 변원성 물질은 그 활성의 강도와 화합물의 종류에 따라 주목해야 한다.

2. 현재 사용되는 변원성 시험

1) 변원성 시험법의 분류

생물 재료에 의해 미생물, 배양세포, 곤충, 포유동물을 이용한 방법 등이 있다. 미생물을 이용한 방법은 DNA의 구조와 기능이 고등동물의 것과 공통이며, 돌연변이 수복기강에 관한 연구는 현재에 계속해서 진행되고 있다. 미생물을 이용한 변원성 시험법에는 바이러스와 대장균을 이용하는 방법이 있다.

2) 에임소법의 개요

(1) 원리

이 시험법은 사람에게는 거의 변원성이 없는 *Salmonella typhimurium*을 이용한다. 유리 히스티딘(His)의 합성효소에 관한 DNA에 염기 대치환형(TA / 00균주)과 음식(TA 98균주)에 돌연변이가 생긴 변이주로 His의 자력합성이 가능하다. 영양(His) 요구성의 변이균주이다.

이 균주는 변원성 물질과 만나면 돌연변이를 일으켜 영양 요구성을 잃어 His 비요구성에 복귀하므로 His를 뺀 배지상에서도 증식하여 변이콜로니를 생성할 수 있도록 한 것이다. 변원성의 강약은 그 세대에 출현한 콜로니 수를 측정함으로써 판정할 수 있다.

(1) 에임스 시험용 시약류

표 15-2. 변원성 시험용 시약처리

SALT(g/l)				S9 mix(10 mℓ 분)	
$MgSO_4$ · $7H_2O$	Cltric acid · H_2O	K_2HPO_4	$NaNH_4HPO_4$ · $4H_2O$	S9(mℓ)	Cofactor(mℓ)
2	20	100	35	1	9

0.2 M 나트륨-인산완충액 PBS(pH7.4)	
$Na_2HPO_4 \cdot 12H_2O$ (71.6 g/l)	$NaH_2PO_4 \cdot 2H_2O$ (31.2 g/l)
810 mℓ	190 mℓ

※ 0.1 MPBS : 0.2 MPBS를 물에서 2배로 희석한다.

소프트아가/ l		
NaCl(g)	Agar(g)	0.5mMD-Biotin-L-Histidine(mℓ)
5	6	100

최소 글루코오스 한천평판배지(l)		
SALT(mℓ)	Glucose(g)	Agar(g)
100	20	15

0.5mM Biotin-Histidine(mg/l)	
D-Biotin	L-Histidine
122	77.5

뉴토리엔토브로스
Oxoid No.2
20

(2) 전진 돌연변이 시험용 시약류

표 15-3.

최소 글루코오스 한천평판배지(l)				
SALT(mℓ)	20% Citric acid · H_2O(mℓ)	0.5 mM d · Biotin(mℓ)	Glucose(g)	Agar(g)
100	8	10	20	6

(계속)

소프트아가(I)			ME 배지(I)			
NaCl(g)	Agar(g)	2% 8-Azaguanine/DMSO(mℓ)	SALT (mℓ)	0.5 mMd-Biotin (mℓ)	20% Glucose(mℓ)	H_2O (mℓ)
6	6	20	100	100	100	700

생균수의 측정용 소프트아가(I)		S9 mix(10 mℓ 분)		
NaCl(g)	Agar(g)	S9(mℓ)	Cofactor(mℓ)	ME(mℓ)
6	6	1	8	1

SALT 또한 0.1 M 나트륨인산완충액 PBS(pH 7.4)은 에임스 시험의 경우와 동일

2) 실험순서

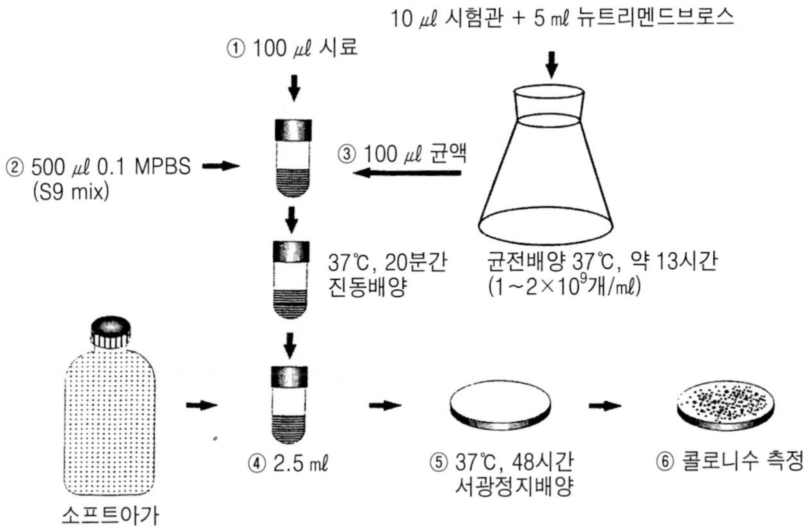

그림 15-2. 에임스 시험의 흐름도

3. 이후 기대되는 변원성 시험법

1) 전진 돌연변이 시험법의 소개

(1) 원리

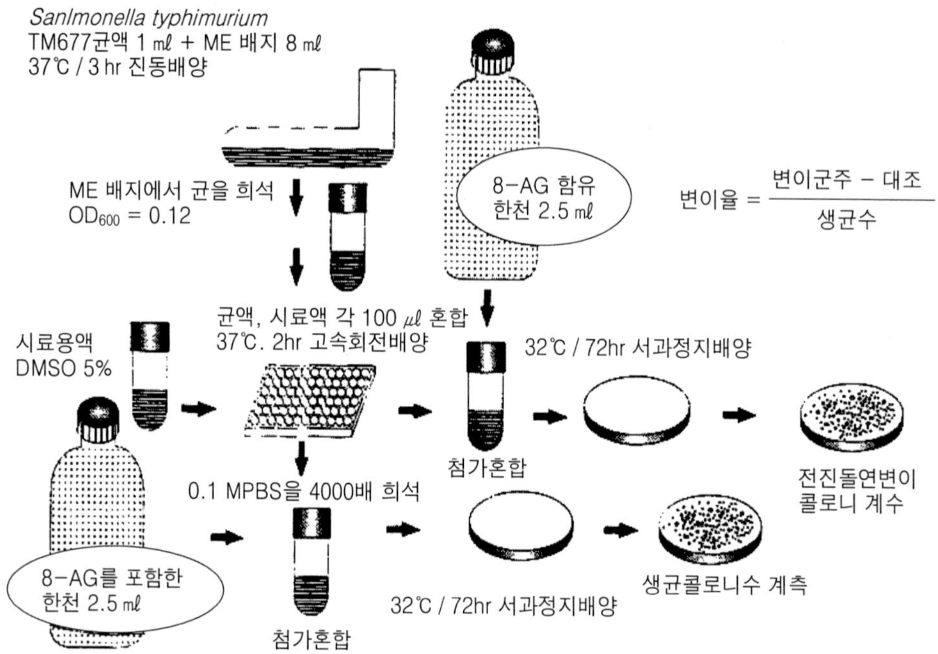

그림 15-3. 전진돌연변이 시험법

항생물질의 8-아자그아닌(8-AG) 저항성 검출에 우수한 *Salmonella typhimurium* TA1535에 변원성 물질 검출감도를 높이는 목적에서 TA2000의 플라스미드 PKM 101을 도입한 TM677을 이용한다.

(2) 특 징

- 공정법에서 최소 2균주는 사용해야 한다. FM법에서는 염기 대치형과 음식의 양 변이를 단일주에서 검출할 수 있다.
- His 등의 식품 상재성분이 공존해도 변이율은 거의 영향을 받지 않고 His와의 분리를 위해서 시료 전처리가 불필요하다.

4. Na^+채널 초고감도 센서(신경성 독)

복어독, 테트로도톡신(TTX), 마비성 패독, 삭시톡신(STX), 고뇨톡신(GTX)은 식중독의 주요 원인물질이다. 1958년에는 176명이 TTX에 감염되어 사망한 사고도 있었다. 최근에는 굴 등으로부터 STX와 GTX가 검출되어 유출입 규제가 실행되었다.

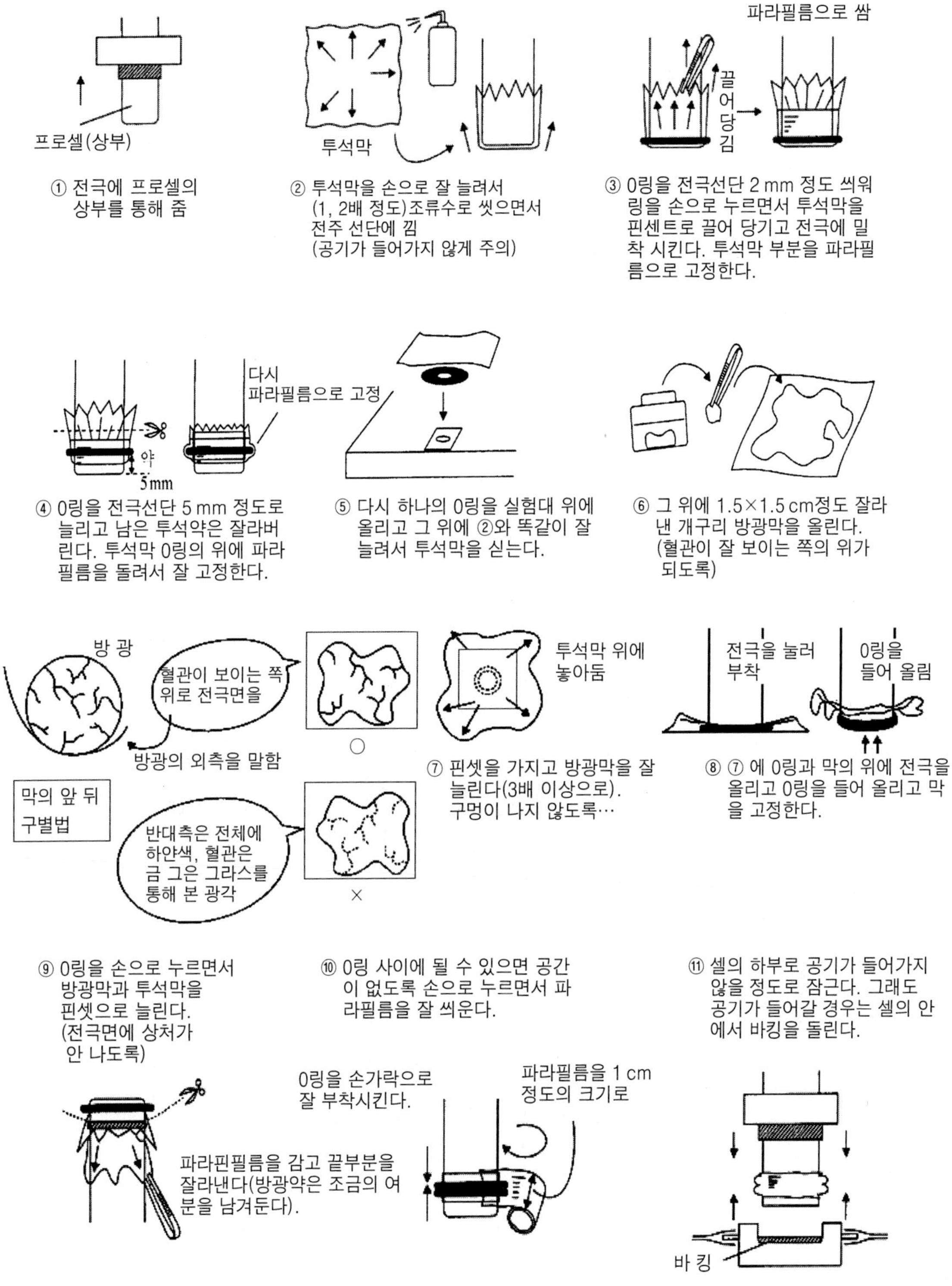

그림 15-4. Na^+채널의 조립

어패류 검출측정에는 마우스법, HPLC법, 면역반응법, 신경아세포법 등을 사용한다. 마우스법은 독력은 측정할 수 있지만 TTX, STX, GTX 등 독 특이성을 분리는 할 수 없다. 샘플 1 mℓ를 체중이 20 g의 마우스 복강 내에 주사하여 30분에 사망할 경우를 1 MU로 정하고 있다. 1 MU는 TTX 0.2 μg에 상당하는데 독량이 적은 시료인 경우는 시료를 농축해야 한다. HPLC법은 표준물질에 대비해서 TTX, STX, GTX 등을 판별한다. 필요한 시료의 양은 마우스법의 1/5로도 측정 가능하지만 시료의 정제가 충분하지 않으면 비슷한 피크의 출현가능성이 있다.

마우스 신경아세포법을 이용하는 원리는 TTX가 Na^+채널에 특이적으로 작용하는 성질을 이용하는 것이다. 이 세포는 우아바인 존재에서 베타리진의 작용에 의해 Na^+의 유입을 촉진시키는 결과 죽게 된다. TTX는 그 작용에 저해적으로 움직이기 때문에 그 농도에 비례하여 생존세포가 증가한다. 그래서 미토콘드리아 내 탄산수소효소 활성을 지표로 세포의 생사의 판별을 행함으로써 TTX양을 구할 수가 있다. 이 방법

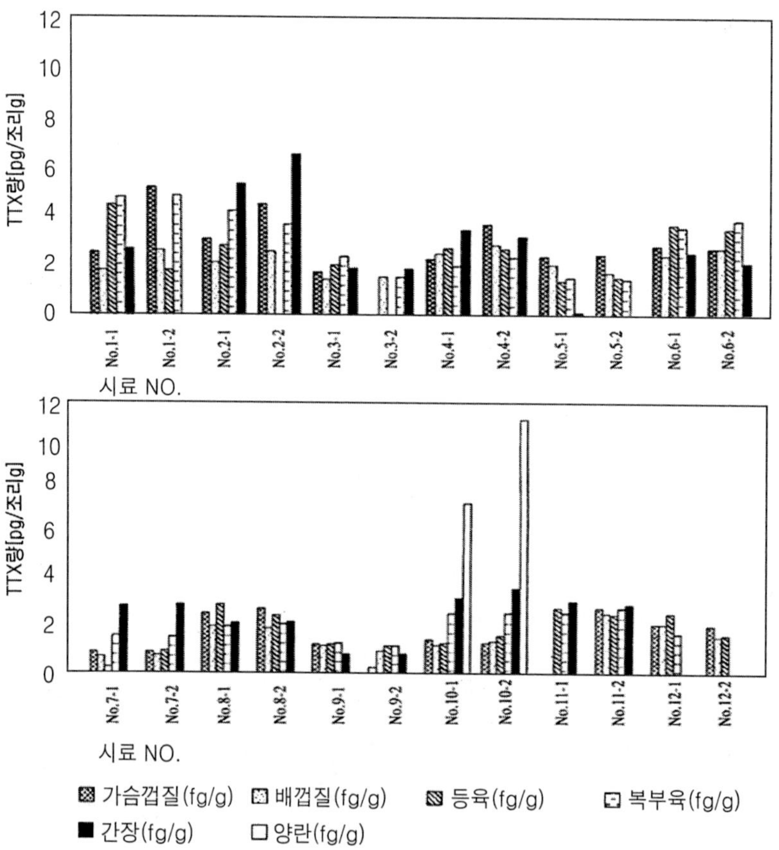

그림 15-5. 복어 각 부위의 TTX 함량

의 검출한계는 pg 레벨로 다른 방법에 비해 감도는 좋지만 세포의 배양과 생사의 판별 등 번잡한 조작을 하게 된다. 1검체를 측정할 때 마우스 한 마리를 필요로 하고, 이것은 마우스법의 1/5 정도이다.

여기에서 서술하고 소개하고자 하는 복어독 센서의 원리는 TTX, STX, GTX 등이 Na^+채널 저해도를 전기신호로 바꿔 기록할 수 있으며 연속계측이 가능하다. 검출한계는 fg 레벨이고 Na^+채널 저해물은 전부 검출한다는 결정이 있지만 사용하는 사람에 따라 이점도 많다. 이것은 바이오센서의 일종으로 검출부의 생체조직을 사용한 것이므로 조직 센서라고도 한다. 1검체 분석시간은 약 5분, 시료조제도 포함해서 15분 정도이다. 특히 이 센서는 세계 최고 초고감도 센서로 저자에 의해 개발되었고, 인체 내 Na^+이온의 생리활성과 기강 해명에 중요한 역할을 하였다.

< 독성분 추출법 >

① 비닐봉지 중에 동결한 복어를 넣어 그 위에 냉수로 해동한다.
② 해부용구를 가지고 꼬리부의 껍질근육・앙란・정란 또한 간장을 개체 또는 부위별로 채취한다.
③ 껍질은 가위로 가늘게 자르고, 잘게 부순다. 껍질 이외는 가는 기계로 부순다.
④ 잘 부순 것 5 g을 원심관에 넣어 잘 저으면서 0.1% 초산용액 10 mℓ를 첨가한다.
⑤ 알루미늄관에 원심관에 뚜껑을 덮고 끓는 물에 중탕으로 10분간 가열한다.
⑥ 냉각 후 원심분리(5000 rpm, 10분)를 하고, 투과액을 25 mℓ용 플라스크에 옮기고 30% NaCl 용액 5 mℓ를 가한다.
⑦ 원심관 중에 잔사를 0.1% 질산용액 9 mℓ로 씻은 후 재원심분리를 하고, 추출액과 선액을 섞는다.
⑧ 바이엘병 또는 폴리병에 옮기고 밀봉하고 동결 보존한다(장기보존은 -20℃ 이하).

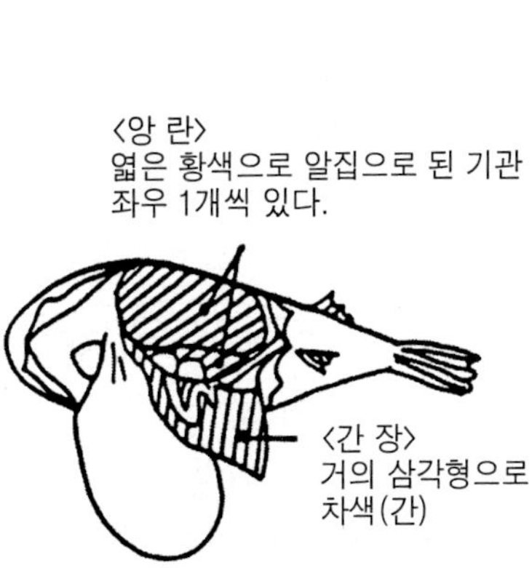

그림 15-6. 독성분 추출법

⑨ 적출액 1 mℓ는 원장기 조직의 0.2 g에 상당한다.

〈보 충〉

- 검체는 소량에서 5 g이 달하지 않을 경우는 상기의 방법에 준하여 추출액의 양을 감해서 행한다.
- 저독력의 시료측정을 위해서 씻은 액의 양을 감하기도 하고, 추출액을 농축하는 일은 정도의 저하를 초래하므로 좋지 않다.
- 검출선은 0.8% NaCl 함유 0.05% 질산용액에 일정량의 TTX를 용해한 것을 이용한다.
- 물, 패류의 추출은 0.1N HCl 용액을 가지고 복어의 조정과 같은 방법으로 조제하지만 시료는 염기성이므로 pH를 조제하고 사용한다.

1) 센서의 원리

복어독의 테트로도톡신(TTX)과 마비성 패독의 하나인 샤시톡신(STX)은 Na^+ 채널을 차단시키는 비펩티드성의 신경독이다. 개구리 방광막에는 Na^+출입을 제어할 수 있는 Na^+채널이 있어 TTX, STX 등은 이것을 저해한다고 알려져 있다. 이 시스템은 개구리 방광막과 Na^+전극, 프로셀 내의 이동상(0.08% NaCl)이 일정량 흐르고 있다. Na이온은 개구리 방광막의 Na^+채널을 자유롭게 출입할 수 있으므로 Na^+전극은 일정한 전위를 가지고 있다.

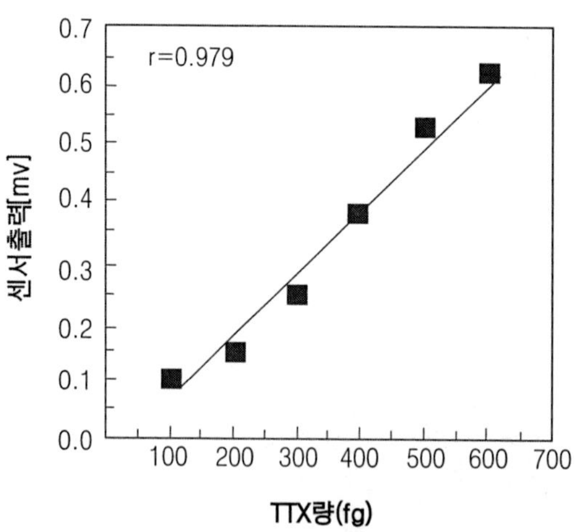

분석조건 : 온도 30° C, pH 4.8, 염농도 0.08%,
유속 0.8 mℓ/s, 시료액량 50 μl

그림 15-7. TTX 검출선

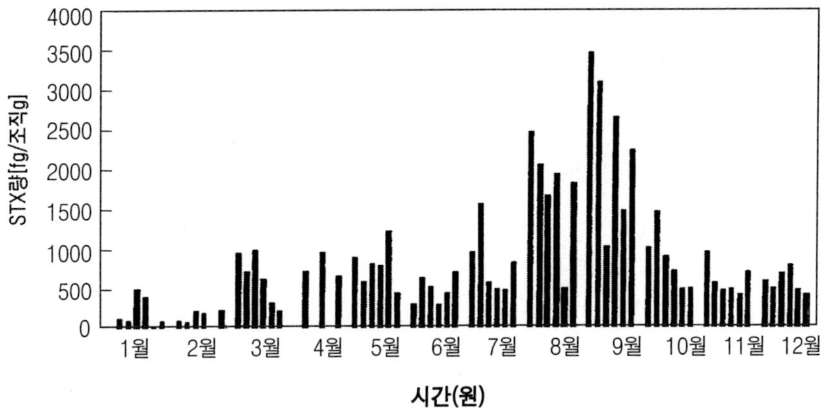

그림 15-8. 피조개 STX의 일년 변화

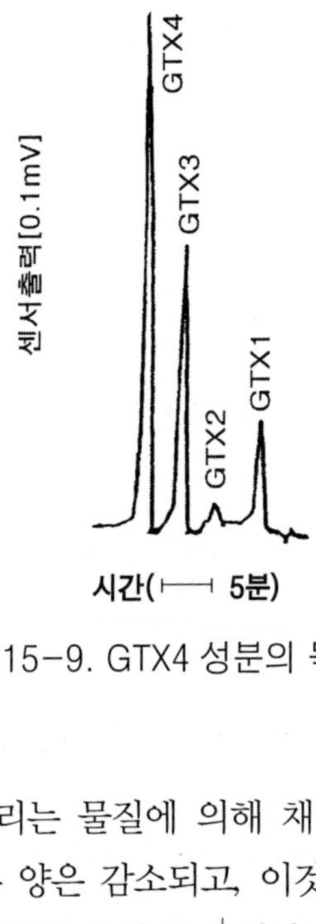

그림 15-9. GTX4 성분의 독력 비교

STX 등의 Na^+채널을 막아버리는 물질에 의해 채널이 막혀버린다. 그러므로 Na^+ 전극에 도달할 수 있는 Na^+이온 양은 감소되고, 이것으로 전극의 출력전위도 감소한다. TTX는 물론 PSP독, GTX, STX 등의 Na^+채널에 특이하게 작용한 독들의 측정이 가능하다.

5. ATPase 센서의 응용

저온 스트레스에 의한 식물세포 반응기작에 의한 형질막에서의 H^+-ATPase 발현

1) 연구의 정의

상업 발달로 인한 자연생태계 파괴, 지구 환경의 급격한 변화로 인해 식물 환경 스트레스가 식물의 성장요인에 악순환을 거듭하고 있는 현 시점에서 식물 스트레스 연구 분야는 아직도 제자리걸음을 하고 있는 실정이다. 이러한 환경 변동에 식물체의 인지 및 적응 기작을 연구하는 분야로 생화학, 생리학, 유전학적 연구가 있으나 광범위한 연구로만 확대 될 뿐 이렇다 할 성과는 거두지 못하고 있다. 즉 식물체 내에서의 종류별 스트레스에 의한 세포에서 유도되는 현상들을 유전자시대로 알려진 오늘날에 그저 분자레벨로만 감응기작과 발현 변이 등을 해결하려는 일조일단의 연구에만 힘을 쏟고 있는 실정이다.

식물은 저온에 노출되면 외형적인 증상으로 위조(wilting)가 일어나고, 식물체가 저온의 영향으로 대사과정이 저하하는 것을 보상하기 위하여 단백질의 합성이 이루어진다는 cold-shock protein이 drought stress에 의해 생성된다는 사실이 알려져 있다. 저온 식물체에서 진화과정 중 받은 water stress의 형태로 나타난 것으로 해석된다. 즉 저온 스트레스에 의한 식물체의 수분흡수 장해는 토양액과 세포내 water potential gradient에 의해 이루어지며, 원형질막에 의한 solute transport 저온 하에서 활성화된다.

즉, ATPase의 움직임은 이미 식물의 생리대사에 영향력이 크다고 알려져 있다. ATPase 활성으로 창출되는 세포 내의 조절은 이온흡수, 호르몬의 생장조절에 이르기까지 발현능력이 인정되었다. 특히 식물체의 원형질막 ATPase를 순수하게 분리정제하면 이것이 프로톤 펌프(H^+-ATPase)인 것으로 이미 확인이 되었다.

2) 연구 목적

본 연구에서는 특히 환경 변화와 저온 스트레스에 민감한 오이, 호박을 선택하여 저온 스트레스에 의한 기작 반응을 인지하는 이온 채널들의 식물에 가해지는 수송능력의 변화에 따른 능동 운송과 스트레스 감응 능력에 따른 생리학적 규명으로 의미있는 연구로 사료된다. 즉 급격한 환경 이변에 의한 저온성 폭우는 농작물에서도 큰 손해를 끼치고 있으며, 환경과 기상 이변에 따른 식물 내성 연구는 더욱 큰 의미를 부여할 것으로 사료된다.

이러한 수분 부족에 K^+, Ca^{2+} 이온의 움직임만을 연구한 방법에서 탈피하여 수분 극복을 위한 순간 H^+-ATPase의 활성화에 중점을 두고 저온처리에 의한 원형질막에서의 H^+-ATPase의 이온 이동변화를 알아보았다. 지금까지는 생체막의 구조기능 변화는 물론 식물 저온 스트레스에 의한 세포내 물질 운송 기작에 의한 H^+-ATPase의 메커니즘을 규명하기 위한 수단으로 원형질막 분리에 의한 활성도를 비교하는데 연구가 진행되었지만 막대한 시간과 고가 기기, 복잡한 전처리 과정을 통한 원형질막 분리측정에 종래 법인 UV spectrometer법을 사용해 왔는데, 이 방법을 개선하고자 효소 고정화를 이용한 바이오센서 system을 구축하여 전기 화학적 potential로 O_2의 움직임을 전기신호로 감지하는 바이오센서의 응용에 그 목적을 두었다.

또한 UV spectrometer법과 저자 등이 개발한 종합 ATPase 센서를 이용해서 전기 potential에 의한 stress 감응물질의 기작을 비교 측정하여 데이터 베이스화 하는데 목적이 있으며, 효율적으로 자연환경 인지 저온 스트레스에 의한 단순 물리적 현상을 모식화, 수식화 하는데도 그 목적이 있다. 앞으로도 진속, 경제적, 시료의 전처리 간소화 등의 센서의 필연성을 도입하여 저온에 의한 수분 이동 변화를 H^+-ATPase 활성도로 충분히 측정 가능하리라 사료된다.

3) 기기분석 방법

(1) 재 료

재료로는 오이, 호박을 파종하여 재배한 것의 잎과 뿌리를 이용하였으며, 오이는 6℃, 호박은 10℃에서 1시간 동안 저온처리 한 것을 이용하였다.

(2) UV spectrometer법

저온 스트레스 감응 H^+-ATPase의 막지질 조성 규명을 위해서 원형질막은 2-phase partioning에 의한 분리법을 이용하였다. H^+-ATPase의 활성 측정으로는 25 mM Mes-Tris(pH 6.5), 1.5 mM $MgSO_4$, 50mM KCl, 1.5 mM Tris-ATP에 효소를 첨가한 후 37℃, 30분간 배양하여 1% ammonium molybdate, 2N H_2SO_4에 의해 720 mM에서 UV spectrometer로 측정하였다.

(3) PVA막에 의한 효소 고정화법

PVA(poly vinyl alcohol)에 purine nucleoside phosphoryrase(NP)와 xanthine oxidase(XOD)를 1:1로 혼합하여 유리판 위에 부운 뒤 냉장고 내에서 서서히 굳힌다. 고정화 막은 실온에 보관하고 필요에 따라 1장씩 사용하였다.

(4) 산소 전극의 제작 및 측정장치

전극은 carbony 전지식 침착형 산소 전극을 이용했다. 전극 선단부에 purine-nucleoside phosphoryrase(NP)와 xanthine oxidase(XOD)를 PVA막에 고정화시킨

것을 전극에 부착시켜 ATPase 활성 측정용 센서를 구축하였다.

(5) 센서 측정방법

본 연구에서는 페리스타 펌프(peristaltic pump)를 이용하여 0.01M Tris-HCl 완충액(pH 7.0)에 기질인 ATP와 inosine 첨가 시약을 혼합하고 Flow cell 안으로 이동하여 센서의 출력치가 안정된 상태에서 미리 정제된 오이, 호박의 뿌리, 잎의 원형질막에서 추출한 H^+-ATPase 시료를 주입시켜 출력 전류 감소치로 부터 H^+-ATPase 활성을 측정하였다.

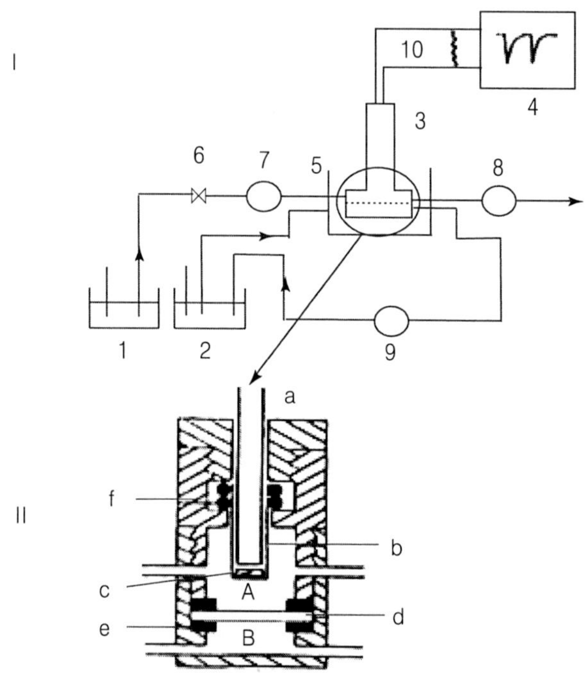

그림 15-10. Schematic diagram of the enzyme sensor system for ATPase activity.

(I) Sensor system

1. Buffer tank 2. Substrate tank 3. Oxygen electrode 4. Recorder
5. Thermostatically controlled bath 6. Injection port
7~9. Peristaltic pump 10. Resistance

(II) Magnification of the flow cell

1. Oxygen electrode 2. Triacetyl cellulose filter 3. Enzyme membrane
4. Dialysis membrane filter 5. Teflon rubber 6. Rubber ring
The interidr of the flow cell is separated into A and B portions by the membrane

(6) 센서 측정조건

효소 센서는 사용하는 용도에 따라 최적 조건에 미치는 영향이 크게 작용하므로 완충액의 pH, 온도, 유속, 기질의 농도 등에 민감하지만 기존의 조건으로 설정했다. 또한 본 실험에서 사용된 Flow cell은 2중막 셀을 이용했으며, 막 확산속도에 의해 확산 반응할 수 있게 두 유속을 달리하여 조절하였다.

완충액으로는 0.01 M Tris-HCl을 사용하고 pH 7.0, 온도 30℃, 이송액 주입구 유속은 0.4 mℓ/min, 반응조는 0.6 mℓ/min로 설정하고, ATP 농도는 0.04 mg/mℓ, inosine 농도는 0.2 mg/mℓ을 사용하였다. 이것을 그림 15-10에 나타내었다.

(7) H^+-ATPase 활성 측정

ATP는 ATPase에 의해 ADP와 Pi로 분해된다. Inosine은 purin nucleoside phosphorylase(NP)에 의해 Pi가 분해 작용하여 hypoxanthine으로 된다. 여기에서 hypoxanthine은 xanthin oxidase(XOD) 효소에 의해 분해되어 그 반응 발현에 O_2를 필요로 하며 Uric acid로 된다. 이러한 효소반응을 이용하여 H^+-ATPase 활성을 측정한다. 활성치는 센서에서는 검출선에 의하고, UV법은 Pi 분해 산출량으로 환산하였다.

4) 결 과

(1) 센서의 응답성

시료를 주입했을 때 센서 선단의 화학작용에 의해 산소의 필요량으로 측정되며,

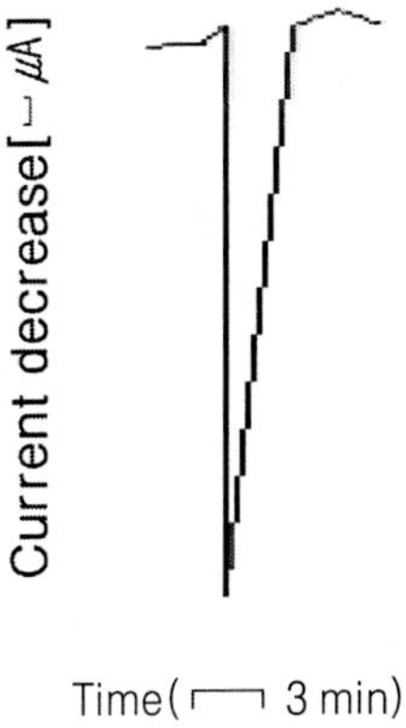

그림 15-11. Current response curve for ATPase activity
Conditions : pH 7.0, Temp 30℃, Flow rate 0.4, 0.6 mℓ/min,
ATP concn 0.04 mg/mℓ, Inosine concn, 0.2 mg/mℓ, Sample 50μℓ

전류 감소치로 기록계에 기록되고, 이때 산소 소비량(Pi의 농도)이 ATPase 활성에 해당한다. 이것을 그림 15-11에 나타내었다.

(2) H^+-ATPase 활성 측정(ATPase 검출선)

연구에 사용된 원형질막에서의 H^+-ATPase 활성 측정을 위해서 시판된 SIGMA 사의 ATPase 표준용액을 Unit별로 작성하여 ATPase 센서 조건 하에서 검출선을 작성하였다. 그림 15-12에서 나타낸 것과 같이 r=0.975로 좋은 결과를 얻었으며, 본 센서가 H^+-ATPase 측정에 유용하게 사용 가능할 것으로 사료된다.

(3) 오이, 호박 원형질막에서 분리된 H^+-ATPase의 UV spetrometer법과 바이오센서법과의 상관성

바이오센서법과 종래 법(UV법)을 이용해서 오이, 호박 원형질막에서 분리된 H^+-ATPase의 활성치를 측정하였다. 그 결과 그림 15-13에서 나타낸 것과 같이 오이, 호박에서 모두 조금의 측정 범위는 인정되나 센서법과 종래 법에서 좋은 상관치를 나타내었다. 이러한 결과로부터 센서의 유용성이 생리적으로까지 널리 쓰일 수 있는 가능성을 시사하였다.

(4) 식물 저온 스트레스에 의한 각 온도별 오이, 호박에서의 H^+-ATPase 활성치

표 15-4와 그림 15-14에서 보는 바와 같이 뿌리와 잎에서의 각 온도에 따른 H^+-ATPase 활성치를 온도별로, 시간별로 측정한 결과, 오이에서는 20℃에서 10℃까지

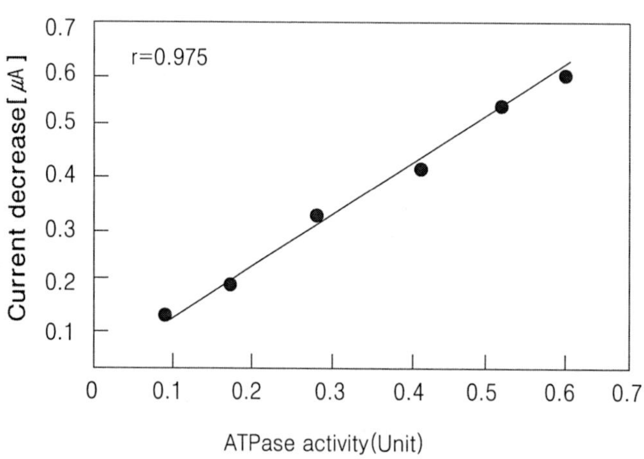

그림 15-12. Calibration curve for determination of ATPase activity in the activity in the enzyme biosensor. Experimental conditions are the same as in the Figure 2.

는 변화가 없었으나 6℃에서 1시간 저온 처리한 시료를 추출해 측정한 결과 급격히 증가치를 나타내었다.

또한 호박에서는 20℃에서 15℃까지는 변화가 없었으나 10℃에서 1시간 저온 처리한 것은 급격히 증가치를 나타내었다. 호박의 경우 6℃까지 온도를 낮춰 시료를 추

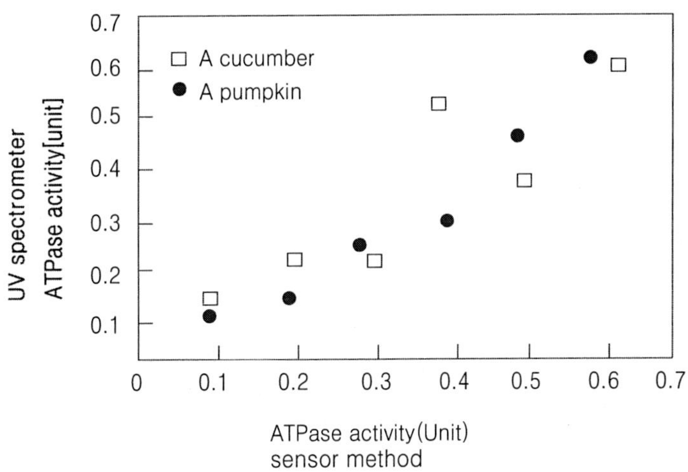

그림 15-13. Correlation between ATPase activity determined by the sensor and the conventional methods. Experimental conditions are the same as in the Figure 2.

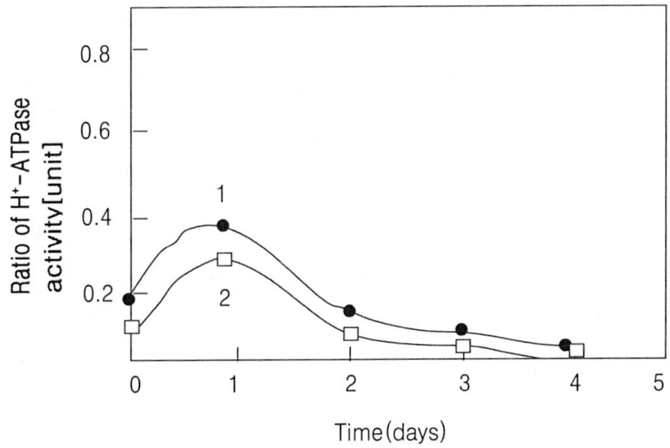

그림 15-14.

Figure 5. Effect of low leaftemperature on the plasma membrane H^+-ATPase activity pumpkin and cucumber
1. Pumpkin 2. Cucumber

표 15-4.

Temperature(℃)	H^+-ATPase activity(unit)	
	A cucumber	A pumpkin
20℃	0.47	0.46
15℃	0.43	0.46
10℃	0.46	0.58
6℃	0.63	0.08

Table 1. The effect of different root temperatures on the activities of H^+-ATPase in the plasma membrane of a cucumber and a pumpkin.

출해 측정한 결과 급격히 감소함을 나타내었다. 이런 결과로부터 오이, 호박 모두 저온 한계치를 넘을 경우 H^+-ATPase 활성치는 증가하지 않고 식물 전체 세포에 해를 미치는 것을 알 수 있었다. 또한 저온 처리에 의한 H^+-ATPase 활성치는 임계점을 경계로 활발했다가 세포의 생리적인 활성이 중지됨을 의미한다. 식물 저온에 의한 스트레스는 환경, 수분흡수 뿐만이 아니라 생리적으로 H^+-ATPase 활성치에 까지 큰 영향을 끼침을 알 수 있었다.

5) 결 론

본 센서로 시료 한 개를 측정하는데 걸리는 시간은 3분이 소요되며, 센서법과 종래법과의 측정결과 사이에 좋은 상관치를 나타내었다. 또한 본 논문에서 제시하지 않았지만 종래 법에서의 전처리 과정을 거치지 않고도 잎과 뿌리를 직접 으깬 액을 가지고서도 측정이 가능하였다. 이러한 결과는 많은 실험의 결과로 인한 플러스, 마이너스를 산출 해내면 센서만으로도 측정 가능하리라 사료된다.

본 연구에서는 특히 환경변화에 민감한 오이, 호박을 선택하여 저온 스트레스에 의한 기작 반응을 인지하는 이온 채널들의 식물에 가해지는 수송능력의 변화에 따른 능동 운송과 스트레스 감응 능력에 따른 생리학적 규명을 위해 시료 처리가 복잡하고 장시간 소요되는 종래 법에서 탈피하고자 바이오센서에 의한 진속, 간단, 경제적 측정법을 도입하였다. 시료 한 개를 측정하는데 걸리는 시간은 3분이 소요되며, 센서법과 종래 법과의 측정결과 사이에 좋은 상관치를 나타내었다(본 연구는 저자의 석사논문 테마로 개발된 기기를 응용한 연구결과이다).

제 16 장

혈액자기공진 활성요법 치료(BMI)
(Blood Magnetic Instrument)

1. BMI치료의 기초이론

1.1 무엇을 BMI(혈액자기공진 활성요법)이라 하는가?

BMI 치료법은「병은 혈액으로부터 치료해야 한다.」는 새로운 요법이다. BMI치료는 분자생물학과 분자물리학의 원리를 생명체에 자기, 광선, 산소 삼차원의 물리화학적 방법으로 혈액을 여기 시켜 자기극화효과, 자기광학효과, 자기산소효과 등 생물화학반응을 발생시켜 생물분자차원에서 인체의 물질대사를 조절하고, 세포의 활력을 향상시키며, 각종 효소를 활성화 시키고 환자 신체의 내적환경을 안정 상태로 만들어질병으로 일어난 손상을 회복시키고 혈액에서 직접 여러 가지 질병을 치료하는 것이다.

기본 치료방법은 매번 환자의 정맥혈액 400～500 cc를 뽑아 특수한 혈액 팩에 담아서 BMI 치료기에 넣고 처리를 진행한 후 미디어혈액으로 된 혈액을 다시 환자에게 수혈한다. 매번 치료시간은 50분가량 걸리며, 10번～13번을 하나의 치료과정으로 한다.

1.2 BMI(혈액자기공진 활성요법)으로 질병을 치료하는 주요 메커니즘

(1) 질병을 일으키는 혈액 중의 미생물을 직접 죽이고 그 독소를 해독한다.

BMI 치료과정에서 환자의 혈액을 안전 사용량의 살균작용을 가지고 있는 자외선으로 조사한다. 병독, 세균은 모두다 생물체이므로 그 핵산부분은 자기, 광선, 산소 등 물리요소에 대하여 매우 쉽게 영향을 받아 그 분자의 구조가 변이를 일으키며, 자기력과 RF복사는 세균과 병독의 RNA, DNA에 작용하여 이들이 복제할 수 없게 한다. 자외선과 자기장의 작용으로 세균독소의 펩타이트고리가 해제되어 생물의 활성화를 방해함으로써 혈액을 정화시킨다.

(2) 면역시스템의 기능을 활성화시키고 신체의 면역력과 방어능력을 강화시킨다.

자기, 광선, 산소의 작용을 받은 자신의 혈액을 체내로 다시 수혈한 후 그 혈액이 산소와 에너지로 가득 차 있기 때문에 전신의 혈액을 유도하여 광학, 전기, 자기효과와 산소화합반응이 발생할 수 있어 면역시스템을 도모한다. 또한 체내의 면역구단백(IgG)을 증가하게 하여 혈액 중의 백혈구 총량과 식균작용을 증가시킨다. 동시에 T 임파세포를 증가하게 한다. 따라서 신체의 체액면역과 세포면역능력을 강화한다. 이것이 BMI치료가 감염성과 자가면역성 질병에 대하여 치료작용을 하는 기본원리이다.

(3) 인체 내의 자기강도와 자력선 배열을 조절하여 자기효과를 향상시킨다.

인체 신진대사 과정 중에서 세포내외의 이온 운동 때문에 생물전류가 발생하고 일정한 강도의 생물자기력이 생성된다. 건강한 신체 내에 이런 자기력의 분포와 변화는 일정한 법칙을 따른다. 질병이 있을 때 생물자기력의 변화가 일어나게 되는데, 그의 주요한 그 결과로 자기력의 강도가 약해지고, 자력선 배열이 무질서하게 되며, 자기력의 효과가 떨어지게 된다. BMI(혈액자기공진 활성요법)은 혈액에 대한 자기충전, 자기보충, 자기유도를 통하여 신체 자기력의 강도와 세포 표면의 자력선 배열 순서를 조절하고, 자기장의 효과를 향상시키며, 생물 전기자기학 차원에서 신체로 하여금 새로운 균형을 이루게 하여 건강을 회복하게 된다.

(4) 적혈구 표면의 음전하를 증가하고 혈액점도를 낮추며 미세순환을 개선한다.

적혈구 표면에는 대량의 상자성 물질이 함유되어 있기 때문에 자기력의 작용 하에 적혈구 표면의 음전하가 증가하게 되어 세포간의 정전 배척력이 크게 되므로 응집력이 감소되고, 전기영동의 속도가 빠르게 되며 침전율이 떨어진다. 동시에 자력선의 작용 때문에 콜레스테롤의 긴 사슬을 짧은 사슬 혹은 다결정 중심으로 변하게 하므로 혈액 중의 콜레스테롤 총 함량을 감소시킨다. 그 결과로 혈액의 점도를 낮추고 적혈구의 변형 능력을 증강시키며 미세순환을 개선한다. 혈액 자기력의 변화는 직접 동맥 평활근의 극 제거과정에 영향을 주므로 혈관의 확장을 일으켜 혈압을 낮춘다.

(5) 항산화효소(SOD)의 활성을 강화하고 활성산소를 제거한다.

유리기는 물질이 산화대사 과정 중에 전자를 부족하게 받아서 형성된 것이다. 인체

내의 활성산소는 신체가 산소 부족 환경에 처했을 때 대량으로 생성되고, 또 직접적으로 인체기관에 손상을 일으킨다. 체내의 유해 유리기를 완전히 제거하려면 주로 항산화효소에 의존하여야 하는데 그것은 체내에 광범위하게 분포되어 있고, 생물 촉매제로서 유해유리기로 하여금 계속 전자를 받아들이게 하는 촉진작용을 한다.

연구결과에서 나타나는 바 BMI치료의 전자스핀 공진은 항산화효소를 활성화시키고 유해 유리기의 제거 속도를 빠르게 하므로 산소 유리기가 인체에 대한 유해작용을 경감 또는 제거하며, 체내의 신진대사를 뚜렷하게 강화하고, 체내의 각종 내부, 외부적인 독소를 해소함으로써 혈액을 정화시킨다.

(6) 적혈구의 산소 휴대능력을 증가하고 혈액 산소포화도를 높여 준다.

산소는 인체의 신진대사 중에 꼭 필요한 물질이다 .대다수 질병이 발생하는 과정에서 조직세포의 혈액에서 산소가 부족하고 신진대사 산물이 쌓이게 된다. BMI치료는 혈액에 고농도 산소이온을 넣어줌으로 적혈구의 산소 휴대능력을 대폭 증가시키고, 처리를 거치게 되면 혈액의 산소농도가 포화상태에 도달하게 된다. 그래서 정맥혈액이 동맥혈액으로 변하여 체내에 다시 수혈되면 혈액과 조직 간의 산소분압차가 증대되어 산소의 확산 속도가 빠르게 되고 산화환원 반응능력이 강화된다. 따라서 질병발전과 정중에 근본적인 고리가 해결되므로 회복이 촉진된다.

2. BMI치료의 8대 기능

(1) 면역계통의 기능을 제고하고 신체의 면역력을 증강하다.

BMI치료는 혈액을 체내의 자기력이 강화되게 하고, 신체 세망내피계(reticuloendothelial system)의 대식구(macrophage)를 활성화시키고 또한 임파세포의 전환율, 면역글로불린 함량과 인체 보체함량을 증가시켜 면역계기능을 향상시킨다.

(2) 항독, 해독, 배독

BMI치료는 생물자기학과 생물전기학의 작용에 의하여 체내에 양전하를 띤 양이온 집단의 수량을 높인다. 양이온 집단은 체내의 각종독소, 유해물질과 방사성 독소를 빨리 흡수하여 소화시키고 이들을 체외로 배출한다.

(3) 콜레스테롤을 낮춘다.

체내의 양이온집단은 혈액자기요법의 처리를 거친 후 높은 에너지상태에 있다. 고

에너지 상태의 양이온 집단은 저밀도 지방(LDL)을 흡착할 수 있고, 또 그것을 배설할 수 있다. 그밖에 BMI치료로 체내 자기장의 효과는 콜레스테롤을 쉽게 분해할 수 있게 하고, 콜레스테롤 합성효소의 활성을 낮추고 콜레스테롤의 배설을 촉진시킨다.

(4) 혈액점도를 낮춘다.

BMI치료는 혈액의 에너지를 높이며, 혈액으로 하여금 고 에너지 저점도 상태로 되게 한다. 혈액 중에서 무질서한 상태의 각종 전하를 띤 이온배열을 건강상태로 변하게 하고, 적혈구의 응집성을 낮추게 하여 혈액의 점성을 낮게 한다.

(5) 혈액산소 포화도를 높인다.

BMI 치료하는 과정에 적혈구가 생물전기학과 생물자기학의 작용 하에 산소휴대기능을 높이는 동시에 BMI치료가 혈액에 대한 고압 이온산소처리를 취하므로 혈액의 산소포화도를 향상시키고 혈액의 산소 제공능력을 높인다.

(6) 소혈관을 확장하여 미세순환을 개선한다.

BMI치료를 거친 후 혈액이 체내에서 자기력이 증진되어 말초신경을 자극하고 반사적으로 혈관을 확장시키고 혈액의 유동을 가속화 시키므로 혈액의 미세순환을 개선하고 또한 혈압을 낮춘다.

(7) 세포를 활성화 시키고 신체의 대사를 개선한다.

세포의 신진대사 활동에서 세포막 내외의 전기이온은 중요한 역할을 한다. BMI치료의 생물자기학과 생물전기학적 작용은 세포막의 전위를 고에너지상태에 처하게 하고, 따라서 세포의 활동능력과 신체의 대사 상태를 개선한다.

(8) 활성산소를 제거하고 항산화효소 세포의 산화 저항능력을 높인다.

BMI치료는 생물자기학과 생물전기학의 작용에 의하여 짝수 전자의 분자 수량을 높이고 따라서 활성산소를 감소시킨다. 다른 방면에 BMI치료는 항산화효소를 활성화 시키고 아울러 체내분자의 활성산소를 완전히 제거하여 세포의 산화저항(황산화) 능력을 높이고 노화현상을 막아준다.

3. BMI치료의 일반의학에서의 적용

1) 적응증

- ▶ 만성 심부전, 바이러스성 심근염, 심근질환, Coronary heart disease, 협심증
- ▶ 뇌출혈, 뇌경색, 뇌위축, 뇌손상, 신경성 두통, 편두통
- ▶ 기관지 천식, 기관지염
- ▶ 2형 당뇨, 고지혈증, 지방간, 고혈압,
- ▶ 아토피, 건선, 여드름, 신경성피부염, 풍진, 백납
- ▶ 일산화탄소, 유기인중독, 약물중독(마약), 알코올 중독
- ▶ 동맥경화증
- ▶ 갱년기장애
- ▶ 미용 및 노화방지

(1) 빈혈성, 심뇌혈관병

심근빈혈, 심근경색, 뇌혈전, 뇌동맥의 혈액공급 부족 등의 기본 원인은 혈관벽의 변화 혹은 혈액 성분의 변화(고지혈, 고혈점도) 때문에 심뇌조직에 혈액공급 부족, 즉 산소부족을 일으킨다. BMI치료법은 소혈관의 확장을 통하여 세포의 활력을 향상하고, 혈액의 소포화도를 증가하여 혈액내의 지질농도와 점도를 낮추는 등 심뇌혈액 공급을 개선하고, 손상을 입은 세포를 회복하며 세포의 활력을 향상한다.

(2) 2형 당뇨병

BMI(혈액자기공진 활성요법)는 소혈관의 확장을 통하여 미세순환을 개선하고 혈액산소포화도와 랑게르한스섬세포를 활성화하여 체내의 인슐린 수준을 향상한다. 당뇨병환자로 하여금 근본적인 치료를 받을 수 있게 한다.

(3) 기관지천식

BMI(혈액자기공진 활성요법)는 혈액산소 포화도의 향상을 통하여 폐와 기체와의 교환 장애로 인한 혈액산소가 낮은 현상을 개선한다. 동시에 BMI치료법은 세포를 활성화시켜 세포의 과민 저항능력을 강화할 수 있다.

(4) 빈혈성 혈관질환

혈관종, 정맥염은 대다수 감기, 부상 등 원인으로 최종적으로 혈관내피 세포의 병변을 초래한다. BMI치료법은 일면 세포의 산화 저항능력의(황산화) 향상과 유리기를 완전히 없애는 것을 통하여 혈관내피 세포막의 완전성을 보완한다. 한편 혈액산소 포화도의 향상을 통하여 세포산소 공급을 개선한다. 동시에 혈액을 고에너지 저응결 상태로 만들고, 적혈구의 결집을 낮추어 혈전해소, 혈전용해 역할을 한다.

(5) 각종 중독성 질병

일산화탄소 중독은 일산화탄소와 헤모글로빈과의 결합으로 인하여 적혈구가 산소 휴대능력을 상실하여 신체의 산소부족을 조성한다. 자・광・산소요법은 고압이온산소를 통하여 산소와 헬로글로빈과의 결합을 증가시킨다. 동시에 세포활력을 향상시켜 미세순환과 해독, 배독의 기능을 개선하고 일산화탄소를 분해하기 때문에 일산화탄소 중독 응급조치에 고압산소 췜버 치료기보다 뛰어난 효과를 보인다. BMI치료법은 항독, 해독, 배독의 작용으로 각종 약물중독에 대한 치료효과를 나타내고 있다.

(6) 각종 피부병

마른버짐, 신경성피부염 등에 대한 구체적인 병의 원인은 명확하지 않지만 세포신진대사의 장애 원인이라 믿고 있다. 자・광・산소요법은 세포활력의 향상을 통하여 세포신진대사의 기능을 강화하고 신체의 면역력을 향상하여 피부병을 치료하는 효과가 있다.

(7) 풍습유질병

BMI(자・광・산소요법)은 생물자기학, 생물전기학의 자기공진작용을 통하여 면역복합물 혹은 류머티즘 요소를 분해하게 하여 증상을 완화시킨다.

(8) 미용 및 노화방지. 갱년기장애

BMI(자・광・산소요법)의 세포기능을 활성화 시키는 신체의 신진대사를 개선할 수 있고, 또 자・광・산소요법은 활성산소 생성 기능을 완전히 제거하므로 노화방지 작용을 하며, 이런 기능은 피부에 작용하여 피부대사를 촉진하고, 피부의 미용효과에 대단한 효과가 있다. 특히 여성의 갱년기장애에 특별한 효과가 있다.

2) BMI치료 중과 치료 후에 나타나는 증상

(1) 아래의 증상은 BMI치료 과정 중에서 일어날 수 있는 정상적인 현상이다.

- ▸ 입술 주위에 약한 전율(떨림)을 느낀다.
- ▸ 목 안이 화한 느낌을 받는다.
- ▸ 머리가 멍하거나 맑아지는 느낌을 받는다.
- ▸ 가슴으로부터 하체부분으로 혈이 흐르는 듯한 느낌을 받는다.
- ▸ 약한 어지러움이나 메스꺼움을 느끼기도 한다.
- ▸ 치료 1～2일째 몸살과 같은 증세가 나타나는 경우도 있다.

4. BMI치료 시 주의 및 반응

1) 발열반응

- 원 인 : BMI치료법의 운전규칙을 위반하거나, 치료기는 매일 정화시키고 30분 동안 소독하여야 하고, 수술실과 마찬가지로 소독하고 청결을 유지하여야 한다. 혈액을 흘리거나, 공위 내 청소가 철저하지 못하거나, 채혈 팩, 수혈기, 불량 혈액 팩을 자체 구입한 경우 및 사용, 소모품의 보관 소홀, 열 혹은 습도로 소모품 변질, 첨가 약물 및 생리식염수 질량 문제 이상 등등 모든 사항이 발열반응을 발생시키는 원인이 된다.
- 임상증상 : 혈액 회수 15분 혹은 2시간 후 몸서리, 발열, 땀이남.
- 조 치 : 수혈정지, 정맥봉로 유지, 보온, 뜨거운 물 음용, phenergan 25～50 mg 근육주사, 다사이미송 5～10 mg 정맥 링거

2) 순환 초부하

- 원 인 : 환자는 심장, 폐, 신장부진(혹은 잠재적 요소), coronary heart disease 심장박동 이상 회수속도가 너무 빠름. 심, 폐부하 기 능초과하므로 전신 정맥 혈압 갑자기 높아져 폐혈량이 증대하나 반면 폐활량 감소
- 임상증상 : 답답함, 숨가쁨, 호흡곤란, 증혈성 심장쇠진, 급성폐수종
- 조 치
  ① 수혈을 즉시 정지하고 transfusion 반 눕는 자세로 산소 흡입
  ② Cedilaned 0.4～0.8 mg 정액주사 혹은 정맥 sodium nitroprusside 링거 사용
  ③ Furosemide 20～40 mg 정맥주사 사용
  ④ Aminophylline 025 g에 25% 포도당 20 mℓ 첨가 정맥주사

(1) 혈액 용기를 일정한 방향으로 흔드는데 적혈구가 파괴되는지?

혈액은 특별히 혈적단백(HGB)은 자외광선(UV) 및 일부 광선에 대해 모두 강하게 흡수 0.1 mm 혈층내 단파 uv 모두 흡수할 수 있다. 정지한 상태에서 비춤을 받은 용기 속 혈액 심도는 5 mm에만 도달한다. 이는 혈액 심도 2%에 불과 98% 혈액은 빛을 못 받은 상태이다. 이것을 바로 치료하기 위에서 자외선(uv)을 비추며, 혈액이 일정한 방향으로 흔드는 이유이다.

BMI 치료기 위에서 움직이면 혈액 중 각종 성분이 모두 자외선 방사를 받아 광화학반응이 생긴다. 또 혈액 속으로 들어간 이온산소는 충분하게 물리 용해를 할 수 있

어 혈적단백(HGB)와 산소(O_2)의 화학적 결합을 돕는다. BMI치료를 하기 위해서 한쪽 방향으로 흔듬. 60 바퀴/분 10분 후 잠혈실험 검측 음성(-)으로 나타남. 이는 적혈구가 이상이 없다는 것이다.

(2) 혈액 치료 후 혈액 용기에 왜 피줄기(혈장)가 보이나?

혈액 회수 시 혈액 용기는 수직으로 정지한 상태에 처해 있다. 적세포의 비중은 혈장보다 크다. 중력으로 침하하는 것이 정상 그러나 정상 시에는 그 침하 속도는 느리다. 적세포는 비교적 혈장 중에 떠 있는 특성을 갖고 있다. 그 원인은 적세포가 혈장간의 마찰이다. 쌍 접시형의 적세포 모양은 표면 면적이 크므로 생기는 마찰도 크고 침하가 완만하다.

어떤 질병(예: 활동성 폐결핵, 풍습열, 류마티즘 등)의 침하가 빠른 것은 많은 혈장과 마찰력이 작아지므로 침하가 빠르게 된다. 적세포 중첩 연결 형성의 속도는 적세포 자체가 아니라 혈장의 변화가 주원인이 된다. 통상적으로 혈장 중 globuim, 섬유단백원 및 콜레스테롤 함량이 증대 시 적세포의 중첩, 침하속도가 빨라진다. 그러므로 고콜레스테롤 혈중 환자, 고섬유단백원 혈중 환자의 혈액 용기에서 피줄기(혈장)가 보인다.

5. BMI치료 프로그램

1) BMI치료 프로그램

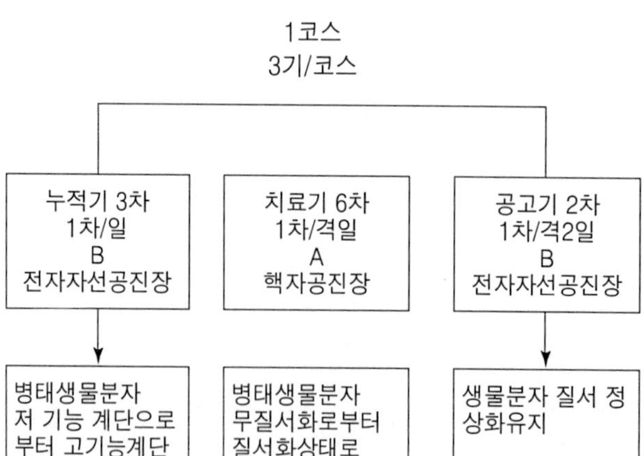

그림 16-1 BMI치료 프로그램

2) BMI 배합 약물

(1) 비타민 C 2.5~7.5 g

인체 당대사, 산화환원반응 및 세포간 물질 형성에 참여 모세혈관의 견인성을 보강, 혈액응고 가속, 정상적인 응혈기능 유지. 체내 해독과정 참여, 인체 면역력 증진, 비교적 강한 항산화제는 체내 자유기 제거, 세포막 구조 기능 보호, 항(沆)히스타민제 작용 발휘.

(2) Cytidine diphosphate choline 0.5 u~0.75 u

뇌대사활성제, 쇼크에서 회복을 촉진, 뇌혈관 탄력 증강, 혈액 유량 증대, 뇌대사 개선, 산소 결핍성 질병에 적합, 뇌혈관 질병의 신경성 증상을 개선.

(3) Adenosine triphosphatc 20~40 mg

인체대사 기능을 개선하며 체내지방, 단백질, 당, 핵산, 뉴클레오티드 대사에 참여하고, 체내 에너지원으로도 되고 있다.

(4) 조효소 A 100 u~200 u

체내 아세틸화의 조효소, 당, 단백질대사에 중요한 역할, 아세틸콜린의 합성, hepatic glycogen의 보존 콜레스테롤을 강하, 혈장 지방함량의 조절 등에 밀접한 관계를 갖고 있다.

(5) 비타민 B_6 1 ㎖~2 ㎖

아미노산 및 지방의 대사에 참여, 신상선 피질 기능 유지에 필수, 백혈구 생성에 도움이 된다. BMI치료 후 I. V. 주입 시 일상적 치료약물을 배합하여 치료 시 치료효과가 50% 이상 좋아진다.

3) BMI의 약물

(1) 생리식염수

채혈 팩의 sodium citrate 은 혈액중 칼슘이온과 이온화를 못하는 citron산 칼슘을 형성하므로 혈액 중 칼슘이온 강하, 칼슘을 보강. 고혈압, 고지혈 환자는 칼슘을 배제한다.

4) BMI 프로그램 주해

- ▶ 신경성 두통 자광산소 요법으로 3~5차 완쾌 가능
- ▶ 황갈반, 자외광 시간 8~10분 1~2코스면 현저한 효과를 봄
- ▶ 류머티즘, 류머티즈성병 : 자외광 시간 10~15분 2코스면 현저한 효과를 봄
- ▶ 건선 : 2~3 코스면 현저한 효과, 처치 후 혈액 중 VC, VB6 첨가 정맥 단삼 주시 내복항은 1, 2호
- ▶ 신경 관능증 : 흥분형 환자는 핵자공진장(A) 사용
  우울성 환자는 상자성공진장(B) 적당
- ▶ 중독 응급구조 : 응급 구조조치 처치 후 2~3차 / 일, 2~7일 / 코스 채혈 양 400~600 mℓ

6. BMI치료 단계별 요령

1) 체혈 요령

(1) 간호사는 채혈 세트를 침대 옆으로 가져간다.
(2) 환자의 이름, 혈액형표지 3련 카드를 체크하고 채료 카드를 혈액팩에 부친다.
(3) 생리식염수 품질을 검사하고 생리식염수를 수혈액 걸이에 걸어 고정한다.
(4) 피부의 국부적 소독을 하여 정맥에 찌를 준비를 한다.
(5) 2%의 리드카인으로 수혈부위에 국부적 마취를 진행한다.
(6) 국부 마취가 된 채혈 위치에서 정맥 채혈을 실행한다.
(7) 혈액이 나오는 것을 확인한 후 혈액팩 호스의 지혈 집게를 풀고 주사바늘을 고정한다.
(8)채혈(200~400 mℓ)하면서 혈액팩을 부드럽게 흔들어 혈액이 혈액백 내의 응고액과 충분히 혼합하게 한다(응급환자 : 일산화탄소 및 약물중독환자는 400~600 mℓ까지 치료 가능).
(9) 혈액량이 차면 지혈대를 늦추고 혈액 회로 조질기를 늦추며, 소량의 염수로 호스를 씻고 지혈 집게로 혈액백 호스를 집어 지혈한다.
(10) 염수 입력속도를 10~20 gtt / 분으로 조절하여 혈액 재수혈을 대비한다.
(11) 3련카드 혈액형 표지를 대조한다. 재수혈 카드를 혈액팩에 부치고 혈액팩을 기계실에 인계한다.
(12) 채혈이 완료되어 창구에서 혈액팩을 인계할 때는 두 손으로 받들어 받고, 수액틀에 걸 때는 먼저 각 호스 회로가 잘 씹혀 있는가를 검사하고 조심스럽게 걸며, 집게가 느슨하게 혈액이 세어나는 것을 방지해야 한다.

2) 치료기 소프트웨어 작동 요령

(1) ⓐ 치료기 해당(A, B, C) 작업대를 열고 혈액팩을 치료용 고정 받침판 위에 놓는다. 혈액팩 산소 주입구의 보호마개를 뜯고 산소주입 호스를 연결하며, 산소 주입구 구멍 집게를 풀어준다.

② 산소 게이지의 스위치를 열고 산소량을 조절하여 혈액팩 내에 적당량의 산소가 주입되도록 하고 산소 주입밸브를 닫는다. 그리고 산소주입 구멍을 단단히 찝고 혈액 용기의 파손 여부를 검사한다. 파손이 없고 새지 않음을 확인한 후 산소 배설구멍의 보호마개를 떼고 용기 내의 산소가 배출하도록 하고 구멍 집게를 단단히 집는다. 그리고 산소 출구를 연결한다.

(2) 지혈집게로 혈액백 밀봉호스, 정규소독 혈액팩 호스를 접어서 막고 무균가위로 밀봉부분을 끊는다.

(3) 혈액팩을 치료기계 옆에 있는 고리에 걸고, 혈액팩 위에 붙은 재수혈카드를 떼어 치료카드와 재수혈 카드를 대조하여 체크하고 재수혈 카드를 혈액 용기에 붙인다.

(4) ⓐ 무균 가위로 끊은 밀봉부분과 혈액용기 입혈관을 연결하여 혈액백 내의 혈액이 전부 혈액 용기 내에 들어가게 한다.

ⓑ 지혈집게로 혈액팩 위의 호스를 접어서 막아주고, 혈액팩 호스와 혈액동기 입혈관 연결부분을 불어주어 혈액용기 입혈관 내의 혈액이 혈액동기 내에 진입하도록 하고 다시 입혈관을 단단히 집어놓고 입혈관을 떼어내어 보호마개를 씌운다.

(5) 먼저 산소 배출구멍 집게를 풀어주고 다시 산소주입 구멍집게를 풀며 산소미터를 열어주고 산소출구 물병에서 기포가 생길 때를 기다려 기계를 닿는다.

(6) 사용설명서에 따라 모니터를 조작, 설정한다.

ⓐ 작업대(A, B, C)를 선택 한 후 혈액자기 치료카드에 근거하여 자기, 광선, 산소치료의 시간을 설정한다(시간 정함).

ⓑ 혈액팩을 연결하고 치료를 시작한다.

주의 : 실온이 좀 높을 때는 환풍기를 열어 온도를 낮추어야 한다.

(7) 치료 종료 : 기계의 버저가 울리면 버튼을 누르므로 진행이 중지된다. 치료를 진행한 공위의 산소진입 밸브를 닫고, 혈액팩의 진입 산소호스를 찝어 주고, 반대방향 산소호스도 닫아 준다. 무균보호마개를 씌우고 혈액팩을 꺼내어 치료실에 재수혈토록 인계한다.

3) 혈액 재수혈 요령

(1) 치료실 조작인원은 혈액용기의 재수혈카드 침대카드, 혈액형 표시를 체크하고 검사한다.
(2) 혈액용기를 수혈 틀의 고리에 걸고 지혈집게로 수액호스를 잘 찝고 연결이 확실하게 하고 혈액용기를 혈관집게를 풀어준다.
(3) 수혈 속도를 조절하고, 자기보조기를 추가 설치한다. 자기보조기는 혈액팩 밑 호스에 집어준다.
(4) 수혈이 끝나면 혈액용기 출혈관을 단단히 찝어 주고 다시 수액관 지혈집게를 풀어주며 생리염수로 호스를 씻도록 한다.
(5) 호스를 씻고 혈액 용기의 수혈카드, 침대카드, 혈액형 표지를 대조 검사하고 소독 거즈로 수혈부위를 누르고 바늘을 뽑으며 손바닥으로 5분간 눌러준다.

4) 혈액 자기치료 약품

(1) 채혈 후 재수혈전의 약품 사용: 의사의 처방지시가 있을 경우에 한하여 생리염수에 첨가한다.
(2) 채혈팩의 약품 첨가: 기계를 시동하기 전에 약품을 입혈구를 거쳐 혈액에 첨가하여 기계를 시동하여 처치한다. .
(3) 기계처리 후에 약품 첨가: 혈액처리 후 치료카드 요구대로 첨가해야 할 약품을 혈액에 주입 가볍게 혼합시켜 환자에게 재 수혈한다.

5) 프로그램 운영 주의사항

(1) 엄격하게 무균 조작치료와 검사 대조를 집행한다.
(2) 채혈, 혈액처리, 재수혈 과정에 세밀하게 호스 회로를 검사하며, 호스의 연결이 느슨하거나 스위치 착오로 환자에게 불필요한 손해가 생기지 않도록 해야 한다.

6) 채혈시 유의사항

호스집개를 풀고 혈액이 혈액맥에 진입하는 속도 시간을 관찰한다.

(1) 간호사는 가볍게 한쪽으로 혈액백을 흔들어 혈액과 항응제가 균일하게 혼합되게 하여 혈액응고를 덩이 형성을 방지한다.
(2) 채혈을 순조롭게 하고자 환자로 하여금 주먹을 쥐였다 놓았다하는 동작을 하게 한다.
(3) 채혈은 15분 내에 끝내야 한다.

(4) 채혈 할 때 채혈백을 누르거나 밀어서는 안 된다. 누르고 밀면 적혈구의 세포를 손상하기 쉽다.

7) 시스템 작동 특이점

(1) 시스템은 작동할 때 임의로 시간 설정을 개변할 수 있고, 새로 설정한 시간을 작동할 수 있다. 중도에 작동을 멈추고자 할 때는 정지기만 누르면 된다.
(2) 작동할 때, 시간 제어 표시화면에서 시간수치를 "--" 교체로 표시하며 작동신호 램프는 순서적으로 켜지는 것으로 시스템이 정상작업 상태에 있음을 표시한다.
(3) 컴퓨터는 각 작업부위의 작업차수를 기록하며, 차수 문의기를 누르면 표시창구를 통해 사용차수를 볼 수 있다.
(4) 고주파 광원이 노화하면 해당 신호램프가 표시된다.
(5) 기계가 작동하지 않았을 때 연속 4번 정지기를 누르면 컴퓨터가 초기상태로 전환하여 안내서에 따라 재가동 한다.
(6) A, B, C의 작업대가 동시 작동하여도 상호 방해 없이 진행한다.

7. BMI채혈, 수혈 주의사항

(1) 채혈부위 : 좌, 우 두 팔의 중간 정맥 및 頭정맥혈관 이들 부위의 정맥은 탄성이 좋고 나타남이 뚜렷하다. 채혈 전 리도카인 0.1 ㎖ 사용 채혈 위치에 국부 마취 후 무통채혈 진행.
(2) 채혈 양 : 일반적으로는 200 ㎖～400 ㎖로 규정. 특별한 병증(각종 중독성 응급 구조시) 채혈 양을 400 ㎖～600 ㎖ 높임 가능.
(3) 혈액 회수시의 온도 : 혈자기 처치 후의 혈액은 회수 시 별도로 온도를 가열하지 않음. 혹한시 실내온도가 너무 낮으면 환자를 위해 침대에 전기요를 비치(혹은 실내 에어컨 온도조절)하나 혈액 회수 자체는 환자 체온에 중요한 영향을 끼치지 않는다.
(4) 혈자 처치혈 회수 방울수 : 혈자기가 처치한 200 ㎖의 혈액은 20～30분 내에 회수되어야 한다. 매분마다 80～120방울 해당. 단 심폐기능 장애자에게는 수혈 속도가 3.5～4 ㎖ / 분이 적당. 그리고 환자의 이상여부를 주의 관찰
(5) 혈액 회수시 주의사항
　① 혈액요법 실행 전 환자의 혈액형, 혈압, 심장박동 등을 점검
　② 혈자 치료실 간호사는 채혈, 수혈 때 반복적으로 3연카드, 혈형 쪽지를 확인

하여 차질이 없도록 한다.

③ 처치한 혈액은 응고 혹 용해가 발생하는지 섬세하게 관찰

④ 혈액 회수과정에서 함부로 기타 약물 첨가함을 금지한다.

⑤ 혈액 회수 끝날 때 주사 위치에 소량의 알콜 솜을 사용하고, 테이프나 손을 사용하여 10분정도 눌러 주도록 한다.

8. BMI치료기 작동 요령

1) 기계의 구조 및 크기

(1) 본 채

① 치수(cm) : W 180 × H 115 × D 97

② 중량 : 115 Kg

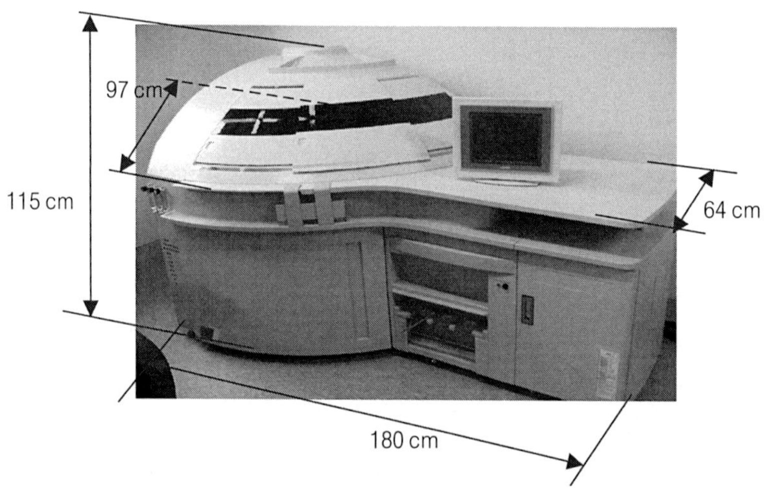

(2) 채혈팩 거치대 : 높이 조절 및 착, 탈이 가능하다.

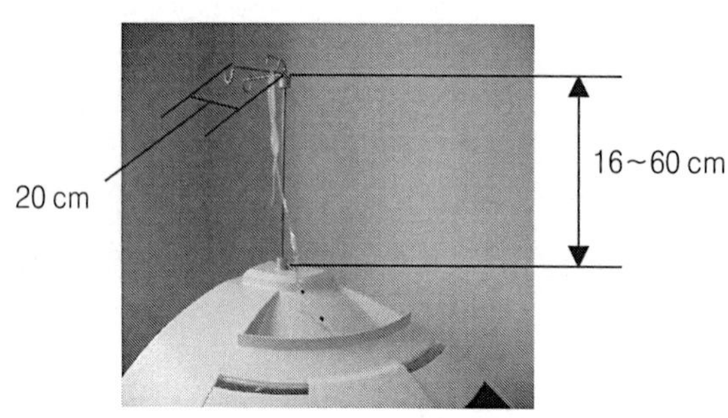

(3) 모니터

① 치수(cm) : H 28 × W 32 × D 2.7

② 중량 : 6 Kg

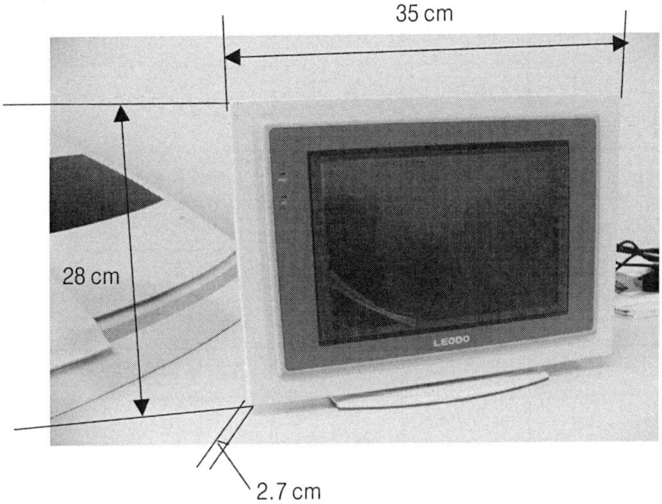

9. 급성 뇌경색 BMI 치료이론

뇌는 인체 중에서 산소와 피를 제일 많이 필요로 하는 기관이다. 뇌의 중량은 인체의 2%가 불과하나 산소 소모량은 인체의 23%에 차지하고, 뇌혈유량(CBF)은 인체 전체 혈유량의 15%나 차지한다.

안정 상태에서 정상적인 뇌혈유량(CBF) 약 55 mℓ / 10 min, CBF 산소 휴대 양은 440 umol /100 g / min, 뇌 O_2 소모량은 156 umol / 100 g min, 뇌의 혈액 소요량 및 산소 소요량이 이토록 큰 것은 뇌의 대사가 왕성하기 때문이며, 대량의 에너지 소모가 대량의 에너지 소요로 전환하는 것이다. 안정 상태에서 수면상태 포함, 뇌전파 활동은 역시 빈번하게 진행 중에 있다. 즉 뇌세포막은 끊임없이 극화 및 복극화 변화를 하고 있으며, 세포막도도 계속 활동함으로써 acetylcholinc 합성 뇌는 인체 내 대사가 최고로 왕성한 기관으로서 혈액, 산소, 결핍에 대한 지탱능력이 매우 약하다.

뇌 조직에는 에너지 저장이 거의 없다. 당분 대사가 뇌에너지의 주래원이며, 포도당 산화로 산소공급을 받는다. 뇌 급혈이 일단 완전 중지 시 뇌 조직 및 혈액 중의 산소는 8~12초 내 완전 소모가 되며, 뇌 조직 내의 기존 소량의 에너지 물질인 ATP, creatime phosphate 등이 2분 내로 소모된다. 그러므로 뇌 기능을 정상으로 유지하는 데에는 혈액 산소 및 혈당 연속 공급이 필수이다.

인체가 외부로부터 산소흡입 그리고 그 산소가 뇌세포까지 도달하는 데에는 아주

표 16-1. 혈액 치료실 비품/기구/약품/소모품 리스트

품 명	규 격	비 고	품 명	규 격	비 고
침대 보조의자 높이 30 cm 이하		채혈 시 사용	슬리퍼		
Long Forceps		2개	Dresing car		
Forceps Jar S			pvc car		
Forceps Jar L			고압 증기 소독기		
스폰지 캔	1호	3개	IV 폴대		
	3호	3개	1회용 종이 마스크		
받드	4절		포리그러브		
	8절		거즈	2*2	
막가위	대		3 M 종이 반창고	2 cm	
수술용 막가위		2개 / 배드	면봉		
나무젓가락	긴 것	소독 시 사용	1회용 주사기	1 mℓ	
Mosguito. 켈리		3개 / 배드		3 mℓ	
스텐 도시락	8절			10 mℓ	
스텐 반찬그릇 뚜껑	소			20 mℓ	
산소 게이지	일 산		Angio(특수바늘)	16 G	
산소호흡기 줄				18 G	
산소통	20 ℓ			20 G	
Lidocain(마취약)	2%		50CC 주사기 2개		
B6			18 G 바늘		
식염수	500 mℓ		Cotton ball	소	
3way			H_2O_2		
메르트씨(vitamin C)			Bethadine 소독약		
CBC LFT		검사실	75% Alchorl		
Biopsy bottle		검사실	깍두기 절단 솜		
폴르마린		검사실	폐기물 함		

복잡한 과정을 거쳐야 한다. Capillary bed에 있는 산소가 뇌 조직 세포 및 mito-chondrion 도달하는 동력은 po2이다. 산소가 모세혈관에서 선입체까지 도달하려면 매우 강한 산소분압이 있어야 된다는 것입니다. 그러므로 정상적인 뇌조직은 혈액 중에서 실지 사용하고 있는 산소양은 혈액 산소 휴대양의 소부분이라 할 수 있다.

1) 뇌빈혈 연구

사람의 뇌 급혈이 6초가 중단되면 의식이 상실, 심장 박동이 10초 멈추면 자체 발생 뇌전기 소실, 만약 5분이 되면 영구성 뇌 세포 손상초래 정상적인 혈당 수준 시 뇌전부 혈액 결핍 10～20분, 엄중한 선택성 신경원괴사 혈상 발생.

임상 및 실험 연구가 모두 입증하듯이 고혈당은 급성 뇌경사 및 혈액 결핍에 피해를 가중시킨다. 고혈당은 혈액 결핍부위의 에너지 대사 장애를 초례하며, 특히 무산소 glucolysis로 생성한 유산 및 H^+는 산 중독을 가중시킨다. 임상에는 급성기의 환자에게는 가급적 고당을 사용치 않으며, 심지어 저당사용이 보호작용 발생 가능. 그러나 아급기, 만성회복기에는 저당 사용 가급적 삼가 해야 한다.

2) 반암대(半暗帶)

반암대 혈액 결핍 이론은 1981년 Astrup 등으로부터 제출된 것이다. 국부 뇌 혈액 결핍은 중심괴사 부위 및 주변 반암대에 검증되어 있다는 것이다. 많은 연구를 통해 결혈 반암대 이론은 병리생리학, 생물화학, RCBF 정전자 발사 단층 등으로부터 입증, 결혈반암대와 중심괴사구는 하나의 동태적인 생리과정이라 할 수 있다. 결혈 정도 가중 및 결혈 시간 연장에 따라 중심괴사구는 점점 커지고, 결혈 반암대는 점점 축소된다.

생쥐 실험을 통해 대뇌 동맥 60～90분 불통하면 반암구와 중심피사구의 면적은 거의 같다. 120분 불통 시 결혈 반압대와 중심피사구의 비율은 1:2～3 / 3～4 시간 비율은 1 : 4～5 / 4～6 시간 비율은 1:10～20, PFT 연구를 보면 결혈 반압구 신경기능 결손 혹은 기본 상실, 그러나 신경세포는 아직 살아있다. 만약 즉시 결혈을 회복하면 대부분의 뇌세포는 피사피면은 가능.

급성뇌경사 유효치료 시간을 “시간 창구”라 한다. 자료에 따르면 급성 뇌경사 발병 3h 내 용전치료는 효과적이며, 발병 3～6 h 치료 유효가능, 발병 6～12 h 작은 부분의 용전치료로 유효가능, 약 80～90%의 급성 뇌 경사자는 혈전 동맥 막임소치 용해치료는 병리과정을 역전할 수 있으며, 단 뇌조직 괴사전 진행하여야 한다. 폐색된 뇌혈관에 소통 즉시 급혈 회복은 결혈성 손상을 감소 내지 면할 수 있다.

응급처치는 매우 중요한 시간적 조치이다. 문제는 대부분의 환자는 제때 병원에 못 온다는 것이다. 왔다 해도 CT 검사 등 각종 검사로 인하여 고귀한 치료시간을 지연한다는 것이다. 뇌의 정상적인 급혈, 산소대사를 이해함으로써 기존의 사고방식 전환, 중요한 것은 시간 창구 포착, 용전진행 혈액, 산소결핍 개선, 동시 뇌신경 세포 및 신경원 손상에 대한 보허성 치료 치중, 보호치료는 분자 수준에서 역할을 하여야 하며, 약물 등 기타 수단을 통해 혈액, 산소 결핍으로 인한 각종 병리과정을 막으며, 뇌 손상, 뇌세포사망 최소화, 신경원 기능 회복에 주력하여 경색면적 축소, 보호성 치료는 필연코 급성 뇌경사 회복의 중요한 조치로 급부상할 것이다.

BMI치료의 뇌경색 치료는 독보적인 존재로 뇌급혈 개선에 현저한 효과를 볼 수 있다. 결혈재 주입은 뇌 손상에 보호성 치료 장점을 갖고 있다. BMI치료의 급혈, 산소 공급의 개선은 바로 반암대 뇌국부 혈액, 산소공급 개선이다. 급성 뇌경색 발병 시 결혈 반암대 중심구 국부 뇌 혈액흐름(2 CBF)가 매우 저하한다. 기본상 뇌혈류(CBF)가 membrane pump 작동불능 상태에 처해 있는 것이다. 그러므로 반암대 신경기능 결손 심지어 기본 상실. 그러나 신경세포가 아직 살아있기 때문이다. BMI 치료법을 사용하면 뇌혈관을 확장시키고 순환을 소통, 혈유량을 증대시킬 수 있다. 제때 뇌급혈을 회복하면 반암대 뇌세포 괴사를 피하며, 급혈개선에 따라 산소공급도 완화된다.

뇌 조직은 결혈에 대한 지탱력이 매우 약하므로 뇌혈류(CBF) 공급이 일단 고장이 생기면 바로 신경기능 이상으로 이어진다. 일정한 정도에 달하면 뇌세포의 사망은 불가피하게 되는 것이다. 특히 결혈 중심구의 세포는 빠른 시간 내 괴사할 수 있고, 다만 반암구 주변에 있는 세포는 지탱시간이 좀 길어 치료를 통해 구조 가능하다. 뇌결혈 뇌조직이 급혈회복 후 뇌 손상이 수시간, 수일 계속될 수도 있다. 이런 재주입 후 나타나는 뇌손상은 뇌경사 형성의 또 하나의 경로다 결혈 뇌조직이 재 주입 발생은 흔히 볼 수 있는 일이다. 그리고 재 주입으로 인한 손상도 불가피한 것이며, 이미 알고 있지만 많은 인자가 재 주입의 손상으로 초래할 수 있다.

자유기, 세포내 CA^{2+} 초부하, 흥분성 신경개질독 효과, 일산화질소, 염성손상, 막인지 대사 장애 등 자유기 대량 생성, 엄성 세포, 염성 개질 손상 및 후속성 미순환 장애 등은 직접 혹은 간접적으로 재 주입 손상의 주원인이 되는 것이다. 그리고 세포내 CA^{2+} 초부하, 대량 Na^{+} 세포내류, 산소자유기 돌연증대 모두 뇌세포 사망 초래 가능하다. 이는 뇌경사 형성의 주원인이 될 가능성이 다분하다.

반암대구 뇌세포 생존을 유지하려면 충분한 산소 섭취와 RCBF가 있어야 한다. 이용할 수 있는 산소가 충분이 있고, 뇌 세포대사에 에너지 공급 뇌전파 활동 보장, 뇌세포 막이온 펌프 활발, 뇌수종 개선.

3) BMI 치료법은 체내 자유기 제거작용

실험으로 입증되다 시피 산소 자유기(FR) 대사 형평성은 뇌결혈 손상 과정의 주 특징이다. 뇌결혈 재 주입 산소 자유기(FR) 과다, 특히 초산소음이온 O_2(산소 FR) 과다는 뇌 조직 손상 초래, 다음과 같은 것이 있다. 혈관 내피세포 손상, 혈뇌 칸막이 파괴, 뇌 수종 생성, 신경세포, 교질세포의 막인지 손상, $Ca^{2+}Na^{+}$세포내 유입, Ca^{2+} 초부하, 흥분성 아미노산(NMDA)이 신경독성 작용으로 신경원 손상 초래.

4) 연구 증명

BMI 치료법 중의 순자공진장(전자 자선공진)은 순자성 원자를 함유하는 단백질과 효소의 구조들 조절체내 SOD 활성화 촉진, 그로 인해 자유기 제거 새로운 균형을 이룬다. 또 BMI치료는 산소함량을 현저하게 높여 세포 중의 SOD를 활성화 시킨다. 혈장 중의 SOD의 활성은 CU를 함유하는 산화효소 및 혈장 CP가 주 작용한다. 일반적으로 이런 효소는 세포 외부의 OZ와 해독작용을 하는 것으로 널리 알고 있다. BMI 치료법은 SOD 활성화 촉진으로 과다한 자유기 제거 FR 대사 균형유지, 뇌결혈재 주입 손상 경감. 세포막 구조보호, 혈뇌 칸막이 보호, 뇌수종 완화, 세포내 Ca^{2+}초 부하 강하 등등.

BMI 치료법은 신속하게 적세포의 산소휴대 기능을 제고할 수 있다. Oxygenate가 신속하며, 효소의 촉매가 필요 없고, 직접 정맥피와 정맥 통로를 이용하여 산소공급을 한다. 그러므로 신속하게 혈액 중의 산소 함량을 제고, 산소공급의 최선의 방법이라 할 수 있다. 정맥 혈액을 동맥화 oxygenate한 정맥 혈액이 체내에 들어간 후 즉시 용해 산소방식으로 뇌 조직세포에 산소공급을 한다.

뇌 조직에는 에너지 저축 없이 만약 이상이 생기면 뇌 조직 내에 에너지는 빠른 속도로 소모된다. BMI 치료법은 신속하게 뇌산소 부족 상태를 개선하고, 뇌 세포 산화분해에 직접 참여, 에너지 공급을 한다. 뇌는 혈액 수요가 제일 많은 기관으로 유량은 전신의 15%를 차지, 뇌경색 혈액 결핍개선의 관건은 결혈 반압대 혈액공급 개선 나아가 결혈현상을 개선하는 것이다. 자장은 뇌혈관 신축기능을 개선 혈관 확대, 반압대 혈액공급 개선 나아가 결혈 반압대 축소, 뇌세포 괴손 방지, 자장의 생물 반응 및 자외선광 화학반응으로 적혈구 전환 밀도, 증대 전기 영동속도 가속, 혈액 점도 강하, 적혈구 변형기능 개선, 뇌순환 소통뿐만 아니라 다종 효소의 활성제고, 섬용 계통 활성화, 섬유 단백원 강하 용해, 뇌세포 및 신경원 회복에 가속화 시킨다.

저자는 혈액 안의 청소를 물리적 방법으로 이용되는 대표적 기기에 관심을 가지고 미래 혈액 질환 고지혈증, 뇌졸중, 심장질환, 뇌경색, 동맥경화, 고혈압 등 성인병 예방에 물리적 자기공진법과 파동이론에 대한 연구에 관심을 가지고 새로운 기기가 이러한 기기 모델로 발전될 것이라는 방향을 BMI기기를 통해 길잡이가 될 수 있을 것으로 믿고 저서에 발표한다.

제 17 장

21세기에 기대되는 센싱 시스템과 기기분석법

1. 생체광자 측정을 위한 관증배관 기기분석법

저명 학술지 Nature는 21세기 과학발전의 주요 방향은 생물학과 물리학의 학제적 연구라고 강조한 바 있다. 세포의 통신과 암의 기전 이해에 있어서도 생물학과 물리학의 학제적 연구의 중요성은 이미 오래 전부터 주장되었다. 물리학적 관점에서 세포의 통신 및 조절기능과 암세포의 성장 요인을 이해하려는 최근의 노력 중에 생체광자(biophoton)는 특별한 관심을 끌고 있다.

1.1 기기분석 원리

세포 수준에서 나오는 아주 미약한 빛으로 넓은 스펙트럼 분포(250 ㎚～800 ㎚)를 갖는 biophton은 1970년대부터 광증배관(Photo multiplier tube : PMT)의 기술발전으로 측정이 가능하게 되었으며, 독일의 Popp 일본의 Inaba 등이 중심이 되어 활발하게 연구가 진행되고 있다.

Biophoton의 원천은 활성화 산소에 의한 대사과정과 DNA의 형태(conformation) 변화에 기인한다고 알려져 있다. Biophoton은 물리학적으로는 양자적 결맞음(Quantum coherence) 특성이 있으므로 기본적인 중요성을 가지며, 생물학적으로는 세포의 분열과 분화, 성장과정, 상처와 치유 과정에서 많이 방출되어 발달과정의 이해에 새로운 기여를 할 것으로 기대된다.

특히 암세포 및 조직에서 나오는 biophoton의 양과 특성이 정상세포 및 조직과 다름이 여러 연구에서 밝혀지고 있으므로 이 방면의 연구는 앞으로 크게 활발해질 것으로 기대된다.

1.2 실험대상과 목적

오늘날 문제가 되고 있는 항산화물질과 세포사 등에 관심을 가지고 biophoton을 측정함으로써 항산화 현상의 생물광학적 이해에 기여하고자 한다. 세포수준에서 일반적으로 신장이식 수술에 많이 쓰이고 있는 cyclosporin A(CsA)라는 약물의 면역 억제의 기능과 심각한 신장독성으로 인한 CsA의 부작용 등을 이해한다.

CsA의 독성은 활성화 산소(ROS) 생성에 기인한다는 보고에 의해 세포 레벨에서의 CsA의 독성 관계를 biophoton 양을 측정함으로써 그 척도를 알아내기 위해서 시도된 중요한 결과를 얻었다. 즉 CsA는 인체에 존재하는 cyclophilin A(CypA)와 결합하여 그 양의 변화에 의해 항산화 작용이 일어나는데 신장 이식 결과 이러한 약제 사용에 의한 부작용을 최소화 하기 위해 CsA를 신장독성 없이 추가 주입하여 면역성을 유도하기 위한 방법으로 cyclophilin A의 증가를 일으킬 수만 있다면 신장 독성을 감소시킬 수 있을 것으로 추측된다.

이러한 약제의 결합에서 활성화 산소(ROS)의 기전이 작동하게 되고 CypA가 항산화 작용에 관여하게 된다. 즉 CysA는 protein folding에 관여하여 peptidy proline cis trans isomerase(pplase) activity를 가지는데 pplase는 항산화 기능에 직접 관여하는 것으로 CypA의 과다 발현만이 oxidative stress를 감소시켜 CsA 신장 특성을 감소시킬 수 있을 것이다. 이러한 과정에서 세포의 종류에 의한 CypA / R55A mutant로 pplase activity mutant 즉 CsA R55A type, wild type CsA의 binding mutant type, kidney mock cell line의 3타입의 세포를 배양 구축하여 CsA가 포함된 것과 포함되지 않은 것들을 구분하여 PMT로 biophoton 양의 변화를 측정하였다.

본 연구 결과 CsA에 의한 활성화산소의 유도로 일어나는 신장독성을 새로운 물리학적 방법을 제시한다.

1.3 기기분석 방법

1) 세포 재료

Mock CsA, Wt CsA, R55A CsA 타입의 세포를 사용하였다.

2) 세포 배양

DMEM 배지에 kidney 인간 세포를 100 mm dish에 배양한 후 세포가 80% 정도 성장했을 때 PBS로 씻어내고 trypsin으로 세포를 부유시킨 후 3000 rpm, 5 min 원심분리하여 침전시킨 후 각 3타입의 세포를 배양하였다.

3) 세포처리

3타입의 세포(mock, wt, R55A)를 각각 37℃, CO_2 인큐베이터를 이용하여 세포를 배양시킨 후 CsA(1 μl/mℓ)를 첨가시킨 후 4일간 다시 배양시켰다. 세포를 부유시키고 H_2O_2 1 mM(시간대별로 각 타입의 세포 변화)를 처리하여 시간에 의한 변화와 ROS의 관계를 측정하였다.

4) PMT기기의 측정법

아래 그림 17-1에서와 같이 PMT(Hamamatsu, R331-05S)기기에 이미 배양 처리된 세포들을 측정하였다. 생체광자 측정 장치 개요도에서 암상자에 부착된 PMT를 중심으로 고전압 전원 1600 V 장치와 데이터 처리 및 컴퓨터로 구성되어 있으며, 암상자 속에는 표본을 얹어 놓을 수 있는 용기와 열 감지기 및 열선을 포함하고 있다. 열 감지기는 열전쌍을 사용하여 표본 용기의 밑면에 부착하였으며, 온도 조절기의 눈금이 37℃가 되도록 맞추었다. PMT와 표본간의 거리는 5 cm로 PMT의 유효 직경 내에 들어오게 하였다. 사용된 PMT는 상온에서 작동되었으며 300 nm에서 650 nm의 영역에서 빛띄 응답을 갖는다.

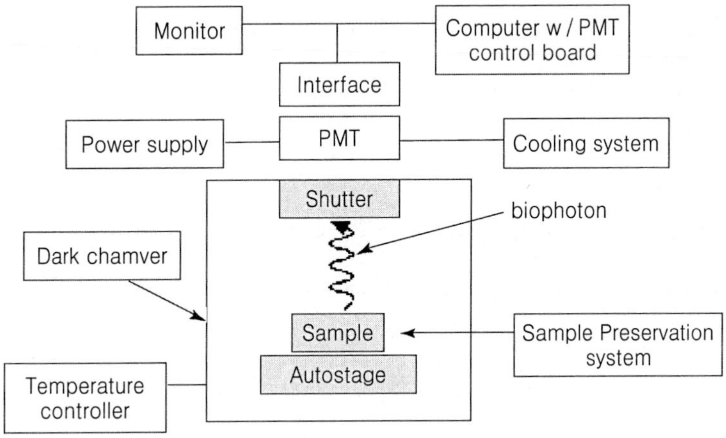

그림 17-1. Schematics of experimental PMT setup

1.4 결 과

1) Wild type CsA 농도별, 시간별 biophoton 양의 변화

세포에 CsA를 처리한 것과 처리하지 않은 것의 변화를 PMT로 측정한 결과 거의 변화는 없었지만 농도별 biophoton 양의 변화는 CsA의 양에 따라 농도에 의존한 다른 결과를 얻을 수 있었으며, 그림 17-2에서 알 수 있듯이 CsA를 4일째 처리하고 biophotone 양을 측정한 결과 약물 처리한 4일째 되던 날 포톤 양은 증가되고, 시간의 경과에 따라 세포사에 이르는 수치가 거의 일정함을 알 수가 있었다. 이 결과 CsA의 반응시간과 농도별 변화를 측정할 수 있었다.

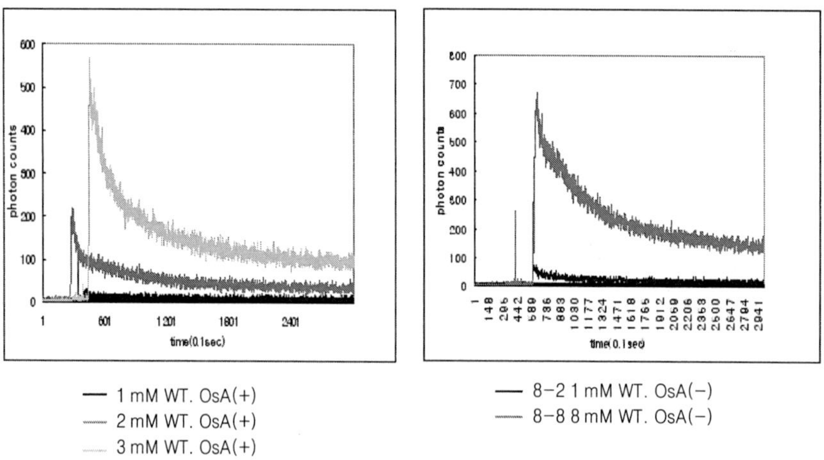

그림 17-2. Kidney cells were treated with various concentration of CsA. Three different regions are shown clearly. Dark count is responsible for the first one. Magnitude of a peak at the beginning of the region relies on the concentration of CsA applied.

2) R55A mutant type에서의 CsA 처리에 의한 biophoton 양의 변화

CsA를 처리한 것과 미처리한 것과의 세포의 형태 변화는 거의 차이가 없었으나 CsA를 처리한 배양세포에서 biophoton양이 증가함을 알 수가 있었다. R55A CsA(-)의 경우는 DL인 것처럼 떨어졌으나 CsA(+)인 경우는 떨어지는 가운데 fluctuation이 있는 것으로 관찰되었다. 총 biophoton의 평균값은(-)일 경우 13.09에 비해 (+)일 경우는 19.08의 수치를 나타냈다. 이 결과를 그림 17-3에 나타내었다.

3) Wild type 세포에서 CsA처리에 의한 biophoton 양의 변화

CsA를 미처리한 것에서의 세포의 형태 변화는 거의 차이가 없었으나 CsA 처리한 배양세포에서는 biophoton 양이 증가추세를 나타냈다. 그림 17-4의 막대그래프에서 나타낸 것과 같이 약간의 변화를 나타내었다.

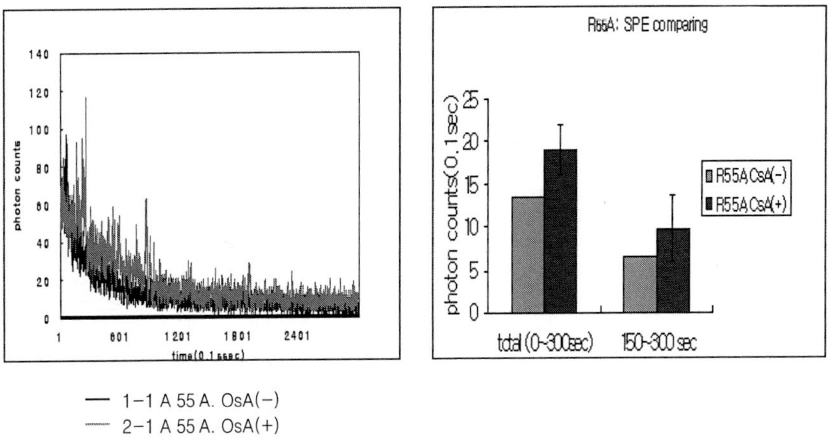

그림 17-3. The concentration dependency of kidney cell is plotted as a function of time. For this measurement, 1 ㎖ of 1 mM H_2O_2 and the cell concentration of R55A CsA(+,-) 0.5 mM were used. The figure clearly depicts the concentration dependency of chemiluminescence intensity.

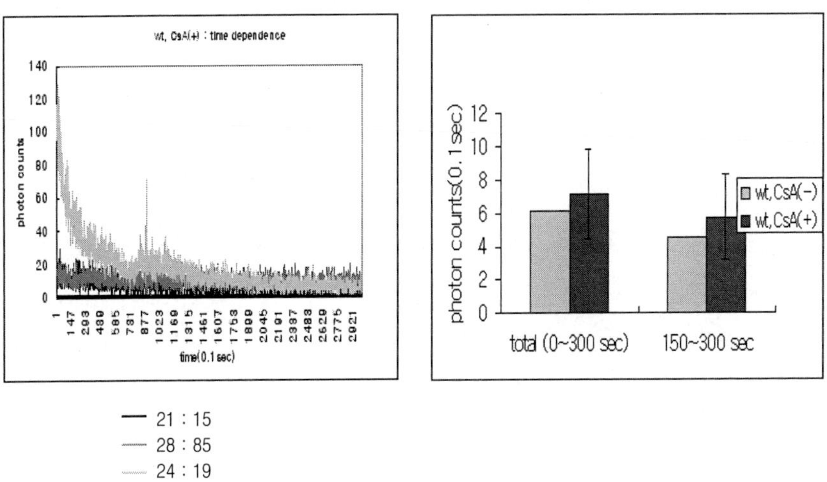

그림 17-4. The concentration dependency of kidney cell is plotted as a function of time. For this measurement, 1 ㎖ of 1 mM H_2O_2 and the cell concentration of wt, CsA(+, -) 0.5 mM were used. The figure clearly depicts the concentration dependency of chemiluminescence intensity.

4) Mock cell에서의 CsA처리에 의한 biophoton 양의 변화

CsA(+)가 CsA(-)에 비해 약간 크게 나타났다. 그리고 mock CsA(-)의 경우도 약간의 변동이 있으나 CsA(+)의 경우의 변동 값이 현저하게 크다는 것을 알 수 있었다. 총 평균값은 mock CsA(-)가 5.72, CsA(+)에서 11.30으로 2배가량 높은 것으로 나타났다. 이것을 그림 17-5에 나타내었다.

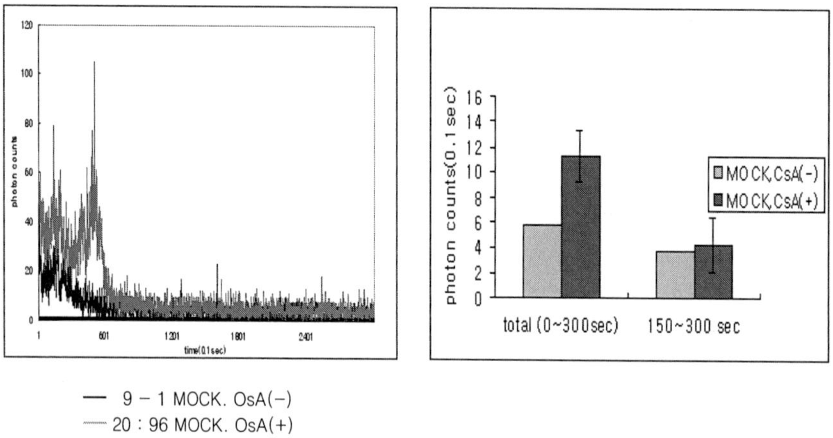

그림 17-5. The concentration dependency of kidney cell is plotted as a function of time. For this measurement, 1 mℓ of 1 mM H_2O_2 and the cell concentration of Mock, CsA(+, −) 0.5 mM were used. The figure clearly depicts the concentration dependency of chemiluminescence intensity.

5) 측정 조건

지금까지의 결과에서와 같이 sample의 전체 5분간 측정 결과에 의해 평균값과 peak가 없어지고 안정된 구간인 150~300초 구간의 평균값 및 표준편차 자발광(spontaneous photon emission, SPE)을 측정한 것이다. 조금의 정도의 차이는 있지만 모두 CsA(+)인 경우에 자체적인 빛이 많이 측정되었다. 절대량의 비교는 측정 시간에 차이가 있었기 때문에 비교하지 않았으나 각각의 경우는 비교가 가능하다고 생각한다.

1.5 데이터에 대한 결론 및 전망

시간에 따른 변화는 4시간동안 CsA를 처리한 후 자발광은 거의 측정되지 않았으나 처음 150~300초 사이에서 광자양의 변화는 있었으나 시간이 지나면서도 아무

변화가 없는 것으로 보아 CsA가 일시적으로 세포에 영향을 끼치는 시간대가 4시간에서 작용하는 것으로 보아 CsA에 의한 신장독성은 주사 등에 의해 인체에 주입된 후 얼마간의 시간 간격을 두고 작용된 것으로 사료된다. 물론 세포 수준에서의 결과는 임상에서의 결과보다 조금의 차이가 있을 것으로 사료된다. 즉 CypA를 over expression 시키는 활성 조절 물질을 이용하여 CsA 신장독성을 감소시킬 수 있을 것이다.

지속적인 양의 CsA의 투여가 가능하여진다면 면역 부작용의 효과에 대해서는 예방이 가능하리라 생각한다. CsA의 신장독성에는 활성화산소(ROS)가 관여한다는 사실은 이미 밝혀졌지만 아직 이러한 분야의 연구는 세포 수준, 분자생물학적 기법에만 그 기전을 알아낼 수 있다는 일조일단의 기존의 생각에만 치우치게 되었다.

1) 본 연구 예상

(1) 물리학으로 빛을 이용한 PMT사용 기법으로 간편히 신장 독성의 진의를 밝혀낼 수 있으리라 사료된다.

(2) 세포사에서의 항산화 억제 물질을 찾아내는 데에도 이 PMT를 이용한다면 자연산 추출물에서의 항산화물질 억제제를 찾아낼 수 있을 것이다.

2) 본 실험 결과 소견과 미래

특히 본 실험에서 사용한 cell line은 CsA binding mutant type으로 각 cell line에 따라 pplase activity가 서로 다른 것을 사용하였다. 일반적으로 3타입에서의 막대 그래프의 비교에서 알 수 있듯이 wild type, R55A type에서는 활성화 산소에 의한 세포사는 광자양의 차로 거의 비슷한 수치를 나타냈다. Mock type에서는 ROS 증가에 의해 세포에 악 영향을 끼친 것으로 나타났다. 본 실험에서는 조금의 예상 수치는 빗나간 부분도 있었으나 다방면의 연구와 지속적인 연구의 결과를 데이터 베이스화 하여여 측정 기준치 선정을 기대한다. 이러한 결과로 미루어 볼 때 biophoton의 양에 따른 생물학에의 도입은 여러 방면에서 손쉽게 응용 가능 할 것이다.

1.6 총 론

3가지 세포 타입(Mock, wt, R55A)에 CsA를 처리하여 세포에 영향을 주는 원인과의 관계를 PMT를 가지고 측정했다. ROS와 CsA를 사용하여 활성화산소(ROS)의 변화를 측정하였다. 3가지 세포 타입(Mock, wt, R55A) 의 CsA처리에 영향을 끼치는 광자를 측정했을 때 광자 양이 증가함을 알 수가 있었다. 이러한 광자 양으로부터

ROS를 발생하게 되는 사실을 발견했다.

따라서 PMT에 의한 측정은 ROS의 생화학적 상태 변화를 측정하는 새로운 분석의 하나이다(본 연구는 경희의대와 서울대 물리학부 생물물리학과와 공동으로 수행된 자료응용). 이 실험을 통해 공동 연구한 결과 저자는 21세기 선단 기기분석 시스템에 유능한 기기분석법으로 사용 가능한 실용적 자료를 제시한다.

2. 양자물리파동 이론 기기분석법(퀀턴파파)

2.1 양자물리학(파동이론)을 접목한 의료시스템 구축 예

로얄 레이몬드 라이프(Royal R. Rife ; 1888~1971) 박사는 1920년 자신이 개발한 고밀도 현미경을 통해 인간의 암 바이러스를 발견했다. 그는 이 바이러스를 배양해 쥐 400마리에 투입해 이 쥐들이 암 바이러스에 감염된 것을 확인했고, 이어 이들 바이러스를 파괴하는 전자기적 주파수장을 찾아냈다.

이 같은 원리로 라이프 박사는 이들 바이러스를 퇴치하는 에너지 방사기계를 개발했고, 1934년 미국 특별의료위원회(Special medical Committee)가 지정한 남부 캘리포니아 대학에서 말기 암 환자 16명에 대한 임상실험을 실시했다. 그 결과 이 가운데 14명이 3개월 이내에 완치됐고, 나머지 2명도 그로부터 1개월 이내에 완치됐다. 이후 NASA 선임연구원이자 천재 수학, 의학, 물리학박사인 윌리암 넬슨(William Nelson) 박사가 퀀텀-에이에이(Quantum-AA) 및 퀀텀 에이플러스(Quantum APlus)를 완성하게 됐는데, 이것이 현재 전 세계에 보급된 저주파 자극기의 전신으로서 가장 진보된 형태라 할 수 있다.

시니아 퀀텀밸런스는 바로 위와 같은 곡절의 역사를 갖고 이루어진 테크놀로지의

로얄 레이몬드 라이프(Royal R. Rife)

산물이며, 라이프 박사가 개발한 '주파수 발생이론(Rife Frequency Generator)'에서 진보된 '양자파동 의료기'이다.

신체 내에 있는 특정 조직, 유기체 또는 세포의 기능 내지는 상태를 변화시키기 위하여 특정한 전기장을 사용하는 여러 가지 장치가 있다. 이들 전기장은 건강한 조직의 치료효과를 증강시키거나 또는 있어서는 안 될 유기체의 성장을 중지시킬 목적으로 프로그램 될 수 있다. 전기장이 있으면 서로 90도 각도의 자기장이 존재한다. 전기장과 자기장의 상호작용은 주파수 치료에서 중요한 역할을 한다. 그러나 주파수, 파동의 모양, 펄스의 기간과 극성 등이 모두 혼합되어 이들 패러미터에 주어진 특성에 따라 성공과 실패를 가늠한다.

2.2 양자의학의 진단 원리

양자의학에서는 질병의 진단은 크게 3가지 측면에서 가능하다고 생각한다. 즉 사람을 구성하는 세 가지 구성 요소가 육체적 구조, 정보-에너지장 그리고 마음이기 때문에 이 세 가지 측면에서 질병을 진단할 수 있다. 양자의학에서는 인체를 구성하는 분자, 세포, 조직 및 장기가 가지고 있는 고유의 정보-에너지장을 해석함으로써 질병을 진단할 수 있다.

독일의 물리생물학자 포프(F. Popp)는 발암물질들이 갖고 있는 정보망은 모두 유사하다고 하였으며, 따라서 발암물질이 암을 일으키는 것은 물질적인 반응에 의하는 것이 아니라 발암물질이 갖고 있는 정보장의 전달이 원인이라고 하였다. 따라서 그는 이러한 원리를 이용하여 어떤 물질이든 그것이 발암물질인지 아닌지를 확인할 수 있고 또한 인체 조직에서 암의 의심되는 경우 그 조직으로부터 정보장을 해석함으로써 암을 진단할 수 있다고 하였다. 포프가 말하는 정보망은 정보-에너지장을 말하는 것이다. 따라서 양자의학에서는 암세포가 가지고 있는 고유의 정보-에너지장을 해석함으로써 암을 진단할 수 있다.

영국의 생리학자 호(Ho)는 세포가 갖고 있는 양자정보장(quantum information field)을 빛의 이중굴절이라는 특수한 기법으로 컴퓨터상에서 영상으로 재현할 수 있다고 하였다. 따라서 이 방법을 이용하면 세포의 기능을 시험관이 아니라 컴퓨터상에서 파악할 수 있다고 하였다. 호가 말하는 양자정보장은 정보-에너지장을 말하는 것이다. 따라서 양자의학에서는 세포가 가지고 있는 고유의 정보-에너지장을 해석함으로써 세포를 진단할 수 있다.

클라크는 인체에 감염을 일으키는 여러 종류의 세균이나 아메바 혹은 바이러스 등은 정보망을 가지고 있기 때문에 그 정보를 분석한다면 세균, 아메바 혹은 바이러스를 배양하지 않고도 세균 감염의 유무를 알 수 있다고 하였다. 클라크가 말하는 정보망은 정보-에너지장을 말하는 것이다. 따라서 양자의학에서는 세균, 아메바 및 바이러스가 가지고 있는 고유의 정보-에너지장을 해석함으로써 세균성 질병을 진단할 수 있다. 독일의 물리학자 브뢰그만(H. Bruegemann) 및 독일의 물리생물학자 루드비히(Wolfgan Ludwig) 등은 인체의 모든 세포, 조직 및 장기가 가지고 있는 정보장을 해석할 수 있는 장치를 개발하여 진단에 사용하였다. 여기서 정보장은 정보-에너지장를 말하는 것이다.

따라서 양자의학에서는 인체의 모든 세포, 조직 및 장기가 가지고 있는 고유의 정보-에너지장을 해석함으로써 인체의 모든 질병을 진단할 수 있다. 1989년 미국인 의사 웨인스탁(Ronald J. Weinstock)은 인체의 모든 세포, 조직 및 장기가 가지고 있는 정보장을 수치화 하였고 또한 이를 측정할 수 있는 하드웨어 장치를 만드는데 성공하였는데 그는 이것을 자기공명분석기(MRA : magnetic resonance analyzer)라고 불렀다. 여기서 정보장은 정보-에너지장을 말하는 것이다. 따라서 양자의학에서는 인체의 모든 세포, 조직 및 장기가 가지고 있는 고유의 정보-에너지장을 해석함으로써 인체의 모든 질병을 진단할 수 있다.

1930년대 영국의 의사였던 킬너(Walter Kilner)는 인체의 오라(aura)를 특수한 사진 촬영기로 영상을 얻으면 그것으로부터 인체의 건강상태와 질병 유무를 알 수 있다고 하였다. 여기서 오라는 정보-에너지장을 말한다. 따라서 양자의학에서는 사람의 육체의 배후에 존재하는 정보-에너지장(오-라)을 해석함으로써 인체의 전체적인 질병을 진단할 수 있다.

루마니아의 의사였던 두미크레스쿠(I. F. Dumitrescu)는 사람의 오라(aura)를 사진으로 촬영하여 질병의 진단에 응용하였는데, 그는 500여 명의 광산 노동자를 대상으로 오라 사진을 촬영하여 질병의 유무를 확인한 결과 이 방법이 상당히 정밀성이 있다고 하였다. 따라서 양자의학에서는 사람의 육체의 배후에 존재하는 정보-에너지장(오-라)을 해석함으로써 인체의 전체적인 질병을 진단할 수 있다.

1990년 러시아의 크라브첸코(Yuri Kravchenko)와 칼라슈첸코(Nikolai Kalaschchenko) 등은 고감도의 센서와 잡음 제거 회로장치를 이용하여 인체에서 방사되는 0.5~150 kHz 범위의 오라(aura)를 1 m 떨어진 거리에서 측정한 다음 이를 컴퓨터 화상으로 전환시킴으로써 컴퓨터 화상을 보고 질병을 진단할 수 있다고 하였다. 따라서 양자의학에서는 사람의 육체의 배후에 존재하는 정보-에너지장(오-라)을 해석함으로써 인체의 전체적인 질병을 진단할 수 있다.

최근 독일의 슈트트가르트대학교의 크납(D. Knapp) 교수는 킬리안 촬영 장치와 컴퓨터를 이용한 영상 해석 장치를 결합시키면 영상을 신속하게 해석할 뿐만 아니라 인체의 건강을 상당히 정확하게 진단할 수 있다고 하였다. 따라서 양자의학에서는 사람의 육체의 배후에 존재하는 정보-에너지장(오-라)을 해석함으로써 인체의 전체적인 질병을 진단할 수 있다.

독일의 의사 빌헤름 라이크는 인체의 에너지가 흐르지 않고 정체가 생기면 바로 그 부위의 근육이 굳어지고 질병이 생긴다고 하였다. 그래서 그 굳어진 근육을 풀어주면 에너지의 흐름이 원활하게 되고 동시에 질병이 치료된다고 하였으며, 그는 이 방법을 라이크 요법(Reichian therapy)이라고 불렀다.

이사도르 로젠펠드에 의하면 인체의 에너지의 정체는 질병을 일으키며 따라서 인체의 에너지의 흐름을 촉진하기 위하여 광천수에서 목욕을 하면 만성 피로 증후군, 에이즈, 비만, 당뇨병, 요로감염, 류마티스 등을 치료할 수 있다고 하였으며, 이 방법을 물요법(hydrotherapy)이라고 불렀다. 이사도르 로젠펠드에 의하면 인체의 에너지의 정체는 질병을 일으키며 따라서 인체의 에너지의 흐름을 촉진하기 위하여 섭씨 40~41도의 뜨거운 담요, 팩(pack), 스팀방, 사우나 등을 이용하거나 혹은 냉온교대로 하면 항체 및 인터페론의 생산이 증가되고 질병을 치료할 수 있다고 하였으며, 이 방법을 온열치료(hyperthermia)이라고 불렀다.

침술(acupuncture)은 중국에서 5000년 이상 사용되어 왔으며, 중국의 전통적 침술은 1970년 이후 미국 사회에 알려졌으며, 1997년 미국의 식품의약청(FDA)은 침술의 치료효과가 있음을 정식으로 인정하였다. 침술은 양자의학에서는 인체의 정보-에너지장을 활성하는 방법이라고 생각한다. 영국의 양자생리학자 호(M. W. Ho)는 침술은 인체에 널리 분포하고 있는 액정 조직(liquid crystal)을 자극하게 되고 따라서 양자정보장(quantum information field)을 자극함으로써 치료효과를 나타낸다고 하였다.

푸카다(Fukada), 라인(Rein) 및 베크(Becker) 등에 의하면 인체에는 콜라겐(collagen)을 위시하여 세포와 세포 사이를 연결하는 세포외 기질물질(extracellular matrix)이 많이 존재하는데, 이들은 피부 마사지 혹은 침술과 같은 압력을 받으면 전기를 발생하는 압전성(piezoelectric)을 보인다고 하였고, 이 압전성에 의하여 에너지의 흐름이 촉진된다고 하였다. 독일의 생물물리학 연구소 소장 루드비히(Wolfgang Ludwig)는 특별히 고안된 자기(磁氣) 발생장치를 몸 전체에 조사(照射)하면 인체의 정보장의 정체를 치료할 수 있다고 하였다. 그는 이 방법을 이용하면 부작용이 전혀 없이 골절치료, 스트레스, 암, 혈관 질환의 치료가 가능하다고 하였으며, 그는 이것을 자기요법이라고 불렀다.

이사도르 로젠펠드에 의하면 인체의 어느 부위의 정보장이 병적인 주파수로 나타나면 그 부위에 질병이 있음을 알 수 있으며, 이때 광선을 이용하여 해당 부위에 정상 주파수를 투여하면 치료가 가능하다고 하였으며, 이것을 광선요법이라고 부른다고 하였다. 이때 광선은 눈을 통하여 비쳐주면 정상 주파수가 병적인 부위에 전달되어 치료 효과가 나타난다고 하였다.

기공사의 손으로부터 방사되는 에너지가 원적외선이라는 사실이 밝혀지면서 원적외선을 이용하면 에너지의 정체가 치료되어 여러 가지 질병을 치료할 수 있다고 알려지고 있으며 이것을 원적외선 치료법이라고 부른다. 뉴욕 대학교 간호학 교수인 크리거(Dolores Krieger)는 인체의 오라(aura)의 막힌 곳을 감지하는 법과 손으로 그것을 조절함으로써 치유하는 방법을 개발하여 그것을 치료적 접촉법(therapeutic touch)이라고 불렀다.

이 치료법은 현재 미국이나 유럽 등지에서 간호사에 의해서 임상에 많이 응용되고 있으며 스트레스 감소, 전반적인 건강과 활력 증진 등과 같은 일반적인 효과, 염증, 부종, 급 만성 통증 치료, 혈색소와 T세포수의 증가, 상처 및 골절 치유, 마취 등과 같은 생물학적 효과, 식욕, 소화 기능, 수면 형태의 증진 등과 같은 생리적 효과, 불안, 슬픔, 우울증, 자신감, 공포증 등과 같은 감정적인 효과, 섭식 장애(거식증, 다식증), 과민성 대장 증세, 월경 전 증후군, 외상성 스트레스 증후군, 만성 편두통 등과 같은 심인성 질환의 치료 그리고 분만통과 암의 통증 등과 같은 통증 치료 등에 효과가 있는 것으로 알려져 있다.

일정한 동작을 호흡과 정신 집중과 함께 반복하면서 동작 하나 하나에 의미를 부여하고 실제로 그 동작에 따라 어떤 부위의 에너지가 움직이는 것을 연상하면 에너지의 흐름이 촉진되는 것으로 알려져 있으며, 이것을 기공장수 체조(Qigong Longevity Exercises)라고 부른다. 신체의 어느 부위를 어떤 동작으로 움직이면 신체의 어떤 장기의 에너지가 활성화된다는 것이 체계화되어 있어 질병의 종류에 따라서 반복적으로 몸을 움직이는 운동을 운동 요가라고 하는데 이것은 동양의 오랜 전통 치료법으로 알려지고 있다.

미국의 대체의학 협회는 운동이 부족하면 인체의 에너지의 흐름이 원활하지 못하여 질병이 생길 수 있다고 하였다. 그런데 불행히도 오늘날 현대 사회는 구조적으로 사람들로 하여금 운동이 부족하게끔 만들고 있다고 하였다. 오늘날 심장병과 혈관질환, 골다공증, 신장 기능 약화, 근육 기능의 약화, 뇌하수체의 성장호르몬 분비 감소, 폐 기능 약화, 지방의 축적, 췌장 기능의 약화, 신진대사의 약화 그리고 성호르몬 및 성 기능의 약화 등과 같은 질병이 많은 것도 운동 부족과 관계가 있다고 하였다. 미국의 스틸(Andrew Taylor Still)은 정골 요법(osteopathic therapy)을 이용하면 분만 진통, 수술 후 장 폐색, 천식, 중이염, 고혈압, 관상동맥질환, 요통, 경통(neck pain), 당뇨, 모든 종류의 외상, 편두통, 스트레스성 질환 등에 치료 효과가 있다고 하였다.

따라서 양자의학에서는 뼈를 치료함으로써 인체의 모든 부위의 질병을 치료할 수 있다.

대이비드(Daniel David)와 팔머(Palmer) 등은 척추교정 요법(chiropractic)을 이용하면 급성요통, 신경계의 이상이나 척추신경자극 등의 증거가 없는 급 만성 요통, 고혈압, 월경 불순 등에 치료 효과가 있다고 하였다. 따라서 양자의학에서는 척추를 치료함으로써 인체의 모든 부위의 질병을 치료할 수 있다. 척추교정 치료사인 스톤(Randolph Stone)은 극 치료법(polarity therapy)을 이용하면 인체의 많은 질병을 치료할 수 있다고 하였다.

따라서 양자의학에서는 인체의 국소 부위인 자장을 치료함으로써 인체의 모든 부위의 질병을 치료할 수 있다. 롤핑(Rolfing), 헬러(Heller), 아스톤(Aston), 트래거(Trager), 펠덴크라이스(Feldenkrais) 및 알렉산더(Alexander) 등은 연조직(soft-titssue)을 만짐으로서 급성 또는 만성 통증과 염증, 만성 임파선 부종, 근육경련, 연조직 기능 부전, 경련, 다발성 경화증, 뇌성마비, 뇌졸중, 분노, 우울증 및 행동장애, 수면장애, 심리적 스트레스, 미숙아의 성장 촉진, 고혈압, 궤양성 대장염, 천식, 자폐증, 근위축증 등에 효과가 있다고 하였다. 따라서 양자의학에서는 연조직을 치료함으로써 인체의 모든 부위의 질병을 치료할 수 있다.

지압요법(accupressure therapy)은 두통, 천식, 기관지염, 설사, 우울과 순환장애 등에 치료 효과가 있다고 알려져 있다. 따라서 양자의학에서는 피부를 치료함으로써 인체의 모든 부위의 질병을 치료할 수 있다. 굿하트(George Goodheart)는 응용 기생리학(applied kinesiology)을 이용하면 알레르기, 영양 결핍증, 중독 상태, 체질에 맞는 음식 등에 효과적이라고 하였다. 따라서 양자의학에서는 근육을 치료함으로써 인체의 모든 부위의 질병을 치료할 수 있다.

미국의 클로 워드워즈는 실로 존재하는 모든 것은 주파수로 되어 있다고 하였으며, 최근 컴퓨터 기술의 발달과 파동 공학의 발달로 모든 존재하는 것을 주파수로 환원할 수 있다고 하였다. 심지어는 개인의 의식, 성격 혹은 감정도 주파수로 분석할 수 있다고 하였다. 예를 들면 정상인에게 다중인격 장애 환자의 의식 주파수를 조사(照射)하면 정상인이 실제로 다중인격 장애 환자가 된다고 하였다. 또한 주파수 1100 MHz는 DNA와 공명을 일으키며, 주파수 400～450 MHz는 사람의 의식과 공명을 일으키고, 사랑(love)의 감정을 주파수로 분석하면 DNA와 공명하는 주파수가 된다고 하였으며 따라서 사랑(love)의 감정을 오래 지속하면 DNA의 돌연변이가 감소되고 건강이 증진된다고 하였다.

이와 같이 인간의 육체적인 것, 정신적인 것 그리고 감정적인 것을 모두 파동으로 처리하고 파동으로 치료하는 방법을 파동 치료법(vibration therapy)이라고 하였다.

따라서 양자의학에서는 환자에게 파동을 줌으로써 질병을 치료할 수 있다.

미국 대체의학 협회는 사람의 주위를 감싸고 있는 오라(aura)는 파동(wave)의 형태로 존재하며 이 파동은 1분에 10사이클 미만의 매우 느린 파동이라고 하였다. 따라서 사람의 오라(aura)와 동일한 파동을 가진 음악을 들려주면 인체의 오라(aura)와 공명을 일으킴으로서 질병의 치료가 가능하다고 하였다. 이와 같이 음악을 이용하여 질병을 치료하는 방법을 음악 치료(music therapy)라고 불렀다.

음악치료는 (1) 급성통증, 분만 시 진통, 치과 치료 시 통증, 화상환자의 통증 및 말기 암 환자의 통증 등 통증 치료에 효과가 있으며, (2) 마취하기 전 음악치료를 하면 마취제의 사용량을 줄일 수 있고, (3) 항불안제로서의 효과가 있으며, (4) 신생아의 체중이 증가하며, (5) 뇌성마비 환자에서 신경학적 합병증을 줄일 수 있고, (6) 뇌졸중이나 파킨슨병 환자의 걸음걸이를 정상화하는데 도움이 된다고 하였다. 여기서 오라는 인체의 정보-에너지장을 말한다.

따라서 양자의학에서는 환자에게 음악이라는 파동을 줌으로써 질병을 치료할 수 있다. 미국 대체의학 협회에 의하면 음악 이외에 환자의 목소리, 자연의 소리 혹은 인공적인 소리 등은 그 소리의 파동이 사람이 갖고 있는 오라(aura)의 고유 파동(wave)과 공명을 일으킬 수 있으면 질병의 치료가 가능하다고 하였으며 이와 같은 치료 방법을 소리 치료법(sound therapy)이라고 부른다.

가필드(Lauren Garfield)는 사람의 목소리를 분석하면 그 사람이 갖고 있는 모든 정보를 해석할 수 있다고 하였다. 다시 말하면 사람의 목소리를 푸리에 변환에 의하여 디지털 정보로 바꾸면 목소리는 컴퓨터에서 파동 형태로 볼 수 있고 이것을 분석하면 사람의 목소리로부터 병을 진단할 수 있으며, 이것을 기초로 하여 소리를 들려줌으로써 치료할 수 있다고 하였다. 1996년 미국의 에드워드(Sharry Edward)는 사람의 음성은 지문이 사람마다 다르듯이 다르기 때문에 사람의 음성을 분석하면 인체가 갖고 있는 모든 정보를 얻을 수 있고 따라서 음성 분석에 의하여 병을 진단할 수 있고 또한 병을 치료할 수 있다고 하였다.

미국 대체의학 협회에 의하면 최근 컴퓨터 기술의 발달과 파동공학의 발달로 실로 존재하는 모든 것은 주파수로 환원할 수 있다고 하였으며 따라서 색깔도 주파수로 환원할 수 있으며 색깔의 주파수가 인간이 갖고 있는 오라(aura)의 고유 파동과 공명을 일으킬 수 있으면 질병의 치료가 가능하며, 이와 같은 치료 방법을 색깔 치료법(color therapy)이라고 부른다. 미국 대체의학 협회에 의하면 색깔 치료와 마찬가지로 광선의 주파수가 인간이 갖고 있는 오라(aura)의 고유 파동과 공명을 일으킬 수 있으면 질병의 치료가 가능하며 이와 같은 치료 방법을 광선 치료법(phototherapy) 혹은 광역학 치료법(photodynamic therapy)이라고 부른다.

미국 대체의학 협회에 의하면 존재하는 모든 것은 컴퓨터 처리에 의하여 주파수로 환원할 수 있으며 따라서 냄새도 주파수로 환원할 수 있으며 냄새의 주파수가 인간이 갖고 있는 오라(aura)의 고유 파동과 공명을 일으킬 수 있으면 질병의 치료가 가능하며 이와 같은 치료 방법을 향기 요법(aromatherapy)이라고 부른다. 미국 대체의학 협회에 의하면 존재하는 모든 것은 컴퓨터 처리에 의하여 주파수로 환원할 수 있으며 따라서 미각도 주파수로 환원할 수 있으며 미각의 주파수가 인간이 갖고 있는 오라(aura)의 고유 파동과 공명을 일으킬 수 있으면 질병의 치료가 가능하며 이와 같은 치료 방법을 미각 요법(taste medicine)이라고 부른다.

2.3 파동 발생장치를 이용한 질병의 치료

미국의 정형외과 의사인 베크(Robert Becker)는 뼈의 정보망에 해당되는 파동을 발생하는 장치를 개발하였으며 그는 이를 골절 부위에 조사하면 골절이 빨리 치유된다고 하였고 이 장치는 이외에도 성장 지연 및 통증 등의 치료에 효과가 있다고 하였다. 따라서 양자의학에서는 파동 발생 장치를 이용하면 골절을 치료할 수 있다.

애디(W. R. Adey), 푸하리치(H. K. Puharich) 그리고 시게미 등은 전기적 쌍극자(dipole)를 이용하면 파동 발생장치를 만들 수 있다고 하였으며, 이 발생장치를 이용하여 인체의 에너지의 정체를 치료할 수 있다고 하였다. 여기서 전기적 쌍극자(dipole)란 두 개의 도선을 통해 전기를 서로 반대 방향으로 흐르게 하면 두 도선 사이에 쌍극자가 만들어지고 그 쌍극자에 의해서 인체에 유익한 미세한 정보-에너지장이 만들어진다고 하였다.

프랑스의 프리어(A. Priore는 국가적 지원을 받아 치료 목적의 파동 발생장치를 개발하는데 성공하였으며 그는 이를 이용하여 쥐의 암을 치료할 수도 있고 사람의 암이나 에이즈도 치료할 수 있다고 하였다. 따라서 양자의학에서는 파동 발생장치를 이용하면 암이나 에이즈를 치료할 수 있다. 캐나다의 생물학자 크라크(Hulda R. Clark)는 재퍼(Zapper)라는 파동 발생장치를 개발하였으며, 이를 사용하면 다양한 종류의 질병을 치료할 수 있다고 하였다.

러시아의 물리학자 아키모프(A. E. Akimov는 토숀 장(torsion field) 원리를 이용하여 파동 발생장치를 개발하였는데 이를 이용하면 여러 종류의 질병을 치료할 수 있다고 하였다. 스토니(Stony), 휘태커(Whittacker), 지올코프스키(Ziolkowsky) 등은 위상 공액(phase conjugate)의 원리를 이용하면 치료 목적의 파동 발생장치를 만들 수 있다고 하였다고 하였으며, 이를 이용하면 여러 종류의 질병을 치료할 수 있다고 하였다. 스미트(W. B. Smit), 에이브람스(R. L. Abrams), 페퍼(D. M. Pepper), 웰즈

(D. R. Wells), 보트틱(W. H. Bostick) 및 체르네스키(A. Chernetski) 등은 치료 목적의 파동 발생장치를 개발하였으며 이를 이용하면 여러 종류의 질병을 치료할 수 있다고 하였다.

2.4 파동정보-에너지장을 이용한 바이러스 치료

가필드(Lauren Garfield)는 바이러스, 세균 등은 고유의 주파수를 가지고 있고, 이들을 박멸할 수 있는 주파수를 만들 수 있다고 하였으며, 바이러스는 3분만에, 촌충, 회충은 5분 이내에, mite는 7분, 나머지는 20~30분 내에 죽일 수 있다고 하였다. 크라크(Clark HR)는 바이러스도 그 배후에 고유의 정보장을 갖고 있으며, 이 정보장의 주파수를 해석한 다음, 이 정보들을 전산 처리하여 데이터베이스(database)로 만들어 컴퓨터에 저장한다면 컴퓨터를 이용하여 바이러스에 의한 질병을 간단하게 진달할 수도 있고 또한 치료도 할 수 있다고 하였다. 지금까지는 바이러스의 배양이 매우 어렵기 때문에 임상에서 바이러스를 진단하는 것이 매우 큰 문제이었는데 이 방법은 임상적으로 매우 유용하게 사용할 수 있다고 하였다.

따라서 양자의학에서는 바이러스 혹은 세균 등이 갖고 있는 정보-에너지장을 이용하면 질병을 치료할 수 있다.

2.5 물이 갖고 있는 파동정보를 이용한 질병의 치료

江本勝은 물은 그 배후에 정보장을 갖고 있기 때문에 인체에 유익한 물은 결빙 상태에서 현미경으로 관찰하면 예쁜 육각형의 모양을 나타난다고 하였으며 따라서 이와 같이 정상적인 물을 마심으로서 치료할 수 있다고 하였다. 독일의 생물물리학자 루드비히(Wolfgan Ludwig)는 물의 정보장을 해석하는 장치를 개발하였으며 따라서 사람이 마시는 음료수가 건강에 좋은지 나쁜지를 알 수 있다고 하였다. 또한 루드비히는 사람들이 마시는 모든 음료수에 건강에 좋은 정보를 주입시킨 다음 이 물을 공급함으로서 건강을 지킬 수 있다고 하였다.

미국의 생화학자인 로렌젠(Lee H. Lorenzen)은 특수 세라믹과 레이저 기술을 이용하여 물의 구조를 미세 덩어리(microcluster)로 만들어 주면 물의 정보장이 바뀌면서 보통의 물보다 인체에 유익하다고 하였다. 러시아의 과학자 카쯔나체프(Kaznacheyev) 인체에서 가장 활성적이고 면역력이 강한 세포를 골라서 그 세포의 정보장을 음료수에 주입한 다음 이 물을 항상 마시게 하면 암의 치료에 도움이 될 수 있다고 하였다. 따라서 양자의학에서는 물이 갖고 있는 정보-에너지장을 이용하면 암을 치료할 수 있다.

동종요법(homeopathy)이란 치료 방법은 치료 약제를 물로 매우 희석하고 또 희석하여 그 물 속에는 치료 약제의 화학 성분이 거의 없게 만든 다음 그 희석된 물을 치료에 이용함으로써 그 약제가 갖고 있는 것과 같은 동일한 치료효과를 얻는 방법으로써 부작용이 전혀 없다는 장점을 갖고 있다. 유럽에서는 이 치료법이 이미 오래 전부터 임상에 이용되고 있었는데 사실은 그 치료 원리를 모르고 경험적으로 사용하여 왔다. 최근 동종요법은 유럽에서 중요한 치료법 중의 하나로 자리 잡고 있는데 특히 프랑스는 국민의 36%가 동종요법을 사용하고 있고 많은 의과대학에서 연구과정을 개설하고 있는 실정이다.

현재 동종요법은 통증, 알레르기, 천식, 관절염, 간질, 당뇨병, 피부발진, 독감, 만성피로, 월경 전 증후군, 부인과질환, 요통, 두통, 정서장애 등에 치료효과가 있는 것으로 알려져 있다. 여기서 동종요법이란 물이 가지고 있는 정보-에너지지장의 기억을 이용하는 치료법이다.

2.6 장기가 가지고 있는 파동정보를 이용한 질병의 치료

게르하르드(I. Gerhard)는 만성 간염 환자 28명을 대상으로 14명은 보편적인 치료를 하였고, 나머지 14명은 정보장을 이용한 치료를 하였다. 여기서 정보장을 이용한 치료란 간 기능이 정상인 사람으로부터 간의 정보를 얻어서 이 정보를 간염 환자에게 조사하는 방법이었다. 그 결과 보편적 치료를 한 그룹에서는 치료 전과 치료 후에 간 기능 검사 소견에 큰 차이를 보이지 않았으나 정보장으로 치료한 경우에는 GOT 및 GPT 등의 간 기능 검사 소견이 각각 42% 및 50%가 감소하는 좋은 결과를 얻을 수 있었다고 하였다. 여기서 정보장이란 정보-에너지장을 말한다. 따라서 양자의학에서는 장기가 갖고 있는 정보 에너지장을 이용하면 간염을 치료할 수 있다.

사카로프(D. Sakharov)는 방사선에 노출되어 흉선, 임파선 그리고 비장 등에 조직파괴의 소견을 보이는 생쥐에 대해서 흉선, 임파선 그리고 비장 등의 정상 정보장을 조사한 결과, 이들 장기들의 조직 파괴는 정상 조직으로 회복되었다고 하였다. 여기서 정보장이란 정보-에너지장을 말한다. 따라서 양자의학에서는 장기가 가지고 있는 정보 에너지장을 이용하면 동물의 방사선 손상을 치료할 수 있다.

1989년 미국인 의사 웨인스탁(Ronald J. Weinstock은 인체의 모든 세포, 조직 및 장기가 가지고 있는 정보장을 해석하는데 성공하였으며 이를 컴퓨터에 데이터베이스화함으로써 이상이 생긴 조직 및 장기별로 정상적인 정보를 줌으로써 질병을 치료할 수 있다고 하였으며 이 장치를 자기공명분석(MRA : magnetic resonance analyzer)라고 불렀다. 여기서 정보장이란 정보 에너지장을 말한다. 따라서 양자의학에서는 조직 및 장기가 갖고 있는 정보 에너지장을 이용하면 인체의 각각의 장기별 질환에 대하여 치료할 수 있다.

2.7 개인 무의식과 양자의학 치료

샌프란시스코 마운트 시온 병원의 포웰과 도오슨은 초조심과 적개심으로 가득 차 있는 환자를 타인에 대한 배려와 사랑의 기분으로 전환시킴으로써 심장경색의 재발율이 유의하게 감소하였다고 하였다. 칼 사이몬튼은 분노는 대개 순간적으로 끝나지만 원한은 두고두고 우리의 정신세계를 흐르면서 많은 질병을 일으키기 때문에 원한을 극복하는 방법을 배워두지 않으면 안 된다고 하였다.

레드포드 윌리엄스는 화를 내는 것도 건강을 파괴하는 무서운 원인이 된다고 하였다. 그러므로 화를 내지 않은 방법을 배워두지 않으면 안 된다고 하였다. 하루야마시게오는 슬픔을 오래 간직하고 있으면 건강을 강하게 파괴하는 원인이 된다고 하였다. 그러므로 슬픔을 빨리 해결하는 방법을 배워두지 않으면 안 된다고 하였다.

칼 사이몬튼은 원한을 오래 간직하면 질병이 생길 수 있으므로 이를 없애는 방법으로 다음과 같이 하라고 하였다. 나를 가슴 아프게 했거나 화나게 했거나 혹은 나로 하여금 원한을 갖게 했던 사람을 마음속으로 천천히 떠올리면서 그 사람에게 "당신을 용서 합니다"라고 조용히 말한 다음 웃음으로써 나쁜 마음을 제거할 수 있다고 하였다.

레드포드 윌리엄스는 화를 자주 내면 질병이 생길 수 있으므로 내를 내지 않는 방법으로 다음과 같이 하라고 하였다. 평소에 만나는 모든 사람을 좋게 생각하는 버릇을 들이고, 일어나는 모든 일을 긍정적으로 생각하는 버릇을 가지면 화를 내지 않게 된다고 하였다. 그리고 가능한 한 폭력 영화나 살인 영화는 보지 않는 것도 화를 안 내게 하는 방법이라고 하였다. 하루야마 시게오는 나쁜 마음을 오래 간직하면 질병이 생길 수 있으므로 이를 없애는 방법으로 다음과 같이 하라고 하였다.

부모가 세상을 떠났을 때나 가까운 가족이 세상을 떠났을 때, 슬픔을 빨리 해결하는 방법으로 "모든 사람은 죽게 마련이다. 아버지도 세상에 태어났으니까 돌아가시는 것은 당연하다"라고 생각하라고 하였다. 뼈가 부러졌을 때도, "살다 보면 다치기도 하고 다치면 아픈 게 당연하지"라고 생각하여야 한다고 하였다. 입학시험에 떨어졌을 때, "어떤 의미가 있겠지, 나를 가르쳐 주기 위한 어떤 신호일 수 도 있을 것이다"라고 생각하여야 한다고 하였다. 자동차 사고가 났을 때, "누구나 차를 타면 사고를 당할 수 있어, 당연한 일이다.", 혹은 "중상이 아닌 것만 해도 다행이지.", 혹은 "정신 차리라는 하늘의 경고이겠지."라고 생각하여야 한다고 하였다.

하버드 대학의 심장내과 교수인 벤슨(Herbert Benson)은 나쁜 마음을 오래 간직하면 질병이 생길 수 있으므로 이를 없애는 방법으로 다음과 같이 하라고 하였다. 평화와 같은 단어, 좋은 글귀, 기도문 혹은 만트라 등에 생각을 집중하거나 혹은 호흡과 같은 신체적 작용에 정신을 집중하면 나쁜 마음을 없앨 수 있다고 하였으며 그는 이것을 이완 반응(relaxation response)법이라고 불렀다.

매사추세츠대학의 카밧진(Jon Kabat-Zinn)은 나쁜 마음을 오래 간직하면 질병이 생길 수 있으므로 이를 없애는 방법으로 다음과 같이 하라고 하였다. 명상에 관한 녹음테이프를 매일 수차례 듣거나 혹은 입원한 환자들을 위하여 병실 TV셋트를 통하여 매일 7차례 명상 프로그람을 들려주면 환자의 치유를 매우 촉진시킬 수 있다고 하였다. 시가 가즈마사는 원한을 오래 간직하면 질병이 생길 수 있으므로 이를 없애는 방법으로 다음과 같이 바이오피드백을 이용하라고 하였다.

즉, 마음을 깊이 이완시키고 뇌파에서 알파파가 나타나면 모니터에서 부자 소리가 울리게 한다. 바로 이 부자 소리가 울리는 순간에 원한의 대상이 되는 사람의 목소리가 녹음기로부터 흘러나온다. 처음에는 원한 관계에 있는 사람의 목소리를 듣게 되므로 자연히 알파파가 사라지면서 부자 소리도 끊기게 된다. 그러나 반복적으로 원한을 극복하는 연습을 계속하다 보면 그 사람의 목소리가 들려도 알파파는 없어지지 않게 되고 원한 관계는 해결할 수 있다고 하였다.

매사추세츠대학의 카밧진(Jon Kabat-Zinn)은 원한을 오래 간직하면 질병이 생길 수 있으므로 이를 없애는 방법으로 다음과 같이 하라고 하였다. 나도 남에게 원한을 사는 일을 할 수 있고 나 자신도 완벽한 사람이 아니라는 사실을 인식한 다음, 원한을 가진 사람을 마음속으로 떠올리고 "그 사람과 함께 즐거움을 느낄 수 있도록 해달라"고 기원하고 그리고 "그 사람이 잘되게 해달라"고 기원하라고 하였다. 그러면서 실제로 사랑의 감정을 느끼는 것을 상상하라고 하였다.

남부감리교대학의 심리학자 펜바크(Traue Pennebaker)는 원한을 오래 간직하면 질병이 생길 수 있으므로 이를 없애는 방법으로 다음과 같이 하라고 하였다. 어릴 때부터 지금까지 남에게 말못할 원한이나 나에게 정신적 충격을 주었던 모든 사건들을 매일 15분 동안 연속 4일 동안 노트에 기록하는 것만으로도 6개월 동안 환자들이 병원을 찾는 일이 줄어들고, 면역력이 증가하며 직장에서의 작업 능률이 향상된다고 하였다.

듀크 대학의 심리학 교수 에스테링(Brian Esterling)은 바이러스에 감염된 57명의 대학생을 3군으로 나우어 제1군은 가슴속에 숨겨진 원한을 1주에 3회 모두 4주 동안 글로 쓰게 하였고, 제2군은 그것을 녹음하도록 하였으며, 제3군은 대조군으로 옷장속의 내용물을 쓰게 하였다. 4주가 지나고 나서 바이러스에 대한 항체 역가를 측정한 결과, 원한을 말로 녹음을 한 제2군에서 항체 역가 가장 많이 떨어졌고, 다음은 글로 쓴 제1군이었으며 대조군인 제3군은 아무런 변화가 없었다고 하였으며 따라서 원한을 제거하는데는 말로 내뱉는 것이 좋은 방법이라고 하였다.

와일(A. Weil)은 분노를 오래 간직하면 질병이 생길 수 있으므로 이를 없애는 방법으로 다음과 같이 하라고 하였다. 나에게 화나게 했던 사람을 마음속으로 천천히 떠올린 다음 마음속의 그 사람에게 "지난날 당신은 나에게 행동으로, 말로, 생각으로 나에게 고통을 주었지만 이제 당신을 용서 합니다"라고 조용히 말하면 이때 절반쯤 미소를 지으라고 하였다. 이와 같이 분노의 족쇄를 없애면 마음의 에너지는 자연 치유력으로 하나로 뭉치게 될 것이라고 하였다.

티핑(Colin Tipping) 및 대이비드(Schell David) 등은 남을 두고두고 미워하면 질병에 걸릴 수 있기 때문에 미움을 극복하는 방법을 배워두지 않으면 안 된다고 하였다. 그래서 그 방법 중의 하나로 누구누구를 미워했던 일을 종이에 적고, 누구누구는 나쁜 놈이다 하면서 욕도 적은 다음, 이 종이를 불에 태우면서 "나는 모든 사람과 화해했으니 어느 누구도 미워하지 않는다, 천지의 모든 것과 화해한다. 천지의 모든 것을 사랑한다."라고 자기 암시를 주면 남을 미워하지 않게 된다고 하였다

시겔은 『사랑은 의사』라는 저서를 통해 대다수의 환자들이 당면한 근본적인 문제는 인생에 있어서 가장 어려운 시기에 다른 사람들로부터 사랑 받은 일이 없기 때문에 자기 자신도 사랑하지 못하는 사람들이라고 하였다. 인생을 사랑하는 능력과 자기 자신을 사랑하는 능력을 함께 갖출 때 사람은 자기의 삶의 질을 향상시킬 수 있다고 하였다. 사랑은 모든 것을 치유하므로 환자들에게 사랑하는 법을 가르치면 병이 치유된다고 하였다.

모든 치유의 핵심은 자기에 대한 사랑이라고 하였다. 그는 이것을 사랑의 생물학이라고 불렀다. 그러므로 사랑의 첫 번째 대상은 자기 자신이어야 하며 자기를 사랑할 줄 알아야 남도 사랑하고 다른 사람을 사랑할 수 있다고 하였다. 자기를 사랑해야 살려는 의지도 나오고 질병과 싸울 의욕도 생기는 것이며 자기를 사랑할 때 면역계의 활동이 강화되어 병이 치유의 방향으로 나가는 것이라고 하였다.

2.8 표면 의식(좋은 마음)과 질병의 치료

칼 사이몬튼은 암 환자가 암을 치료할 수 있다는 희망을 갖게 되면 면역 체계에 다시 생명력이 붙어 암세포의 생성이 줄어든다고 하였다. 커즌스(Norman Cousins)는『신비로운 몸과 마음의 치유력』이라는 책에서 자신은 현대의학에서 치료 방법이 전혀 없는 강직성 척추염을 앓았는데 통증이 있을 때마다 10분간 통쾌한 웃음을 웃음으로

써 2시간 동안 아프지 않았다고 하였다. 그래서 그는 입원실에서 코미디 프로그램을 자주 보거나 간호원에게 부탁하여 유머 책을 읽어 줄 것을 부탁하는 방법으로 기적적으로 병을 회복할 수 있었다고 하였다.

칼리포니아의 로마 린다 의과대학의 버크(Lee Berk)는 60분짜리 유머 비디오를 보게 한 후 바이러스와 싸우는 인터페론을 측정하면 그 수치가 증가하고, T-세포, 자연 살해세포(NK-세포), B-세포 등이 증가하며 그리고 항체 기능을 가진 면역 글로블린도 증가한다고 하였다. 최근 미국에서의 연구에 의하면 많이 웃으면 치료에 도움이 되는 것으로 알려지고 있으며 이것을 유머 요법(humor therapy)이라고 불렀다. 따라서 미국에서는 최근 유머 프로그램을 치료에 응용하는 의료센터가 많아졌고 병원에서 유모 도서실을 별도로 운영하는 병원도 생겼으며 코미디 이동문고를 운용하는 병원도 생겼다. 따라서 양자의학에서는 유머는 질병을 치료할 수 있다.

와일(A. Weil)은 『자연치유』라는 책을 통하여 일생을 살아오면서 가장 기뻤던 일, 가장 기분 좋았던 일을 오랫동안 상상하는 것은 건강을 위해서나 치유를 위해서나 매우 좋은 방법이라고 하였다. 또한 기분 좋은 음악을 듣는다든지, 아름다운 그림 속으로 들어가 거기서 평화와 안식을 만끽한다든지, 혹은 마음이 맞는 친구를 자주 만나서 기쁜 마음을 확장하는 것 등도 자연 치유력을 증강시킬 수 있다고 하였다. 따라서 양자의학에서는 기쁨은 질병을 치료할 수 있다.

하몬(Rosenmaire Hamon)은 감사하는 마음도 치유에 도움이 된다고 하였다. 그래서 그는 일상생활에서 무슨 일이든 지나칠 정도로 감사하면 절대로 병에 걸리는 일이 없다고 하였다. 하루 세끼 식사를 할 때도 감사하고 아침에 잠자리에서 눈을 뜨면 푹 자게 되어 감사하고, 부모님이 나를 낳고 길러주신 것도 감사하며, 선생님이 나를 가르쳐 주신 것도 감사하게 생각해야 병에 걸리지 않고 건강할 수 있다고 하였다. 따라서 양자의학에서는 감사하는 마음은 질병을 치료할 수 있다.

와일(Anrew Weil)[49]은 <자연치유>라는 책을 통하여 하루 세 번이라도 식사시간마다 음식에 대한 감사한 마음을 갖는다면 그것만으로도 병을 치유하는데 크게 도움이 된다고 하였다. 따라서 양자의학에서는 감사하는 마음은 질병을 치료할 수 있다.

2.9 양자물리학(파동이론)을 접목한 헬스케어 시스템 구축

건양대병원과 협력하여, 중증환자 및 고령 환자에 대한 실시간 모니터링을 할 수 있다. 즉, 환자의 환부에 별도의 장치를 부착한 후, 환자의 상태를 파악하며, 특히, 양자물리학을 접목한 환자의 뇨분석 시스템을 통해, 환자는 필요시에 따라 뇨를 통해 환자의 상태를 실시간으로 체크할 수 있었다.

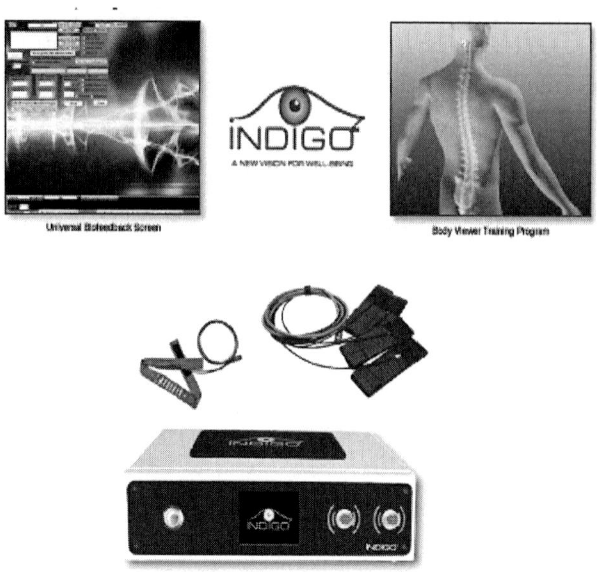

그림 17-6. 국산 바이오피드백기기 개발하여 미국 FDA에서 승인을 받은 제품

이런 시스템을 접목하면, 환자의 집에서도 실시간 모니터링이 가능하여, 병원의 큰 도움을 줄 수 있다. 저자는 이러한 파동이론을 이용한 퀀턴파파 기기를 의료시스템 구축에 연구하고 사용할 계획이다.

3. 21세기 고령화 사회 대비 재택 의료시스템 구축 (모바일 정보 이용)

21세기 의료는 예방과 재택(在宅)에 있으며, 많은 기기와 장비의 발달에도 불구하고 독고노인, 치매노인, 무의촌 노인, 농촌노인, 복지기관의 노인, 신체장애자들의 건강 관리를 하는데는 아직까지도 의료기술의 선진화에 걸맞지 않게 세계적으로 후진국 수준의 캐어 시스템에 불과한 단계에 이르고 있는 실정이다.

본인은 이러한 열악한 환경에서 허덕이는 어려운 사람들에게 보험적 위협을 느끼지 않는 영원한 공정한 의료국가 설립에 내 모든 지금까지의 연구 과정에 접목시켜 획기적인 캐어 시스템 도입을 위해 복지부등과 연계로 많은 고민을 한끝에 귀향하여 지방 복지부터 건전한 관리 시스템으로 바꿔 보기로 마음의 결심을 하게 되었다. 여기에 센서의 역할을 더욱 폭넓게 쓰여 질 수 있도록 헬스 시스템 구축의 방안을 세우게 되었다. 예를 들어 아래 그림과 같은 시스템을 생각할 수 있다.

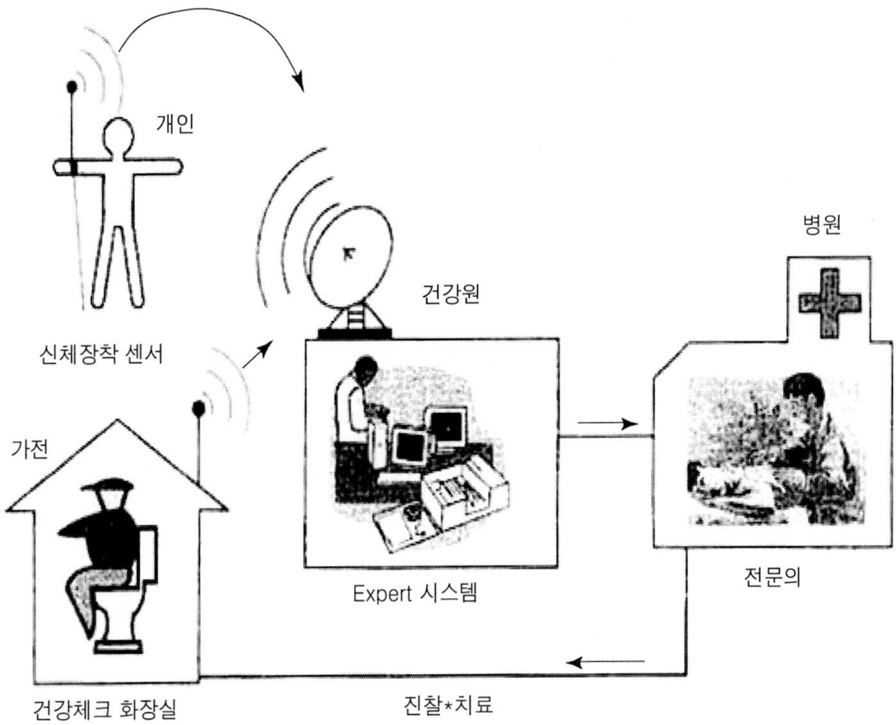

그림 17-7. 바이오센서를 이용한 21세기 의료시스템과 복지 사이클

U-Health 포탈사이트 서비스 시스템 개요

u-Health 서비스를 총괄, 관리하는 센터로 각 서비스에서 측정된 결과를 총괄관리하며, 콜센터를 통한 상담, 의료기관 이용 편의 등의 서비스를 제공. u-Health 서비스를 총괄하고 각종 건강관련 정보를 조회할 수 있는 포탈 사이트로 온라인을 통한 상담, 예약등의 편의 서비스도 제공

학문적으로는 뇨중 성분인 단백질, 글루코오스, 요소, 요산, 우르빌리노겐, 빌리루빈 등은 효소센서로 측정이 가능하다. 이런 정보를 가지고 간장, 신장 또는 소화기계 질환을 초기에 발견이 가능해 질것으로 예측을 해본다. 즉 센서를 변기에 설치하여 이것을 종합건강원(종합검진병원)에 설치되어있는 시설로 송신기록 시켜 항상 건강상태를 모니터링 가능하게 될 수 있는 시스템을 구축 할 것이다.

이 송신된 기록은 의사가 원격적으로 환자의 상태를 판단 할 수 있게 되고 만일 이상이 있을 경우는 병원에 그 정보와 송신된 기록을 의사의 지시에 따라 휴대 TV, 모바일 등으로 본인이 받을 수 있고 주의 사항을 지시한다면 약값 절약은 물론 보험 부담금도 줄일 수 있는 계기가 될 것이다. 또한 센서를 손목시계와 같이 신체에 장착하거나 신체 내에 묻는 것으로서 언제 어디서나 건강상태를 체크할 네트워크 시스템이 구축될 것이다. 예를 들어 신체에서 나오는 땀에는 유산이 포함되어 있기 때문에, 그 농도를 측정함으로서 피로도에 비례하여 유산이 증가하게 된다는 결과에 의하여 건강진단이 가능하게 될 것이다.

유산농도는 유산옥시다아제와 전극을 조합한 센서에서 계측이 가능하다. 이것을 측정함으로써 피로도를 어느 정도 계측할 수 있다. 이 센서를 손목시계에 장착하여 땀에서 배출되는 유산성분을 측정하여 그 결과를 무선에 의하여 분석기로 송신하는 시스템은 쉽게 실현 가능할 것이다. 국가나 자치단체 재정의 대부분은 복지의료에 투자되지만 개인이 건강관리를 철저히 하여 병원에 가는 횟수가 줄어든다면 그만큼 재정부담을 경감할 수 있고 국가적으로도 건강보험공단의 마이너스 운영과 적자 누적을 막을 수 있으며 도움이 되어 오늘날 고령화 사회를 지향하는 오늘날 연약한 환자들이 병원에 직접 출두하지 않아도 언제 어디서든 건강 검진이 가능하게 될 것이다.

참고문헌

1. Bagchi, D., Hassoun, E. A., Bagchi, M., Stohs, S. J., 1995. Chromium-induced excretion of urinary lipid metabolites, DNA damage, nitric oxide production, and generation of reactive oxygen species in sprague-Dawley rats. comp. biochem. physiol. 110C(2), 177～187.

2. Binzel, M. L.(1995), NaCl-induced accumlation of tonoplast and plasma membrane H^+-ATPase message in tomato, *Physiol plant*, 94, 722～728.

3. Biring. M. S., M. Fournier., D. J. Ross and M. I Lewis(1988), Cellular adaptations of skeletal muscles to cyclosporine, J. Appl. Physiol. 84, 1967～1975.

4. Chacce, B., Sies, H., Boveris, A., 1979. Hydroperoxide metabolism in mammalian tissues. physiol. Rev. 59, 527～605

5. Cadenas, E., 1985. Oxidative stress and formation of excited species. In : Sies, H(Hd), Oxidative stress. Academic press, San Diego, pp. 311～330.

6. Choi, K. J., G. C. Chung., S. J. Ahn(1995), Effect of root zone temperature on the mineral composition of xylem sap and plasma membrane K^+-Mg^{2+}-ATPase activity of grafted-cucumber and-figleaf gourd root systems, Plant cell physiol, 36, 639～643.

7. Cheun, B. S., H. D. Endo., T. H. Hayashi., E. Watanabe(1996), Development of sensor for ATPase activity, *Fisheries Science* 62(6), 950～954.

8. Cheun, B. S., H. K. Kim., E. H. Lee., E. Watanabe(1996), Determination of K^+, Ca^{2+} and Mg^{2+} ATPase activities in Fish Muscle protein by ATPase Biosensor, *Korean J, Biotechnol Bioeng*, 11(5), 518～523.

9. Cooper, A. J(1975), Crop production in recirculating nutrient solution, Sci Hortic, 3, 251～258.

10. Foe. V. F(1989), Mitotic domains reveal early commitment of cells in Drosophila emboyos, Development, 107, 1～22.

11. F. A. Popp in Electromagnetic Bio-information, edited by F. A. Popp, G. Becker, H. L. Konig, and W. Peschka(Urban and Schwarzenberg, Munchen, 1979), p.123.

12. F. A. Popp, W. Nagel, and H. Klima, In Coherent Excitations in Biological Systems, edited by H. Froehlich and F. Kremer(Springer, Berlin, 1983), p.117.

13. F. A. Popp, B. Ruth, W. Bahr, J. Bohm, P. Grass, G. Grolig, M. Ratte-

meyer, H. G. Herzog, Z. Yan and Y. Yan Delayed luminescence of biological system in terms of coherent states, Phys. Lett. A, 293, 98(2002).

14. M. Kobayashi, M. Takeda, T. Sato, Y. Yamazaki, K. Kaneko, K. Ito, H. Kato and H. Inaba, In vivo imaging of spontaneous ultraweak photon emission from a rat's brain correlated cerebral energy metabolism and oxidative stress Neuroscience Research 34, 103(1999).

15. Li, C. Y., Theriault, F., Lin, R. S., 1997. Residential exposure to 60 Hz magnetic fields and adult cancers in Taiwan, Epidemiology 8, 25～30.

M. Kobayashi, M. Takeda, K. Ito, H. Kato, and H. Inaba,Two-dimensional photon counting imaging and spatiotemporal characterization of ultraweak photon emision from a rat's brain in vivo J. Neuroscience Method 93, 163(1999).

16. Nature, 1998 1.14 p.89, 1999 3.18 p.266, 2003. 3.16 p404.

17. Pardo, J. M. and R. Serrane(1989), Structure of a plasma membrane H^+-ATPase gene from the plant. Arabidopsis thaliana, *J. Biol. Chem.*, 264, 8551～8562.

18. S. Kai, T. Ohya, K. Moriya, and T. Fujimoto, Growth Control and Biophoton Radiation by Plant Hormones in Red Bean Jpn, J. Appl. Phys. 34, 6530(1995).

19. Sonesson, A. and S. Widell(1998), The association of actin and tubulin with plasma membranes: Charecterization using inside-out vesicles formed by Brij 58, *Physiol plant* 103, 354～362.

20. T. Amano, M. Kobayashi. B. Devaraj, M. Usa and H. Inaba, Ultraweak biophoton emisssion imaging of transplanted bladder cancer Urol. Res. 23, 315(1995).

21. Zhao, S., S.T.Colombo., E. Blumwald(1995), The induction of freezing tolerance in jack pine seeding: The role of root plasma membrane H^+-ATPase and redox activities, *Physiol plant* 93, 55～60.

찾 아 보 기

ㄹ

ㅁ

ㅅ

ㅇ

ㅋ

ㅌ

ㅍ

Index

θ

μ

바이오센서의 신전개

2023년 11월 25일 재판 인쇄
2023년 11월 30일 재판 발행

공 저 : 천병수 · 유종수 · 마사키 다까키 · 민제호
펴낸이 : 천 승 배
펴낸곳 : 도서출판 유한문화사

주소 : 경기도 고양시 덕양구 지도로124번길 8-35
전화 : 2668-2055
팩스 : 2668-2565
http://www.yuhansa.com
E-mail : yuhansa@hanmail.net
등록 : 제 5-31호. 1979. 3. 6.

값 20,000 원

ISBN : 978-89-7722-122-2 93420